365 EXPERIMENTOS SENCILLOS PARA NIÑOS

365 EXPERIMENTOS SENCILLOS PARA NIÑOS

con materiales cotidianos

Textos de E. Richard Churchill,
Louis V. Loeschnig y Muriel Mandell

Ilustraciones de
Francis Zweifel

KÖNEMANN

Esta edición contiene textos extraídos de otras ediciones originales. Dichos textos se han reorganizado para este volumen.
La presente edición se publicó originalmente en distintos volúmenes cuyos títulos eran:
Simple Science Experiments with Everyday Materials © 1989: Muriel Mandell;
Simple Weather Experiments with Everyday Materials © 1990: Muriel Mandell;
Amazing Science Experiments with Everyday Materials © 1991: E. Richard Churchill;
Simple Chemistry Experiments with Everyday Materials © 1994: Louis V. Loeschnig;
Simple Earth Science Experiments with Everyday Materials © 1996: Louis V. Loeschnig.

Diseñado por: Liz Trovato

Obra original publicada por
Black Dog & Leventhal Publishers, Inc.
151 West 19th Street, Nueva York, NY 10011
con el título:
365 Simple Science Experiments with everyday materials
ISBN 1-884822-67-3

Traducción del inglés: Gemma Deza Guil para Equipo de Edición, S.L., Barcelona
Redacción y maquetación: Equipo de Edición, S.L., Barcelona
Revisión: Equipo de Edición, S.L., Barcelona
Coordinación editorial: Christèle Jany

Printed in China

ISBN-10: 3-8331-2602-7
ISBN-13: 978-3-8331-2602-4

10 9 8 7 6 5 4 3 2 1
X IX VIII VII VI V IV III II I

Las explicaciones dadas en los textos de este libro deben tomarse meramente a título indicativo. Las instrucciones para poner en práctica los experimentos no le eximen de supervisar debidamente la ejecución de los mismos con el fin de velar por su seguridad y la de los niños a su cargo. No permita en ningún caso que los niños efectúen los experimentos descritos en esta obra sin la supervisión de algún adulto. Los niños no están capacitados para evaluar los riesgos que éstos pueden entrañar para su salud e integridad física. En los casos en los que sea imposible supervisar la ejecución de estos experimentos, la editorial declina toda responsabilidad derivada de la realización de los mismos, sobre todo en cuanto al manejo de los medios auxiliares descritos en las instrucciones. La editorial no se responsabiliza por los posibles desperfectos o daños corporales causados.

Contenido

Cocina experimental *Página 47*

Aventuras con un cordel *Página 57*

A propósito del movimiento *Página 95*

El sonido de la ciencia *Página 103*

¿Tienes estrés? Prueba un poco de tensión superficial *Página 111*

La ciencia puede ser una fuente de calor *Página 121*

Lo que el viento se llevó *Página 129*

Defiende la Tierra: es tu planeta *Página 140*

Los astros *Página 152*

Lecciones sobre las plantas *Página 162*

Con las manos en la masa: tierra, arena, humus y barro *Página 170*

Gravedad y magnetismo: fuerzas atrayentes *Página 180*

Con los fósiles viejos no se juega *Página 189*

El clima *Página 200*

Vientos huracanados y suaves brisas *Página 217*

Agua, agua y más agua *Página 231*

Tu estación meteorológica *Página 245*

Aire, H_2O y otros elementos *Página 261*

INTRODUCCIÓN

Los experimentos científicos no están reservados exclusivamente a los científicos y estudiantes universitarios. Todo el mundo puede divertirse con ellos, incluido tú. Y lo que es aún mejor, todos los experimentos de este libro encierran alguna sorpresa. Algunos te asombrarán porque funcionan, y otros por lo que ocurre al ponerlos en práctica.

Tal vez pienses que algunos de estos experimentos son meros trucos. Es verdad. Pero también es cierto que muchos de los mejores trucos de la historia de la magia funcionan porque se basan en principios científicos. Este libro te ayudará a poner en práctica la ciencia de un modo casi inimaginable, pero que siempre resulta divertido y entretenido.

Los cinco primeros capítulos muestran cómo los materiales más comunes, como las pajillas para beber, el papel, los limones, los huevos, el aceite para cocinar, unas cuerdas y el jabón, pueden usarse de formas extraordinarias. Estos fascinantes proyectos te descubrirán cómo probar la electricidad con un limón, cómo fabricar un trombón acuático con una pajilla o cómo averiguar qué bombilla ilumina con más potencia mediante un poco de mantequilla.

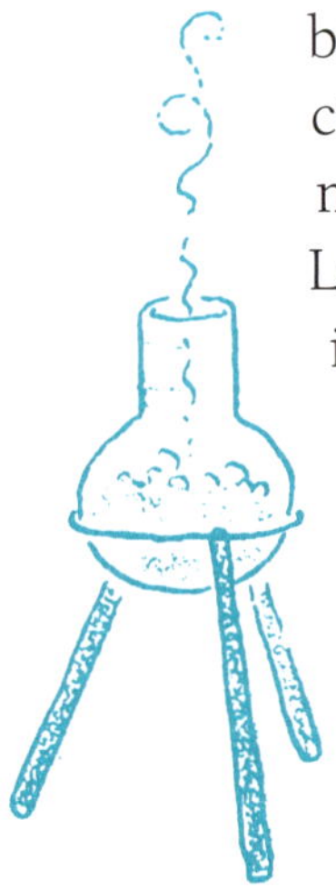

Los siete capítulos siguientes incluyen más de setenta experimentos fáciles de realizar que os sorprenderán, asombrarán, sobresaltarán y deleitarán, tanto a ti como a tus amigos. Aprenderás cómo atrapar una moneda con el codo, cómo mantener un tenedor en equilibrio de una forma increíble, cómo amplificar el sonido con un globo, cómo tocar sinfonías con una orquesta de vasos, cómo «romper» los rayos solares o cómo vaciar un vaso soplando en su interior. Y lo mejor de todo: averiguarás por qué funciona cada uno de estos experimentos al tiempo que te lo pasas en grande.

El apartado siguiente te permitirá explorar las misteriosas fuerzas que afectan a nuestro planeta usando materiales cotidianos, como botellas, tazas, papel de periódico, imanes, tierra para macetas, arcilla y arena. Descubre cómo cambian la faz de la Tierra los terremotos, la luz, la energía y la erosión, entre otros factores. Averiguarás que el magnetismo y la electricidad son fuerzas terrestres que se relacionan entre sí. Una vez hayas aprendido cómo funcionan las fuerzas magnéticas, serás capaz de hacer bailar una aguja sobre un hilo, como si fuera una cobra hipnotizada, y, además, conocerás el proceso que emplea la policía para detectar las monedas falsas que se introducen en las máquinas expendedoras. También aprenderás cómo se producen los terremotos y los maremotos.

Los experimentos propuestos en los cuatro capítulos siguientes están relacionados con el agua. A través de estos emocionantes proyectos descubrirás a qué se deben muchos de los misterios del clima y el tiempo. Y conocerás por qué el Polo Norte es más frío que el ecuador, por qué se pone el sol y qué provoca los rayos y truenos. Además, podrás confeccionar tu propia estación meteorológica reuniendo los instrumentos que se necesitan para medir la temperatura, la presión del aire, la dirección y la velocidad del viento, la humedad y las precipitaciones.

Los tres últimos capítulos del libro incluyen decenas de actividades y experimentos sensacionales que te ofrecerán la oportunidad de convertirte en un químico de verdad. Algunos de ellos implican transformaciones importantes, como extraer la sal del agua y fabricar tu propio papel tornasolado mediante bayas para comprobar los ácidos y las bases. Otros experimentos pueden parecer más bien trucos de magia, pero en realidad responden a cambios moleculares o químicos. Prueba a inflar un guante de goma con un famoso gas que estudian los químicos. O vierte agua en una botella sin llenarla y confecciona gusanos de papel que se arrastren de verdad.

Puedes empezar por el experimento que prefieras de todos los que aparecen en el libro, pero aprovecharás más los conocimientos que se enseñan a lo largo de todo el volumen si avanzas capítulo a capítulo y pruebas a realizar los experimentos por orden de aparición.

En algunos proyectos necesitarás usar un fogón, agua hirviendo o una cerilla de seguridad. Estos experimentos se han etiquetado con la exclamación ¡FUEGO! Son muy fáciles de identificar. Antes de realizarlos, solicita ayuda a un adulto. También te informaremos cuando los experimentos impliquen construir algo; en este caso, te alertaremos sobre las medidas de seguridad que debes adoptar.

Los materiales que necesitas para llevar a cabo estos experimentos son económicos y fáciles de encontrar en los diferentes establecimientos. De hecho, la mayoría de ellos los tienes en casa. El resto de los objetos, los podrás adquirir en supermercados, droguerías, y papelerías.

Algunos materiales se utilizan en diversos experimentos, por lo que es aconsejable que empieces a guardar objetos como botellas y tarros de distintos tamaños, latas de café, cajas de zapatos, jarrones de arcilla o plástico pequeños, cucharas de plástico, pajillas para beber, filtros de café, cuentagotas de medicamentos, periódicos, encuadernadores y clips para papeles, cartones de leche de un litro, botellas de refresco de plástico grandes, una lupa, una brújula de juguete, imanes con forma de barra y de herradura, tijeras, lápices de colores, papel, un transportador, tierra para macetas, grava, arcilla y arena. Conviene que consultes con un adulto antes de utilizar u obtener los materiales necesarios para llevar a cabo tus experimentos. También te puede resultar práctico guardar todo tu material científico en un armario especial o en una caja, tanto por motivos de seguridad como para que te resulte más fácil encontrar todo aquello que necesites en el momento de realizar las pruebas o ensayos que hayas elegido.

Todos los experimentos se han simplificado y comprobado ampliamente… ¡y funcionan! Si hay alguno que no te sale bien, vuelve a leer atentamente las instrucciones e inténtalo de nuevo. Si sigues los pasos de forma correcta, comprobarás que funciona. ¡Te lo prometemos!

Algunos experimentos, como los que implican usar semillas y plantas vivas, dan resultados a largo plazo y requieren tiempo y paciencia.

Prepárate para adentrarte en un mundo de diversión que te permitirá desentrañar muchos de los misterios de la ciencia. Deseamos que te lo pases muy bien practicando y que todos tus experimentos sean un éxito. ¡Es hora de divertirse!

TODO EMPIEZA CON UNA PAJILLA...

La pajilla de beber más normal puede convertirse en un pulverizador, en un cuentagotas, en un oboe, en un trombón... y en un sinfín de cosas más.

Algunos datos sobre las pajillas

¿Qué es una paja? El diccionario la define como una caña de trigo, cebada, centeno y otras gramíneas, una vez seca y separada del grano. Las primeras pajillas para beber eran en realidad pajas de grano secas y cortadas, de ahí su nombre.

La primera pajilla de papel la patentó en el año 888 Marvin Chester Stone en Estados Unidos. Se trataba de una pajilla de papel manila enrollada a mano y forrada con parafina. Las pajillas para beber se elaboraron a mano hasta el año 1905, cuando la empresa de Stone inventó la primera máquina para confeccionarlas. Hoy en día se frabrican en papel y en plástico.

1 Fabrica una pajilla de papel

Corta una tira de papel de 5 x 25 cm. Empieza a enrollarla por una esquina en diagonal hasta formar un cilindro estrecho con todo el papel. Luego pégala por el lado con cinta adhesiva.

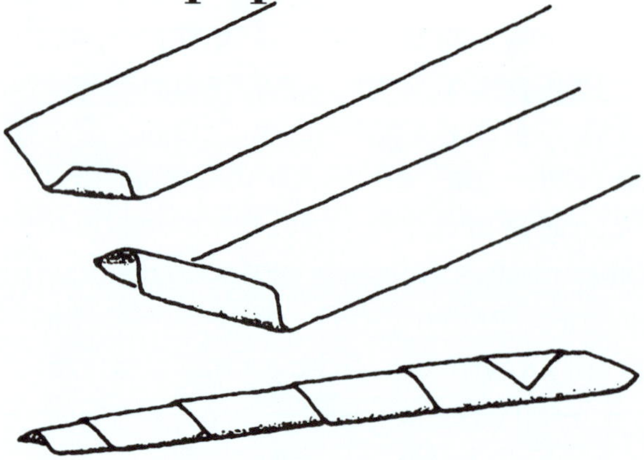

2 ¿Cómo funciona?

NECESITARÁS

Una pajilla de beber
Un vaso de agua
Un vaso vacío

¿Crees realmente que la pajilla te sirve para hacer llegar el agua hasta la boca? ¡Pues te equivocas!

¿Qué hacer? Aspira un poco de agua con la pajilla. Luego, tapa el orificio superior de la pajilla con un dedo y sácala del agua. Colócala sobre el vaso vacío y retira el dedo que estaba cubriendo el agujero superior.

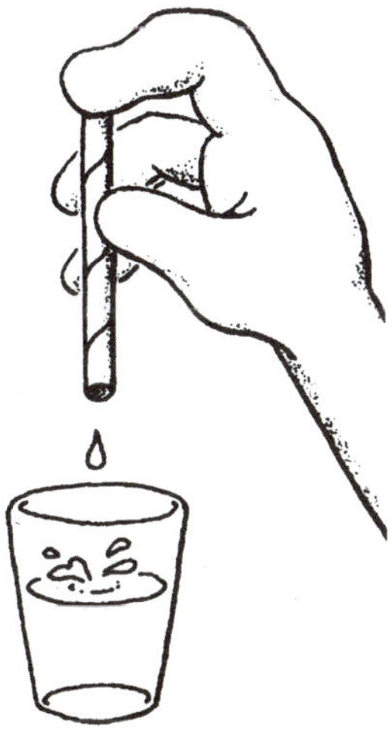

¿Qué ocurre? Mientras el dedo cubre el agujero superior de la pajilla, el agua se mantiene en el interior de ésta. Pero cuando lo retiras, el agua cae.

¿Por qué? Al cubrir el agujero superior de la pajilla, la presión del aire que hay encima de ésta disminuye. Entonces, ocurre que la presión que el aire ejerce desde abajo es mayor, y por ello el agua permanece en su interior.

Cuando absorbes un líquido a través de una pajilla, en realidad no lo haces subir, sino que eliminas parte del aire del interior de la cañita. Esto hace que la presión en el interior de la pajilla sea menor a la exterior. La presión que el aire ejerce por arriba hace que el agua ascienda por la pajilla hasta tu boca.

Las pipetas, los tubos que los científicos utilizan para medir y transferir un líquido de un recipiente a otro, funcionan de la misma manera.

3 Fabrica un cuentagotas

Puedes transformar una pajilla en un cuentagotas. Aspira un poco de líquido con la pajilla y mantenlo en el interior tapando el agujero superior de ésta con un dedo. Luego dobla el dedo ligeramente y destapa y tapa el agujero sucesivamente para que el líquido caiga de gota en gota.

Experimenta con la pajilla hasta que le cojas el tranquillo al truco. Es muy fácil.

4

Fabrica un pulverizador

NECESITARÁS

Una pajilla de beber
Tijeras
Un vaso de agua

Descubre cómo funcionan los pulverizadores de los limpiacristales y los frascos de perfume.

¿Qué hacer? A una distancia de alrededor de un tercio de la longitud de la pajilla, haz una incisión horizontal. Dobla la pajilla por la incisión e introduce la parte más corta en un vaso de agua, de manera que la incisión quede unos 6 mm por encima de la superficie del agua.

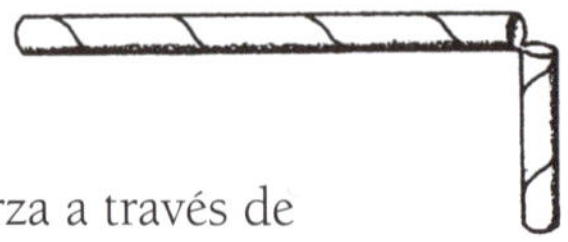

Sopla con fuerza a través de la sección larga de la pajilla.

¿Qué ocurre? El agua del vaso sube por la pajilla y sale por la incisión como si fuera un vaporizador.

¿Por qué? Al soplar por la parte larga de la pajilla, un chorro de aire circula por encima de la sección corta y reduce la presión en ese punto. Mientras que la presión normal fuerza el agua a subir por la pajilla, el aire la propulsa a modo de gotitas. En los vaporizadores y aerosoles se usa una bomba para soplar ese aire.

Fabrica un oboe

NECESITARÁS

Una pajilla de beber
Tijeras

5

Los primeros instrumentos de viento probablemente fueron juncos huecos que los pastores recogían en el campo. Es posible hacer música con una simple pajilla.

¿Qué hacer? Aplasta 1 o 2 cm del borde de una pajilla. Corta por los extremos dos pequeños triángulos para formar dos cuñas (las lengüetas que producen sonido al vibrar). Acércate la pajilla a la boca, sin que los labios toquen las lengüetas. Sin fruncir los labios, sopla con fuerza. Haz tres pequeñas incisiones a lo largo de la pajilla, a unos 2,5 cm de distancia entre sí. Recorta las incisiones hasta formar agujeritos redondos. Tapa uno de ellos y sopla. Después tapa dos y luego los tres, soplando cada vez para apreciar la diferencia.

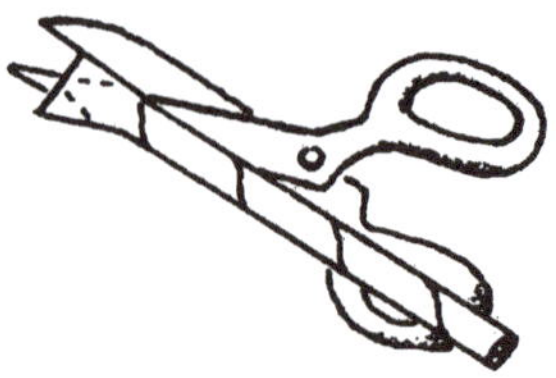

¿Qué ocurre? Cada vez que soples oirás un sonido distinto. Puedes tocar melodías simples tapando y destapando los distintos agujeros.

¿Por qué? Como en un oboe de verdad, las dos lengüetas, al abrirse y cerrarse con gran rapidez, primero permiten que entre aire en la pajilla y luego interrumpen su entrada. Al vibrar, el aire produce sonidos. Al ir tapando y destapando los agujeros, regulas la longitud de la columna de aire y determinas el tono de la música. Cuanto más corta sea esa columna, más rápidamente vibrará el aire y más agudo será el sonido.

6 Fabrica un trombón de varas

Con una botella de gaseosa vacía, un poco de agua y una pajilla puedes crear un trombón de varas.

NECESITARÁS
Agua
Una botella vacía
Una pajilla de beber

¿Qué hacer? Llena tres cuartas partes de la botella con agua e introduce la pajilla en ella. Sopla por encima de la pajilla, y luego prueba a bajar la botella o subir la pajilla sin dejar de soplar.

¿Qué ocurre? Al descender la botella, el sonido se vuelve más grave.

¿Por qué? Porque alargas la columna de aire de la pajilla. Así es como funciona un trombón de varas.

Cómo doblar una pajilla sin tocarla 7

¡Puedes «doblar» una pajilla sin tocarla!

NECESITARÁS
Un vaso
Agua
Una pajilla de beber

¿Qué hacer? Llena el vaso de agua hasta la mitad e introduce la pajilla en él. Obsérvala desde arriba, desde abajo y por los lados.

¿Qué ocurre? Al observar la pajilla por el lado del vaso, ésta parece estar doblada o rota en el punto en el que entra en contacto con el agua.

¿Por qué? Los rayos de luz que parten de un objeto en dirección a nuestros ojos nos permiten ver ese objeto. Los rayos luminosos viajan más lentamente a través del vidrio y del agua que del aire. Por eso, la luz de la parte de la pajilla sumergida en el agua llega a nuestros ojos después que la de la parte que sobresale del agua, y la pajilla parece estar doblada.

8 Fabrica una balanza

NECESITARÁS
Tijeras
Un vasito de cartón
Una pajilla de beber
Una goma de borrar
Una aguja grande
Un trozo de cartulina con pauta milimetrada
Un lápiz
Una bobina grande de hilo

Con la ayuda de una pajilla se puede fabricar una auténtica balanza. Lo único que hay que hacer es «calibrarla», es decir, determinar qué significan sus movimientos comparándolos con objetos cuyo peso ya conoces.

¿Qué hacer? Haz dos recortes alargados en caras opuestas del vaso (observa la figura A).

Corta parte de uno de los extremos de la pajilla para formar una pequeña pala (B). Encaja la goma en el otro extremo de la pajilla. Usa un poco de papel para ajustarla bien (C).

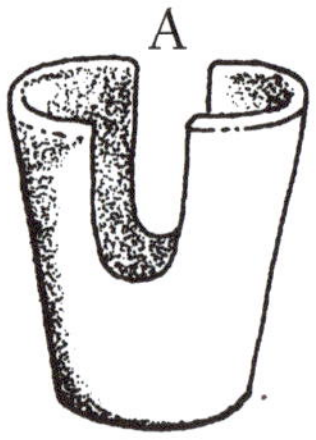

Clava la aguja en un lado del vaso, coloca la pajilla sobre la aguja y tira del extremo de la goma para que la pajilla quede ligeramente inclinada hacia arriba (D). Luego, atraviésala con la aguja y clava ésta en el otro lado del vaso para fijarla.

Pega la cartulina al lápiz e introdúcelo en el agujero de la bobina (E). Dispón ésta de manera que el extremo de la pajilla quede frente a la cartulina. Calibra la balanza pesando objetos cuyos pesos conozcas.

La balanza está acabada: prueba a pesar unos granos de azúcar en la pala de la pajilla o colgando un clip en el extremo de ésta.

¿Qué ocurre? La pajilla desciende.

¿Por qué? La balanza funciona como una báscula. El punto en el que descansa el nivel (la aguja) se llama fulcro. Cuando la pajilla está inmóvil, la distancia y el peso en un lado de la aguja equivalen a la distancia y el peso del lado opuesto. Si añadimos peso, se modifica la relación de equilibro entre ambos lados.

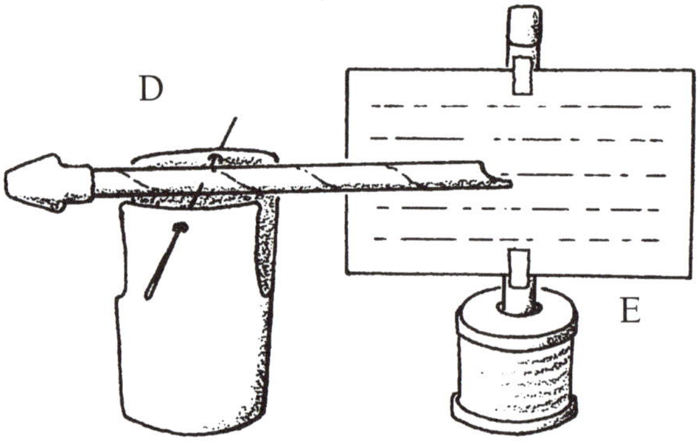

9 Cómo encontrar el centro de gravedad

Intenta determinar dónde está el punto de equilibrio de la pajilla. Para ello, colócala sobre el lomo de un libro o sobre el borde de una regla metálica. Mueve la pajilla hasta que ésta no se caiga. El centro de gravedad se situará cerca de la goma. Márcalo con un lápiz.

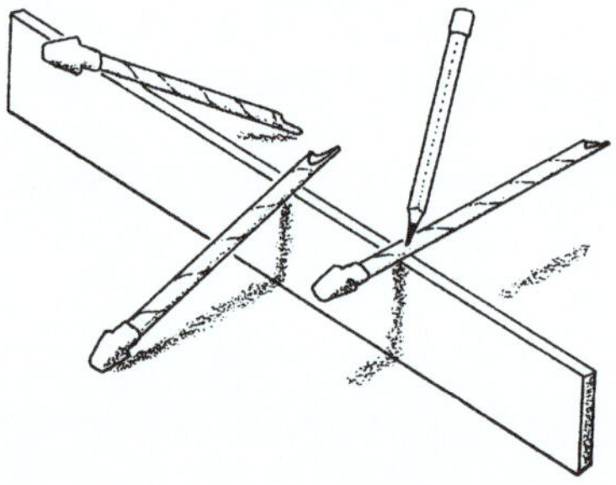

Perfora una patata

10

NECESITARÁS
Una patata cruda
Una pajilla de beber

¿Se te había ocurrido alguna vez que una simple pajilla de beber pudiera perforar una patata sin romperse?

¿Qué hacer? Sumerge la patata en agua durante unos treinta minutos antes de poner en práctica este experimento. Luego, con un único movimiento rápido, clava la pajilla en la patata.

¿Qué ocurre? La pajilla perfora la patata sin doblarse ni romperse.

¿Por qué? La inercia es la tendencia de los objetos a permanecer en el estado en el que se encuentran. Un objeto en reposo (la patata) tiende a mantenerse en reposo, mientras que un objeto en movimiento (la pajilla) tiende a seguir moviéndose en la misma dirección.

Los juncos que crecen en los campos han llegado a atravesar tablones de madera de establos y casas cuando han sido impulsados por vientos con la fuerza de un tornado.

Pajillas rodantes

11

NECESITARÁS
Un libro
Cuatro pajillas de beber

¿Es verdad que las «ruedas» facilitan el trabajo? Descúbrelo por ti mismo.

¿Qué hacer? Coloca el libro sobre una mesa e intenta empujarlo. Luego, coloca las pajillas sobre la mesa y el libro sobre las pajillas, y empújalo otra vez.

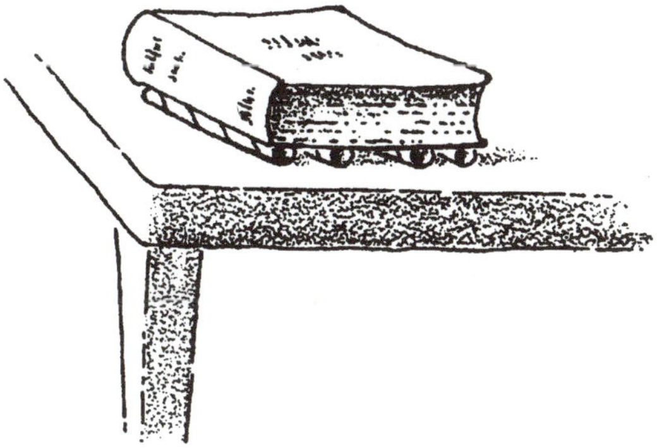

¿Qué ocurre? Sin las pajillas hay que empujar con más fuerza para mover el libro. Con las pajillas, en cambio, el libro se desplaza más fácilmente.

¿Por qué? Cuando un objeto se frota contra otro opone resistencia al movimiento, ya que ambas superficies no son perfectamente lisas. Las protuberancias de una superficie (la del libro) entran en contacto con las de la otra (la de la mesa). El grado de resistencia, llamado fricción, depende del tipo de superficies y de las fuerzas que ejercen entre sí. Cuanto más irregulares sean las superficies, mayor será la fricción. Además, cuanto más pesen los objetos, mayor será también la fricción. El efecto de rodillo de las pajillas reduce la fricción que opone el libro al deslizarse sobre la mesa.

HAZ UN BUEN PAPEL

Encanta una serpiente de papel, electrifica un periódico, atraviesa una ficha de cartón y desafía la gravedad.

Algunos datos sobre el papel

Se cree que el papel lo inventó un chino llamado Ts'ai Lung hace más de dos mil años. El papel chino era una mezcla de trapos y fibras vegetales.

El arte de fabricar papel tardó otros mil doscientos años en llegar a Europa. Hasta 1700, el papel se elaboraba con algodón y fibras de lino.

El papel se fabricaba a mano, de hoja en hoja. En 1798, el francés Nicolas Robert inventó la primera máquina de fabricar papel, que vendió a los ingleses Henry y Sealy Fourdrinier.

En la actualidad, el papel se presenta bajo la forma de delgadas láminas de tejido elaborado, normalmente, con pasta de madera.

Entre los muchos tipos de papel existentes figuran: el papel de cartas, el papel parafinado, el papel cebolla, el cartón, el papel de periódico, el papel pintado, las fichas de cartón, las cajas, el papel de regalo y el papel de embalar.

12 Formas de papel

NECESITARÁS

4 folios
Cinta adhesiva transparente (celo)
Una lata
Libros

¿Cuál de estas formas te parece más resistente? Independientemente de los materiales con los que trabajes, puedes conseguir crear una estructura más resistente con sólo cambiarle la forma.

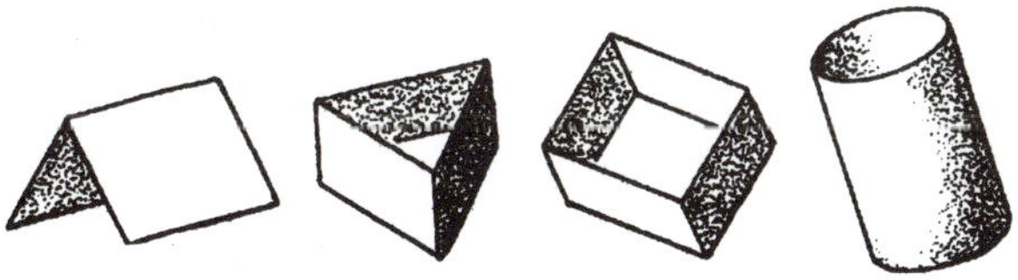

¿Qué hacer? Pliega los folios dándoles distintas formas, como las mostradas en estas ilustraciones.

1. Dobla un folio por la mitad y apóyalo sobre sus bordes.

2. Dobla otra folio en tres partes y pega los bordes con un poco de cinta adhesiva.

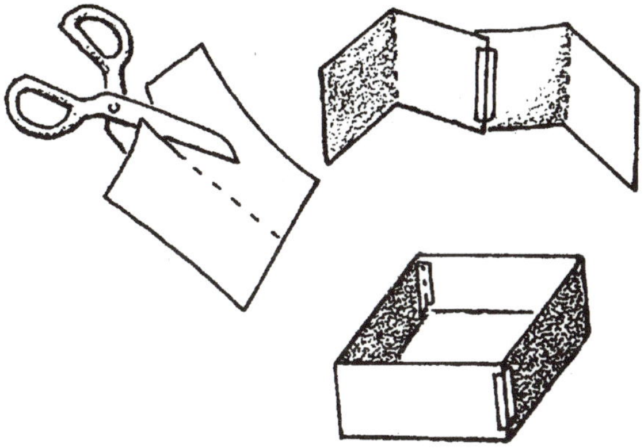

3. Dobla un tercer folio por la mitad, a lo largo, y córtalo por el pliegue central. Pega las dos mitades por los lados cortos, superior e inferior. Luego dobla las mitades unidas por la mitad otra vez, de arriba abajo. Extiende las formas para hacer un cubo.

4. Enrolla un folio alrededor de una lata, luego pégalo con cinta adhesiva y retira la lata.

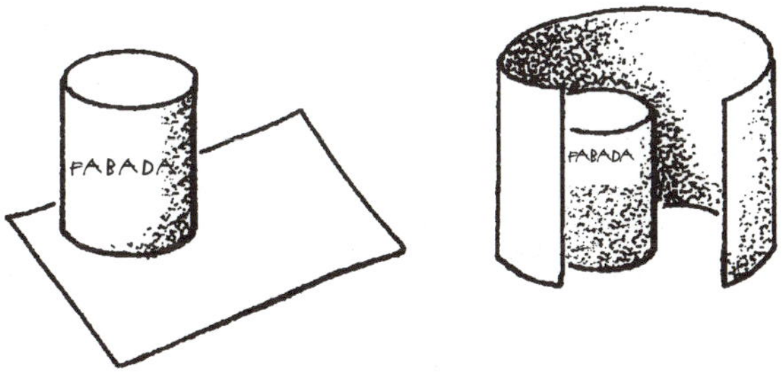

Coloca un libro ligero sobre cada una de las formas. Algunas de ellas se derrumbarán de inmediato. Continúa añadiendo libros sobre aquellas que resistan hasta que acaben cayendo.

¿Qué ocurre? El cilindro de papel es el más resistente y el que mayor cantidad de libros puede soportar.

¿Por qué? Un tubo hueco es más sólido porque el peso se distribuye de forma uniforme sobre él.

13 Papel corrugado

¿Por qué las cajas de papel corrugado son tan fuertes?

NECESITARÁS

3 folios
Un tarro
Una lata

¿Qué hacer? Haz un pliegue a unos 6 mm del borde de un folio de papel. Dale la vuelta al folio y apóyalo sobre el pliegue. Usando el primer pliegue como guía, dobla un segundo pliegue. Repite la operación hasta haber plegado toda la hoja, como si fuera un acordeón:

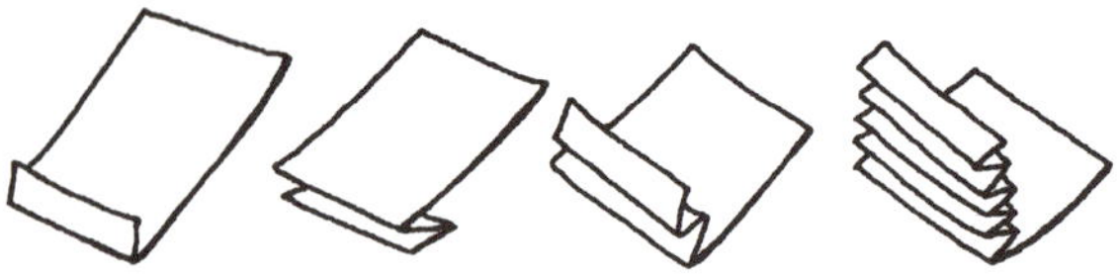

Enrolla el segundo folio de papel alrededor de una lata, pega los extremos con un poco de celo y retira la lata. Haz lo mismo con la tercera hoja de papel.

Alinea los dos cilindros de papel sobre una mesa, separándolos entre sí a una distancia de unos 10 cm. Luego coloca el papel plegado sobre ellos y pon encima el tarro.

¿Qué ocurre? El papel plegado aguanta el tarro.

¿Por qué? Al corrugar el papel, plegando el folio a modo de acordeón, has incrementado su resistencia. Esta forma de endurecer el papel y hacerlo más resistente fue idea de un ingeniero.

14 Papel robusto

Hasta qué punto puede ser resistente un papel.

NECESITARÁS

Cartón corrugado
Tijeras
Una lata grande
Gomas o cinta aislante
Una madera pequeña (como una plancha de corte)

¿Qué hacer? Corta una tira de cartón corrugado de unos 10 cm x 30 cm. Enróllala alrededor de la lata y fíjala con gomas elásticas o cinta aislante. Luego retira la lata.

Coloca una madera pequeña sobre el cilindro de cartón y ponte de pie encima de ésta.

¿Qué ocurre? El cilindro de cartón aguanta tu peso.

¿Por qué? Su resistencia se debe a la combinación de la forma circular y el cartón corrugado.

15

El periódico forzudo

NECESITARÁS

Una regla de madera
Una mesa
Un periódico

¡Ni siquiera golpeándolo con todas tus fuerzas podrás levantar este diario imbatible!

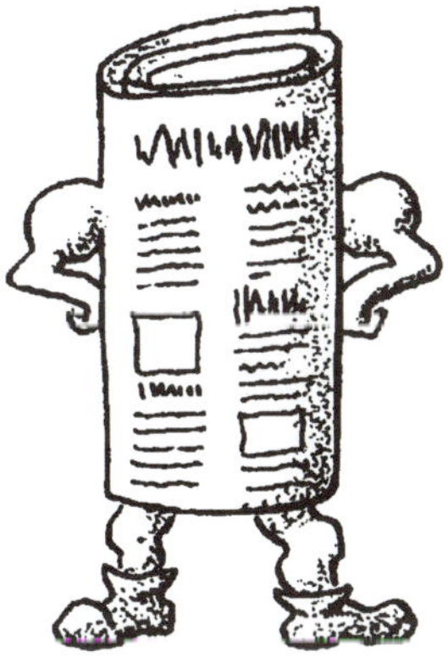

¿Qué hacer? Coloca la regla sobre la mesa de modo que sobresalga unos 5 cm del borde. Extiende una hoja doble del periódico sobre la regla de manera que el borde del papel quede alineado con el de la mesa.

Apóyate con todas tus fuerzas sobre el extremo de la regla que sobresale.

¿Qué ocurre? El diario no se mueve.

¿Por qué? La presión del aire sobre el papel le impide moverse. El aire ejerce una presión de alrededor de 1 kg por cm^2. Sobre una hoja de periódico de dimensiones normales, la resistencia total es de unas dos toneladas.

Un escudo invisible

16

Si alguna vez te ha sorprendido la lluvia y has intentado taparte la cabeza con una hoja de periódico, ya sabrás que el agua empapa el papel. Sin embargo, en este experimento el papel parece estar protegido por un escudo invisible.

NECESITARÁS

Una hoja de periódico
Una vaso vacío
Un cazo con agua

¿Qué hacer? Arruga la hoja de periódico e introdúcela en el fondo de un vaso vacío de tal manera que no se caiga al poner el vaso boca abajo. Mete el vaso invertido en el cazo lleno de agua. Manténlo ahí durante un rato. Transcurrido un minuto, más o menos, saca el vaso del agua y extrae la bola de papel de su interior.

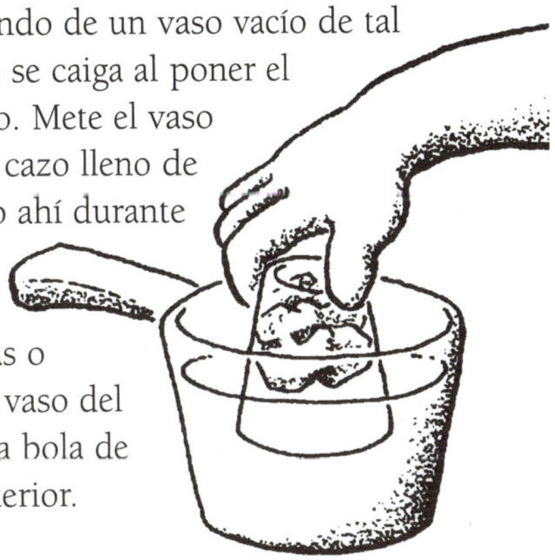

¿Qué ocurre? El papel está seco.

¿Por qué? El agua no puede penetrar en el vaso porque el vaso «vacío» ya está lleno de aire, y ese aire no puede salir porque es más ligero que el agua.

17 Ni una gota

NECESITARÁS
Un trozo de cartón
o una ficha grande
Un vaso de agua

Hasta que domines a la perfección este experimento (e incluso entonces), es mejor que lo practiques sobre un fregadero o una palangana.

¿Qué hacer? Llena el vaso de agua hasta el borde y tápalo con el cartón.

Asegúrate de que no entren burbujas de aire en el vaso al taparlo. Luego, manteniendo el cartón en su sitio con una mano, dale la vuelta al vaso; hazlo sobre un fregadero o una palangana.

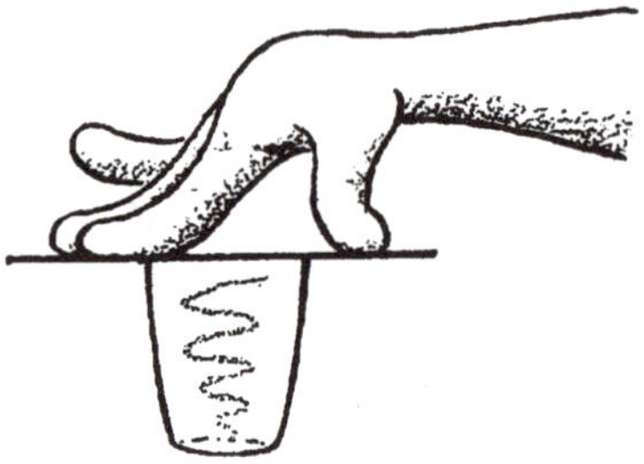

Retira la mano que sostiene el cartón.

¿Qué ocurre? El cartón sigue en su sitio… y el agua sigue dentro del vaso.

¿Por qué? La presión del aire en el exterior del vaso es mayor que la presión del agua en el interior del mismo. Es la presión del aire lo que hace que el agua no se salga del vaso.

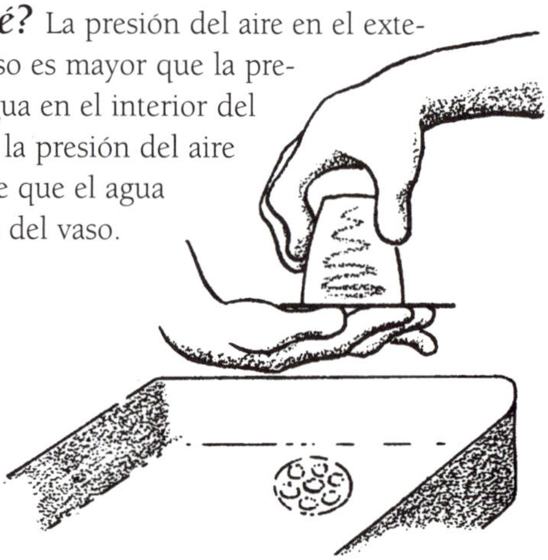

18 El truco de la servilleta de papel

NECESITARÁS
Una servilleta de papel
Un vaso de plástico
lleno de agua

Es una buena idea practicar estre truco donde el agua pueda derramarse sin problemas.

¿Qué hacer? Dispón la servilleta sobre el borde de la encimera de la cocina o de una mesa. Coloca el vaso de plástico lleno de agua en una esquina de la servilleta, a unos 2,5 cm del borde.

Retira la servilleta con un tirón rápido.

¿Qué ocurre? La servilleta se desliza… sin derramar el agua.

¿Por qué? El vaso no se vuelca porque la tendencia de los objetos es permanecer en reposo. Aquí actúa esa vieja ley del movimiento que denominamos inercia. Si el agua se derrama es porque no estiras de la servilleta con la rapidez o la fuerza suficientes.

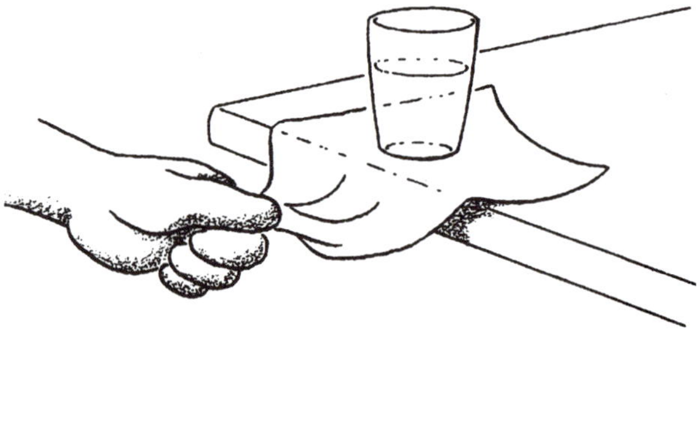

NECESITARÁS

6 cuadernos o libros delgados
Una mesa

Un puente voladizo

19

Un puente voladizo está constituido por dos vigas enfrentadas que se proyectan una hacia la otra y se unen formando un arco.

¿Qué hacer? Apila los cuadernos en el borde de la mesa. Desliza el cuaderno de arriba hasta que la mitad quede en el aire y sobresalga con respecto al borde de la mesa. Cuando empiece a balancearse, retíralo un poquito hacia dentro. Desliza el segundo cuaderno y hazlo recular ligeramente cuando empiece a balancearse. Desliza el tercer cuaderno (con los dos anteriores encima) hasta que se balancee y hazlo retroceder ligeramente hasta que se aguante sobre el borde del cuaderno inferior. Repite la operación con el resto de los cuadernos.

¿Qué ocurre? El cuaderno de arriba parece estar suspendido en el aire, pero los libros no se caen.

¿Por qué? Has detectado el centro de gravedad, el punto en el que todo el peso de un objeto parece concentrarse. Aunque el cuaderno superior parece estar suspendido en el aire, más de la mitad del peso de la pila de libros descansa sobre la mesa.

20

¡Flash!

NECESITARÁS

Una hoja de periódico
Un trocito de film transparente (de cocina)
La tapa de una lata de metal grande

Necesitarás la ayuda de un amigo para practicar este experimento.

¿Qué hacer? Frota vigorosamente la hoja de periódico con el film transparente durante unos 30 segundos. Luego coloca la tapa de la lata en el centro de la hoja. Sosteniendo el periódico por los bordes, levántalo mientras tu amigo acerca su dedo a la tapa.

¿Qué ocurre? ¡Salta una chispa!

¿Por qué? Cuando una carga eléctrica pasa entre dos objetos se produce un chispazo. Al frotar la hoja de periódico con el film transparente, la has cargado de electricidad estática. El contacto de la mano de tu amigo ha hecho que la carga eléctrica salte del periódico a la tapa de la lata, que estaba sin cargar.

Es posible que hayas notado que se produce un chispazo similar si, después de caminar sobre una moqueta o una alfombra, has tocado el pomo de una puerta. O tal vez alguna vez has oído que se producen leves crujidos al peinarte. Todo esto son ejemplos de electricidad estática.

Un rayo es una enorme chispa eléctrica que se produce cuando las cargas eléctricas pasan de una nube a otra o de una nube al suelo.

21

Una serpiente de papel encantada

NECESITARÁS

Cartón fino o papel grueso
Tijeras
Cordel
Una bombilla o un radiador caliente
Un alfiler
Un lápiz con goma
Una bobina de hilo

Encantar una serpiente es más fácil de lo que crees.

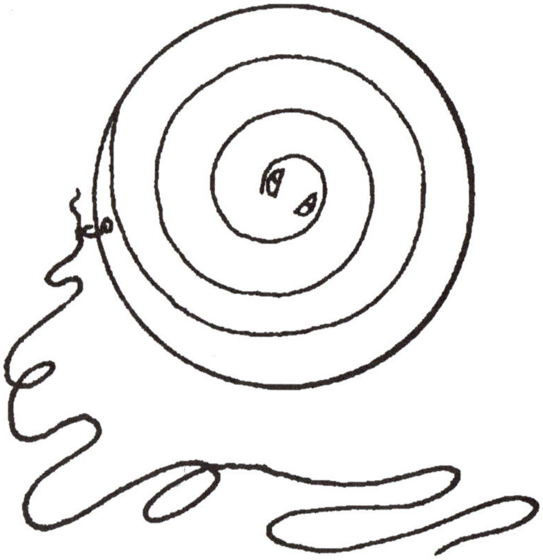

¿Qué hacer? Dibuja una serpiente enroscada (como en la ilustración) en un cartón fino o en cualquier papel grueso, como un cartón para etiquetas o una ficha.

Recorta la forma de la serpiente y átale un hilo a la «cola».

Pon la serpiente sobre una bombilla encendida o un radiador caliente.

¿Qué ocurre? La serpiente empieza a bailar.

¿Por qué? El aire caliente es menos denso que el frío y, por lo tanto, sube. El aire en movimiento hace girar la serpiente de papel.

Para fabricar un soporte para tu serpiente, engancha la cabeza del animal a la goma de la parte posterior del lápiz con un alfiler, de tal modo que la serpiente caiga enroscándose a lo largo del lápiz. Para que éste se aguante de pie, introdúcelo en el agujero central de la bobina de hilo.

22

Muñecas bailarinas

¿Habías pensado alguna vez que verías bailar a unas muñecas de papel?

NECESITARÁS

Un papel rígido, como cartón para etiquetas
Un lápiz
Tijeras
Pegamento o celo
Una lámina grande de cartón
2 clips
Un imán

¿Qué hacer? Dobla el papel rígido en dos y luego otra vez en dos, en el mismo sentido. Dibuja la silueta de la mitad derecha de una muñeca en el pliegue exterior, extendiendo el brazo y la pierna de la muñeca en dirección al pliegue a la vista, como se muestra en la ilustración.

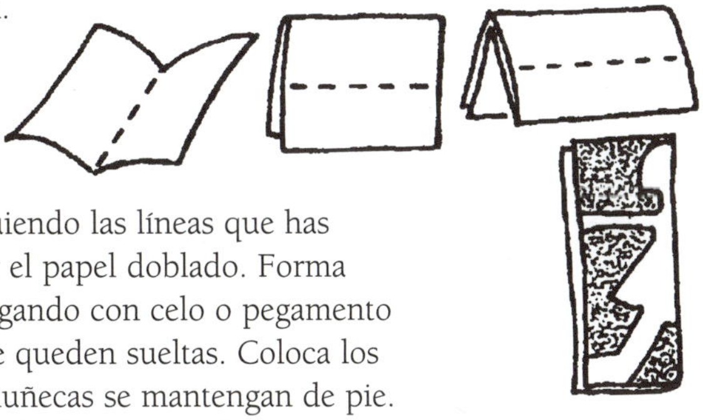

Recorta la silueta siguiendo las líneas que has dibujado y sin desplegar el papel doblado. Forma un corro de muñecas pegando con celo o pegamento las manos de las dos que queden sueltas. Coloca los clips de modo que las muñecas se mantengan de pie.

Dispón la lámina grande de cartón sobre una mesa, de modo que sobresalga un trozo por el borde. Coloca el corro de muñecas de papel sobre el cartón, de tal manera que uno de los clips se encuentre en el trozo de cartón que sobresale del borde de la mesa.

Pasa el imán por debajo del cartón, primero desplazándolo hacia la derecha y luego hacia la izquierda.

¿Qué ocurre? Las muñecas empiezan a bailar.

¿Por qué? Los clips están hechos de acero. Por eso, el imán los atrae, incluso a través del cartón.

23

Papel mágico: el anillo de Moebius

NECESITARÁS
Una hoja de papel
Tijeras
Pegamento o celo
Un lápiz

¡Puedes conseguir que un papel sólo tenga una cara! Este fenónemo sorprendente lo descubrió en el siglo XIX un matemático alemán llamado August Ferdinand Moebius.

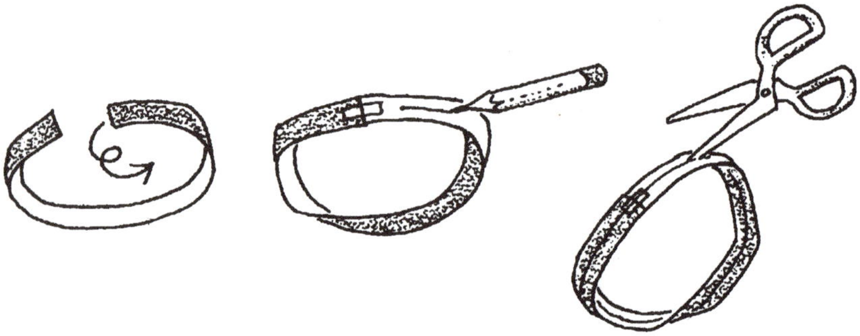

¿Qué hacer? Recorta una tira de papel de 2,5 cm x 25 cm. Gira media vuelta un extremo de la tira y pégalo al otro extremo con pegamento o celo, formando un bucle.

Dibuja una línea a lo largo del centro de la tira, hasta que llegues al punto de partida.

Recorta la tira siguiendo la línea que has dibujado.

¿Qué ocurre? ¡La línea recorre las dos caras del papel! Y sólo tienes un bucle, que es dos veces más largo que el bucle original.

¿Por qué? Hasta ahora, nadie ha podido explicar este extraño «truco», pero en cambio sí que se ha puesto en práctica. Normalmente, las correas del ventilador de los automóviles y las cintas transportadoras de las fábricas se desgastan más por la cara interior que por la exterior. Sin embargo, las cintas que se fabrican dándoles media vuelta, como en el anillo de Moebius, se desgastan de una manera más uniforme y lenta, y por tanto duran más.

A través del cartón

24

NECESITARÁS
Una ficha de cartulina grande o la mitad de un folio
Tijeras

En el país de las maravillas, Alicia atravesó un espejo mágico, algo que parecía imposible. Tú también puedes hacer lo «imposible»: ¡estirar una ficha de cartulina normal y atravesarla!

¿Qué hacer? Dobla la ficha o el folio en dos a lo largo. Luego haz entre siete y nueve incisiones profundas (en realidad, cualquier número impar de incisiones sirve) partiendo alternativamente del pliegue y del borde de la ficha. Despliega la ficha y estírala.

¿Qué ocurre? Puedes atravesar el papel con la mano sin rasgarlo.

¿Por qué? Debido al modo en que has cortado la ficha, primero se estira por un lado y luego por el otro. En cada caso, la cara opuesta se mantiene firme.

25 Colores curiosos

NECESITARÁS
Una tira de papel de cocina
Un rotulador verde o una gota de colorante alimenticio verde
Un tarro o vaso con 2,5 cm de agua

¿El verde es realmente verde?

¿Qué hacer? Haz una mancha de color a unos 5 cm del extremo de la tira de papel. Cuelga la tira en el interior del tarro, de tal manera que la mancha quede por encima del agua. Espera entre 15 o 20 minutos.

¿Qué ocurre? El punto verde desaparece, pero por encima de la mancha original, el papel se ha vuelto azul y un poco más arriba hay una mancha amarilla.

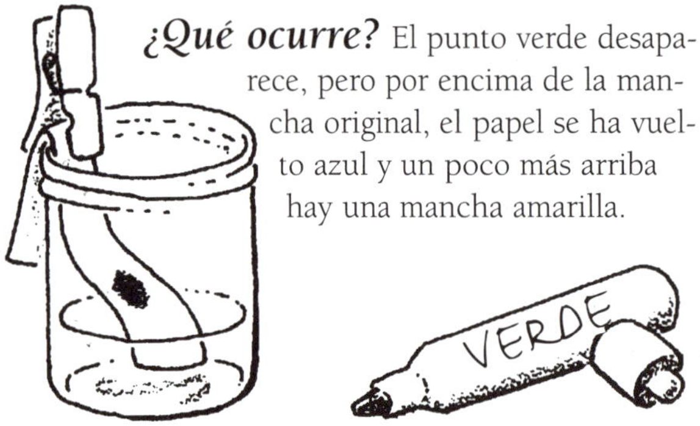

¿Por qué? La mayoría de los tintes y tintas son combinaciones de sustancias colorantes que pueden separarse añadiendo agua o alcohol. El agua asciende por el papel del mismo modo que la savia sube por los árboles. A medida que el agua sube, disuelve la mancha verde y desplaza gradualmente el color hacia la parte superior del papel. Pero, como los colores que componen el verde –el azul y el amarillo– no se desplazan a la misma velocidad, éstos acaban por separarse.

26 Colores mágicos

NECESITARÁS
Un plato pequeño
Cartón
Un lápiz
Tijeras
Acuarelas
Una perforadora
Cordel

¡Mezcla los colores de la forma más fácil!

¿Qué hacer? Utilizando el plato como guía, dibuja un círculo en el cartón y recórtalo. Pinta una cara de rojo y la otra de azul. Haz un par de agujeros con la perforadora en dos extremos opuestos del círculo, como en la ilustración, y pasa una tira corta de cordel por cada agujero.

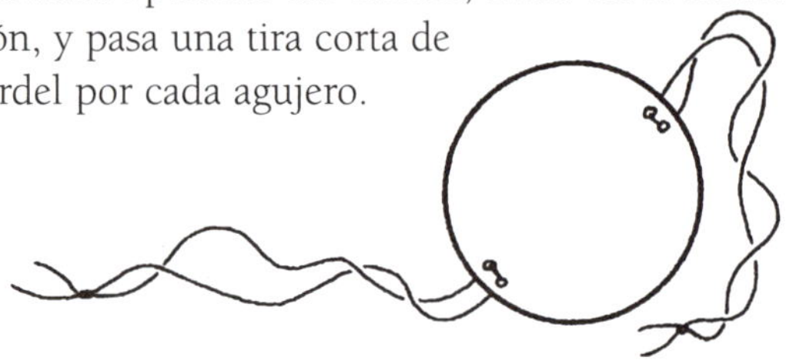

Sostén el círculo por las cuerdas y hazlo girar sobre sí mismo.

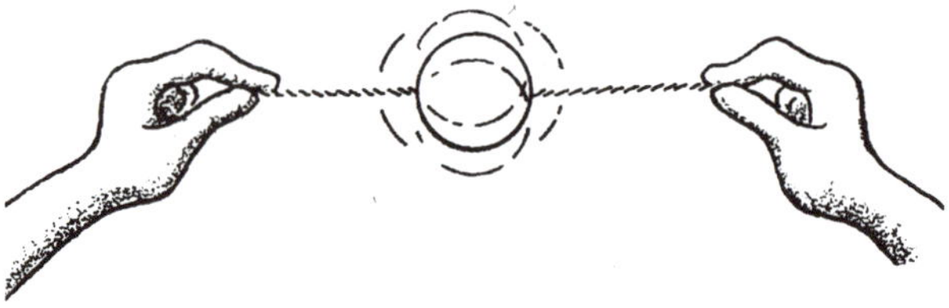

¿Qué ocurre? El cartón se vuelve de color violeta.

¿Por qué? El ojo continúa viendo cada color durante un rato después de que haya desaparecido, de modo que tus ojos y tu cerebro mezclan los colores de las dos caras del disco cuando gira a toda velocidad.

¿Qué pasa si pintas una cara amarilla y la otra roja?

27

El disco de Benham

NECESITARÁS
Papel blanco
Tijeras
Un rotulador negro
Cartón
Un alfiler
Un lápiz con goma

Dicen que la mano es más rápida que el ojo. Pero ¿es cierto? ¿Se trata de magia, de una ilusión óptica o de un truco?

¿Qué hacer? Recorta un círculo de 10 cm de diámetro en el papel blanco. Pinta una mitad de negro. Divide la otra mitad en cuatro partes iguales. En cada segmento, dibuja tres arcos negros de unos 19 mm de grosor, como en la ilustración.

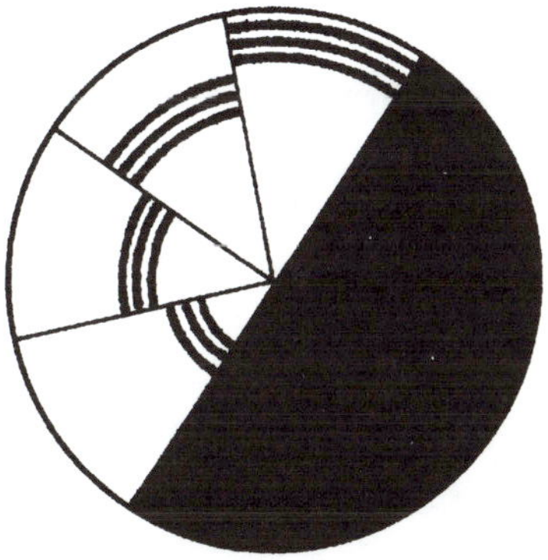

Recorta un círculo de 10 cm de diámetro en el cartón. Coloca el círculo de papel sobre el de cartón.

Atraviésalos por el centro con un alfiler y clávalos a la goma del lápiz.

Haz girar el disco a varias velocidades, primero en la dirección de las agujas del reloj y luego en sentido contrario.

¿Qué ocurre?
Los arcos parecen unirse y formar seis anilllos.

A baja velocidad y girando en el sentido de las agujas del reloj, los anillos exteriores parecen azules y los interiores rojos. Cuando el disco gira en sentido contrario, los colores se invierten.

¿Por qué? Los arcos parecen formar anillos porque el ojo continúa viendo cada arco durante un breve lapso de tiempo después de que haya desaparecido.

¿Por qué vemos el rojo y el azul cuando los únicos colores del disco son el blanco y el negro? En la luz blanca está presente todo el espectro de colores, pero nuestros ojos registran los distintos colores de forma escalonada en el tiempo.

Cuando hacemos girar el disco, la luz de los colores que componen el blanco llega al ojo, pero éstos sólo están visiblees durante un instante antes de dar paso a las porciones negras del disco. Nuestro ojo sólo es capaz de registrar una parte del espectro cromático: el azul, que es el color con los rayos más cortos, y el rojo, cuyos rayos son los más largos.

Prueba a modificar los diseños de la mitad blanca de tu disco de Benham y descubre los interesantes resultados que se obtienen.

ALGO MÁS QUE LIMONADA

Con un poco de ingenio puedes convertir un limón en tinta invisible, líquido limpiador, un clasificador de rocas, un lanzacohetes y una pila hidroeléctrica.

Algunos datos sobre los limones

Se cree que los limones son originarios de la India.

El primer limonero de ramas espinosas se plantó en Estados Unidos, durante la Fiebre del Oro que azotó California en 1849, para combatir el escorbuto que causaba estragos entre los buscadores de oro.

El zumo de limón elimina el óxido, la tinta y las manchas de moho. El aceite extraído de la piel del limón se utiliza para fabricar esencias alimenticias, perfumes, cosméticos y ceras para limpiar muebles.

El zumo de limón es la principal fuente de ácido cítrico, que se utiliza en la estampación de telas para evitar que éstas se manchen con el óxido de la maquinaria.

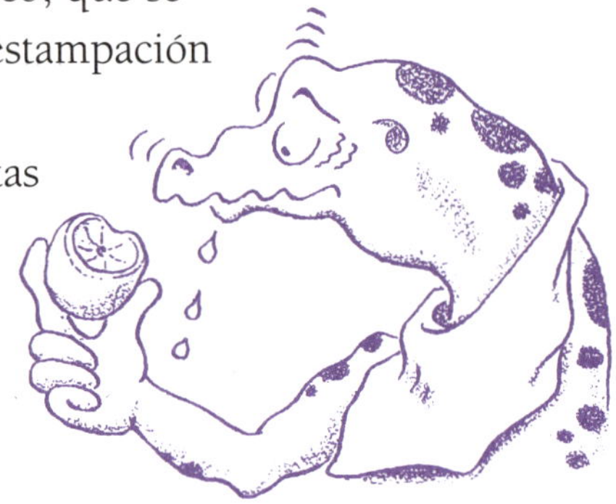

28 Tinta invisible

Puedes usar un limón para escribir un mensaje secreto.

NECESITARÁS

- ½ limón
- Un platillo
- Agua
- Una cucharilla
- Bastoncillos de oídos
- Papel blanco
- Una bombilla

¿Qué hacer? Exprime el zumo de limón sobre el platillo. Añade unas gotas de agua y mézclalo todo bien con la cuchara. Moja un bastoncillo en el zumo de limón y luego úsalo para escribir un mensaje en un folio blanco . Cuando se seque, la letra se volverá invisible. Para leer el mensaje, calienta el papel acercándolo a una bombilla encendida.

¿Qué ocurre? El mensaje aparece en la página.

¿Por qué? El zumo de los limones y otras frutas contiene compuestos del carbono. Estos compuestos son casi incoloros cuando se disuelven en el agua. Pero, al calentarlos, se rompen y producen carbón, que es de color negro.

29 Limpiador al limón

NECESITARÁS

Un platillo
Una cucharilla
Una cuchara sopera de harina
60 ml de agua
Bastoncillos de oídos
Papel de cocina
Tintura de yodo
Zumo de limón

Escribe un mensaje secreto con harina y agua y hazlo aparecer con tintura de yodo. Luego utiliza el limón para hacerlo desaparecer de nuevo.

¿Qué hacer? En el platillo, mezcla la harina y el agua con la cucharilla. Cuando obtengas una mezcla sin grumos, empapa un bastoncillo en ella y úsalo para escribir un mensaje en el papel de cocina. Cuando el mensaje se seque, será invisible.

Para leer el mensaje, aplica unas gotitas de yodo sobre el papel con un bastoncillo limpio. El mensaje aparecerá en un color negro azulado.

Luego vierte unas gotitas de zumo de limón.

¿Qué ocurre? El mensaje desaparece.

¿Por qué? El yodo reacciona con la harina, una fécula, y forma un nuevo compuesto negro azulado.

Al aplicar el zumo de limón, el ácido ascórbico (la vitamina C) del limón se mezcla con el yodo y crea un nuevo compuesto invisible. Por ello, si viertes yodo sobre algo, puedes usar limón para limpiarlo. El zumo de limón también quita las manchas de tinta, moho y óxido del papel y la tela.

30 Limpio como una patena

El jabón y el agua no son muy eficaces para limpiar metales. Para eso se necesita un limpiador especial… o puedes probar a usar zumo de limón.

NECESITARÁS

Un limón
Un vaso pequeño
Una moneda de cobre sin brillo

¿Qué hacer? Exprime el zumo del limón en el vaso y remoja la moneda durante 5 minutos.

¿Qué ocurre? Al sacar la moneda, ésta estará brillante, como nueva.

¿Por qué? El oxígeno del aire se combina con el cobre y forma una capa de óxido que quita lustre al metal. El ácido del limón actúa químicamente para eliminar el óxido. ¿Y cuál es el resultado? Una moneda reluciente como si fuera nueva. El vinagre funcionaría igual de bien.

31 Clavo de cobre

NECESITARÁS

2 limones
Un vaso pequeño
10 o 20 monedas de cobre sin brillo
Sal
Un clavo limpio

Desempolva la hucha de céntimos que has estado ahorrando y fabrica un clavo bañado en cobre.

¿Qué hacer? Exprime el zumo de limón en el vaso y sumerge las monedas en él durante un rato. Cuando el zumo les haya devuelto su brillo original, añade una pizca de sal. Deja reposar las monedas otros 3 minutos.

Entre tanto, limpia el clavo con limpiador en polvo y agua e introdúcelo en el vaso. Aguarda al menos 15 minutos y luego extrae el clavo del vaso.

¿Qué ocurre? El clavo ha quedado bañado en cobre.

¿Por qué? El cobre de las monedas interactúa con el ácido del zumo de limón para formar un nuevo compuesto, el citrato de cobre. Al sumergir el clavo en la solución, el compuesto lo recubre con una fina capa de cobre que no es posible desprender.

Si te apetece, puedes lucir el clavo de cobre colgado de un collar, como si fuera una «joya».

Cómo conservar una manzana 32

NECESITARÁS

Una manzana
Un cuchillo pequeño
Un platillo
Un limón

El limón permite conservar las manzanas en buen estado.

¿Qué hacer? Corta la manzana en cuartos. Pon dos gajos de manzana en el plato y exprime el zumo del limón sobre ellos. Deja reposar la manzana durante 3 horas.

¿Qué ocurre? Los cuartos de manzana que no has rociado con limón se han vuelto de color marrón. En cambio, los dos que sí has bañado con el limón están intactos.

¿Por qué? Al quedar expuestos al aire, ciertos compuestos químicos de la manzana reaccionan destrozando células, las cuales adquieren un color marrón. La vitamina C (el ácido ascórbico) del limón ralentiza la reacción entre las sustancias químicas de la fruta y el oxígeno del aire. Esto conserva el color y el gusto de la manzana.

Papel «tornasolado» a la col lombarda

33

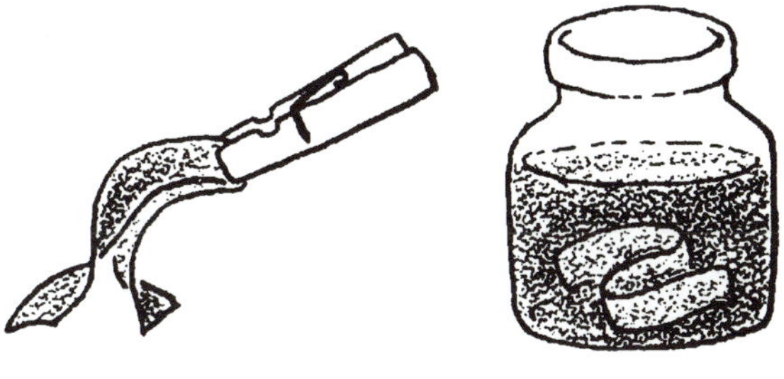

¿Qué hacer? Cuela el líquido del bote de col lombarda en el tarro de boca ancha. (Si lo prefieres, puedes hacer el zumo tú mismo, con la ayuda de un adulto: ralla una col lombarda pequeña, viértela en un cazo y añade un vaso de agua. Hiérvela durante 15 minutos. Luego deja que el zumo de col lombarda se enfríe y cuélalo sobre el tarro de boca ancha.)

Corta tiras de papel de 5 cm de ancho. Sumérgelas en el zumo de col lombarda durante un minuto y luego déjalas secar. Una vez seco, tu papel «tornasolado» estará listo para su uso. Se volverá rosa rojizo si lo mojas en un ácido, y verde si lo mojas en un álcali. Puedes experimentar y hacer indicadores a base de frutas, flores, verduras e incluso té, pero los cambios de color serán diferentes.

El papel «tornasolado» utilizado en las escuelas y los laboratorios químicos se colorea con plantas de liquen, una especie de hongo.

34

Ácido o base

NECESITARÁS
10 cucharadas de zumo de col lombarda
10 vasos pequeños de cristal o de plástico
Zumos de frutas varios
Vinagre, leche y productos caseros

Utiliza tu indicador de col lombarda para determinar qué alimentos son ácidos y cuáles son alcalinos.

¿Qué hacer? Vierte 1 cucharada de zumo de col lombarda en cada vaso. Añade zumo de limón a uno de ellos, zumo de pomelo a otro, zumo de tomate o de piña a un tercero y vinagre al cuarto. Luego comprueba la acidez o alcalinidad de la leche, del bicarbonato sódico, del alcohol neutro, del aceite, de un jabón y de otros productos caseros.

Los que se vuelven de color rosa son ácidos. Y los que se vuelven verdes, alcalinos (base).

35 Limón salvavidas

NECESITARÁS
Zumo de limón
Papel «tornasolado» a la col lombarda
Amoníaco

El zumo de limón y el vinagre se solían usar como antídotos para algunos venenos. Este experimento te demuestra por qué. Para ello necesitarás papel «tornasolado», pero eso no es ningún problema. Puedes usar el zumo de una col lombarda para fabricar tu propio papel (consulta la pág. 39).

¿Qué hacer? Vierte unas gotitas de zumo de limón en una tira de papel «tornasolado». Luego añade unas gotas de amoníaco a una segunda tira de papel. Y, por último, vierte unas gotas de zumo de limón a la mancha que ha dejado el amoníaco.

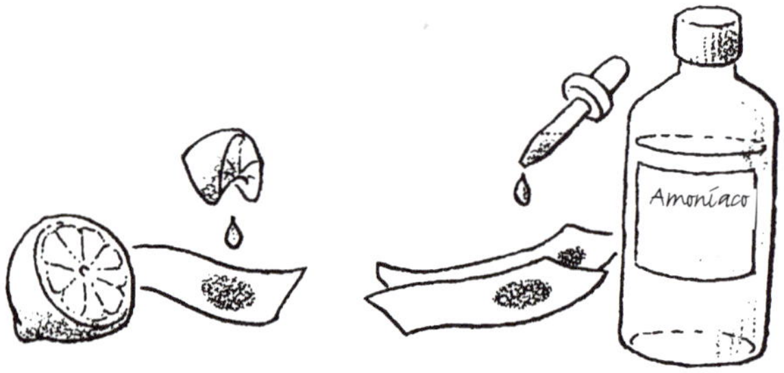

¿Qué ocurre? La tira mojada con el zumo de limón se vuelve de color rosa. La tira a la que has añadido el amoníaco, en cambio, se vuelve verde. Al añadir el zumo de limón a la mancha verde del amoníaco, ésta recobra su color violeta rojizo original.

¿Por qué? El color rosa indica la presencia de ácido, porque el zumo de limón es un ácido suave, un elemento no metálico combinado con hidrógeno.

El color verde indica la presencia de un álcali, ya que el amoníaco es un álcali (también llamado base), es decir, un metal combinado con hidróxido. El papel «tornasolado» recobra su color cuando el amoníaco queda neturalizado por el limón, su opuesto químico.

¿Qué tiene que ver todo esto con el veneno? El amoníaco es venenoso si se ingiere. Puesto que el limón neutraliza el amoníaco, antiguamente se recomendaba esta fruta como antídoto temporal, cuya eficacia se prolongaba el tiempo necesario antes de que la persona afectada recibiera la atención médica. En la ac tualidad, el tratamiento de urgencias en caso de ingesta de veneno consiste en diluir éste en el estómago bebiendo grandes cantidades de agua o de leche.

36

Inflar un globo

¡Deja que la química trabaje por ti! Este experimento también funcionará si usas 60 ml de vinagre en lugar del zumo de limón.

NECESITARÁS

Un globo
30 ml de agua
Una botella vacía
1 cucharadita de bicarbonato sódico
El zumo de un limón
Una pajilla de beber

¿Qué hacer? Estira el globo para que te resulte más fácil hincharlo. Vierte el agua en una botella vacía y limpia. Añade el bicarbonato y remuévelo bien con la pajilla hasta que se disuelva. A continuación, vierte el zumo de limón y luego fija la boquilla del globo a la boca de la botella.

¿Qué ocurre? El globo se infla.

¿Por qué? Cuando se mezcla una base (el bicarbonato sódico) y un ácido (el zumo de limón), se crea un gas llamado dióxido de carbono, que asciende hacia el interior del globo y lo hincha.

Comprobador de rocas

NECESITARÁS

Pequeñas muestras de diversas rocas, incluida la piedra caliza y el mármol
60 ml de zumo de limón

¿Cómo identifican los geólogos sus especímenes? He aquí un modo de hacerlo. Practica este experimento en un fregadero o lavabo. Puedes sustituir el zumo de limón por vinagre.

37

¿Qué hacer? Vierte zumo de limón sobre cada muestra de roca.

¿Qué ocurre? El líquido burbujea en algunas de las muestras, pero no en todas.

¿Por qué? Cuando el zumo de limón burbujea, significa que la roca contiene mármol o piedra caliza. La piedra caliza, una roca sedimentaria formada bajo el agua a partir de lodo y légamo, contiene una forma carbonatada de calcio, un metal alcalinotérreo. Al añadir el limón (un ácido) al elemento alcalino de la caliza se forma dióxido de carbono. Esto hace que el líquido burbujee, del mismo modo que los pasteles y los crepes se hinchan cuando se añade bicarbonato sódico a la masa. De hecho, el bicarbonato sódico puede fabricarse con caliza. El mármol es una roca que se forma a partir de caliza a temperaturas muy elevadas y a una alta presión. Y reacciona al ácido igual que la caliza.

Obtendrás resultados similares si añades zumo de limón a la tiza, ya que también está hecha de caliza.

38 Limones eléctricos

¡Puedes producir electricidad con un limón!

NECESITARÁS
2 hilos de cobre rígidos
Clips de papel grandes
Un limón
Tijeras
Un galvanómetro
(consulta el experimento de la pág. 43)

¿Qué hacer? Si los cabos del hilo de cobre están protegidos con algún tipo de material aislante, retíralo. Endereza el clip y engánchalo a un extremo de uno de los hilos de cobre. Estruja el limón para «aflojar» la pulpa. Haz dos pequeños cortes en la piel del limón, a una distancia de unos 2,5 cm. Fija el cable pelado y el clip a la piel del limón e introdúcelos hasta que se hinquen en la pulpa. Los dos hilos deben estar cerca, pero sin tocarse.

Conecta los extremos libres de los dos hilos de cobre a las terminales de un galvanómetro (que puedes comprar o fabricar tú mismo).

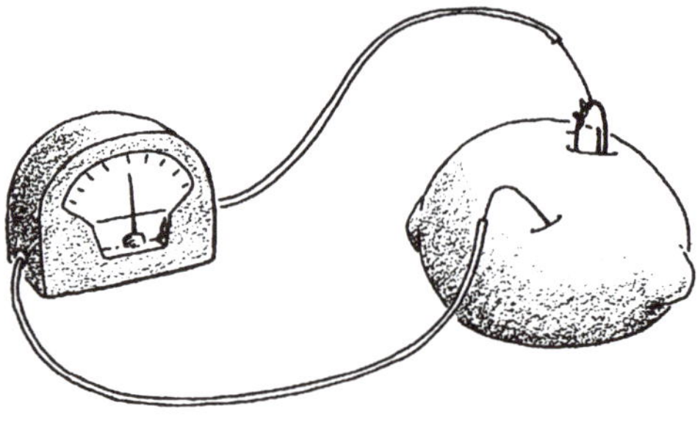

¿Qué ocurre? La aguja del galvanómetro se mueve.

¿Por qué? Las reacciones químicas de los dos metales distintos (el cobre del alambre y el hierro del clip) al entrar en contacto con el ácido (zumo de limón) hacen que los electrones de un hilo pasen al otro. Salen del limón por un hilo, pasan a través del galvanómetro y entran en el limón por el otro hilo.

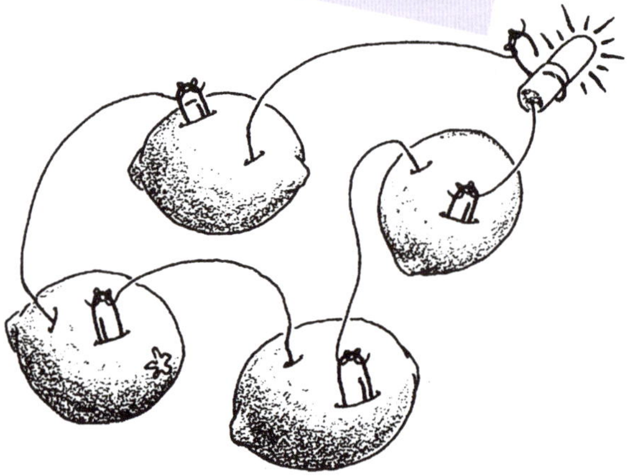

39 Encender una bombilla

Si encuentras en una ferretería una bombilla de menos de 1,5 voltios, prueba a conectar varios limones y comprueba cuántas «pilas húmedas» de limón se necesitan para encenderla. Dispón los limones como en la ilustración y únelos insertando en cada uno de ellos un hilo de cobre desnudo y otro con un clip en un cabo. Al final te quedarán dos extremos de hilo sueltos, uno de ellos enroscado a un clip. Conéctalos a la bombilla.

40 El gusto de la electricidad

Si tocas los dos alambres que has insertado en el limón con la lengua, notarás un gusto metálico y un leve cosquilleo. ¡Estás probando y sintiendo la electricidad!

NECESITARÁS

Una brújula (cómprala en una papelería)
4,5 m de cable de timbre (cómpralo en una ferretería)
Una caja rectangular de cartón pequeña

Fabrica un galvanómetro 41

Un galvanómetro es un instrumento diseñado para detectar las corrientes eléctricas. Tú mismo puedes fabricar uno con materiales muy sencillos.

¿Qué hacer? Coloca la brújula en el centro de la caja. Pela unos 6 mm del material protector de cada uno de los extremos del cable. Empezando a unos 15 cm de un cabo, enrolla el cable con firmeza alrededor de la caja, hasta darle unas 24 vueltas. Deja unos 15 cm de cable suelto por la cara de la caja opuesta a la que has empezado a enrollar.

Dispón el galvanómetro en una mesa en posición horizontal y ve girándolo hasta que la aguja de la brújula quede paralela al cable enrollado.

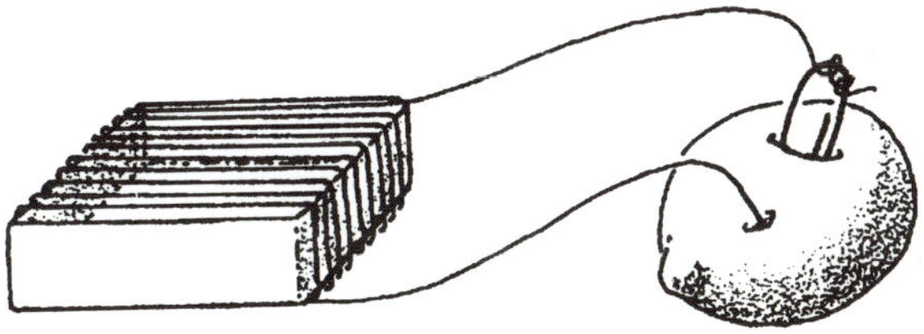

Acopla los extremos del cable de timbre a la «pila» de limón.

42 Calambres amistosos

NECESITARÁS

Un limón
Un platillo
Tiras de papel de cocina de 2,5 cm x 5 cm
5 monedas de cobre (como las de 1, 2 y 5 céntimos de euro)
5 monedas de un material que no sea cobre (como la de 1 euro)

¿Quieres estremecer a tus amigos? Para ello deberás repetir un experimento que realizó por primera vez el físico italiano Alessandro Volta, ahora hace doscientos años.

¿Qué hacer? Exprime el limón sobre el plato. Empapa las tiras de papel en el zumo de limón. Haz una pila de monedas, alternando una de cobre y una de otra material y separando cada moneda con una tira de papel humedecido en limón.

Mójate la punta de los dedos índices y sostén entre ellos la pila de monedas, como en la ilustración.

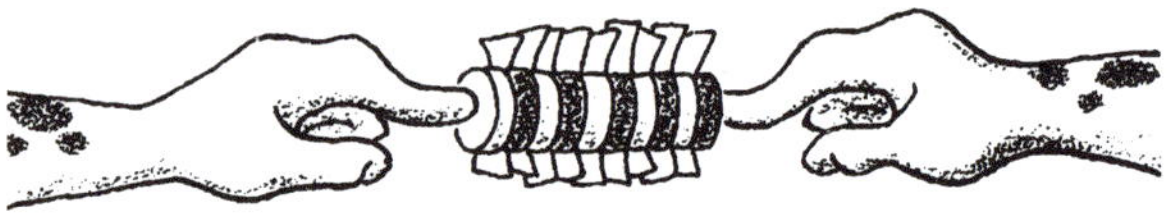

¿Qué ocurre? Recibes una pequeña descarga eléctrica.

¿Por qué? Acabas de fabricar una pila húmeda, la precursora de las pilas que compramos hoy en día en los supermercados y ferreterías. El zumo de limón, una solución ácida, conduce la electricidad generada por los distintos metales de los dos tipos de moneda.

Cada «pila» está formada por dos o más pilas secas. En cada pila seca hay 32 metales (dentro de un recipiente de cinc con una varilla de carbono) separados por papel absorbente bañado en un ácido potente.

43 Elabora tu propia limonada con burbujas

NECESITARÁS

Un limón
Un vaso medidor
Un vaso grande
Agua
1 cucharadita de bicarbonato sódico
Azúcar, al gusto

Puedes elaborarte tu propia limonada con burbujas y disfrutar de todo su sabor. Si quieres, también puedes probar a hacer naranjada.

¿Qué hacer? Exprime el limón sobre el vaso medidor. Añade una cantidad de agua equivalente al zumo de limón y luego vierte la mezcla en el vaso. Agrega la cucharada de bicarbonato sódico. Prueba la limonada y, si te gusta más dulce, añádele azúcar.

¿Qué ocurre? El líquido obtenido será como un refresco con burbujas y tendrá sabor de limonada.

¿Por qué? Las burbujas las forma el gas carbónico producido por la mezcla de una base (el bicarbonato) y un ácido (el zumo de limón).

Las burbujas de los refrescos normales también se crean con dióxido de carbono, que se añade al agua mediante presión, y con un edulcorante aromatizado.

44 Limón lanzacohetes

NECESITARÁS

Una botella vacía
Un tapón de corcho
Servilletas de papel
2 tiras de papel de cocina de 2,5 cm x 25 cm
Cinta adhesiva
60 ml de zumo de limón
Agua
1 cucharadita de bicarbonato sódico

Sigue estas instrucciones al detalle y tendrás la oportunidad de lanzar un cohete. ¡Ponte a resguardo cuando éste salga propulsado!

¿Qué hacer? Ajusta el tapón de corcho a la botella, recortándolo o envolviéndolo con un poco de papel de cocina, si es necesario, hasta que encaje perfectamente.

Destapa la botella. Pega las dos serpentinas de papel al tapón. El tapón ya está listo: será tu cohete.

Vierte el zumo de limón en la botella. Añade agua hasta llenarla por la mitad. Envuelve el bicarbonato en un cuadradito de papel de cocina.

Colócate en un sitio donde el cohete tenga espacio suficiente para viajar. Echa el paquetito de bicarbonato en el interior de la botella y tápala con el corcho, sin apretarlo mucho. Deja la botella en el suelo y aléjate.

¿Qué ocurre? El tapón sale disparado.

¿Por qué? Cuando el agua y el zumo de limón traspasan el papel que envuelve el bicarbonato, éste reacciona produciendo gas carbónico. La presión aumenta en el interior de la botella y, al estallar el gas, hace que el tapón salga disparado.

45 Limoncitos

NECESITARÁS

Semillas de limón
Agua
Papel secante o papel de cocina
Un tarro de boca ancha
Trozos de papel de cocina o algodón

No tires las semillas de los limones. Plántalas y, con el tiempo, es posible que incluso tengas un limonero. Como mínimo, las verás brotar.

¿Qué hacer? Sumerge las semillas durante toda la noche en agua para ablandar la capa exterior.

Moja un trozo de papel secante o de cocina y forra con él el interior del tarro. Embute en el tarro los trozos de papel o algodón. Cerca del borde del tarro, inserta las semillas entre el vidrio exterior y el papel o el algodón embutido. Vierte aproximadamente 2,5 cm de agua en la base del tarro. Colócalo en un lugar oscuro y cálido, como un armario de la cocina. Comprueba su estado cada día y añade más agua si el nivel de ésta disminuye.

¿Qué ocurre? En una semana o diez días, las semillas empezarán a germinar.

¿Por qué? Las semillas contienen «plantas bebé» o embriones. Estos embriones de las semillas pueden dar lugar a nuevas plantas si reciben humedad y aire cálido. El papel secante aporta la humedad necesearia e impide que reciban demasiada agua.

46 Penicilina de limón

Cultiva tus propios microbios con ayuda de un limón, agua, oscuridad… y paciencia.

NECESITARÁS

Un limón
Un tarro limpio
Agua
Una hoja de film transparente o papel de aluminio
Una lupa

¿Qué hacer? Coloca el limón en el tarro. Añade unas gotas de agua y tápalo con film transparente o papel de aluminio, ajustándolo bien. Guárdalo durante una semana, como mínimo, en un lugar oscuro, por ejemplo en un armario de cocina.

Luego saca el limón y obsérvalo detenidamente con una lupa.

¿Qué ocurre? Distinguirás pequeñas partículas de un moho verde blando sobre la piel del limón. (No toques el moho ni respires cerca de él, ya que puedes tener alergia a estos organismos.)

¿Por qué? En realidad, el moho verde de los limones es una colonia de millones de plantas unicelulares que crecen juntas. Crecen en los alimentos que se conservan durante demasiado tiempo y hacen que cambien de color y despidan mal olor.

A partir de este moho en concreto, el mismo tipo que crece en el queso azul, los científicos elaboran la penicilina, la medicina que combate los microbios responsables de las enfermedades.

Cuando hayas terminado de examinar el limón enmohecido (si no lo usas para el siguiente experimento), vuélvelo a introducir en el tarro y tápalo de nuevo. Tíralo al cubo de la basura y lávate bien las manos.

47 Madura la fruta a toda velocidad

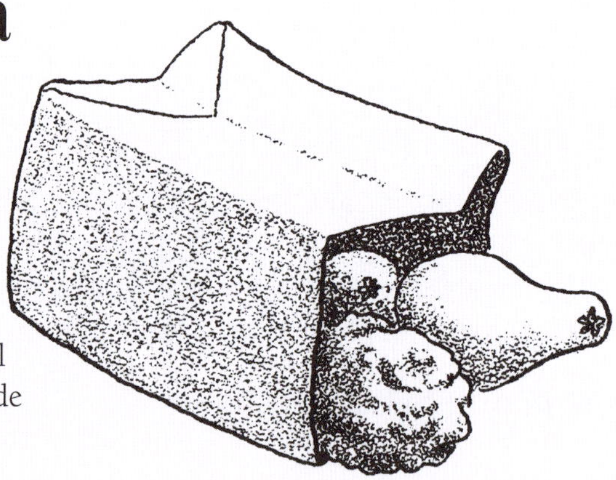

Prueba a colocar el limón enmohecido del experimento anterior en una bolsa de papel con unos melocotones o unas peras verdes.

Observa el resultado al día siguiente. El moho verde del limón despide un gas denominado etileno. El moho despide tanto gas que un solo limón enmohecido puede madurar cientos de piezas de fruta verde.

Asegúrate de lavar bien la fruta madurada antes de comértela, así como de tirar a la basura el limón enmohecido.

COCINA EXPERIMENTAL

El frigorífico de casa puede abastecerte de las materias primas para llevar a cabo una docena de fascinantes (y útiles) experimentos. Puedes fabricar un juguete de plástico, pintar un *graffiti* en la cáscara de un huevo y construir un fotómetro de «grasa».

Algunos datos sobre la leche

Los mamíferos, entre los que figura el ser humano, alimentan a sus hijos con la leche que produce el cuerpo de la madre. La mayoría de la leche procede de las vacas, pero los humanos también consumen leche de burra, cabra, oveja, búfala, camella, asna, cebra, cierva, llama y yac.

Algunos datos acerca de la mantequilla

La mantequilla se conocía ya dos mil años antes de Jesucristo, aunque en aquella fecha es probable que se elaborara con leche de búfala. Al principio se utilizaba como ungüento para embellecer el cabello y también se aplicaba como pomada para tratar quemaduras y, en su forma derretida, como aceite para lámparas.

La mantequilla se elabora batiendo o agitando leche o nata y separando la parte grasa y sólida de la parte líquida.

Algunos datos sobre el aceite

El término «aceite» procede de la palabra griega que significa «oliva», pero nosotros utilizamos muchos tipos distintos de aceite, extraídos de animales y de plantas, como las semillas de algodón, la palma, el maíz y la soja.

La margarina se elabora a partir de semillas de algodón y otros aceites vegetales.

Algunos datos sobre los huevos

Fue en la India donde se domesticaron por primera vez distintas aves salvajes para utilizarlas como alimentos, por su carne y sus huevos.

Leche: cuajada y suero

48

Doña Descremada estaba comiéndose su leche cuajada y su suero lácteo cuando una araña descendió sobre su plato.

Pero, ¿qué son la cuajada y el suero lácteo?

NECESITARÁS

1 taza (250 ml) de leche
80 ml de vinagre
Un tarro de boca ancha

¿Qué hacer? Mezcla la leche y el vinagre en un tarro.

¿Qué ocurre? La leche cambia y se separa. En la base del tarro reposa una sustancia densa, la cuajada, mientras que en la parte superior hay un líquido aguado, el suero lácteo.

¿Por qué? El vinagre agria la leche y disocia sus componentes. La cuajada está formada por la grasa, los minerales y una proteína llamada caseína. El queso se elabora con leche cuajada. Y la cola blanca se fabrica con la caseína de la cuajada. Para usar la cuajada como pegamento, basta con eliminar el líquido.

49

Un juguete de plástico

NECESITARÁS

½ taza (125 ml) de leche
Un cazo pequeño
Un tarro limpio
1 cucharadita de vinagre

Fabrica tu propio plástico y moldéalo hasta convertirlo en un pequeño juguete. Pero no esperes que parezca un juguete comprado en una tienda. Pide ayuda a un adulto para hacer este experimento.

¿Qué hacer? Calienta la leche en el cazo, removiendo con frecuencia, hasta que se formen grumos (o hasta que la leche se cuaje). Pide a un adulto que cuele lentamente el líquido. Vierte la cuajada en el tarro y añádele el vinagre. Deja reposar la cuajada una hora.

¿Qué ocurre? Se forma un pequeño agregado de caucho. Extrae de nuevo con cuidado el líquido. Dale al agregado forma de bola o de cara. Déjalo endurecerse durante unas horas en un tarro abierto o sobre un papel de cocina. Si quieres, puedes pintarlo con pinturas acrílicas.

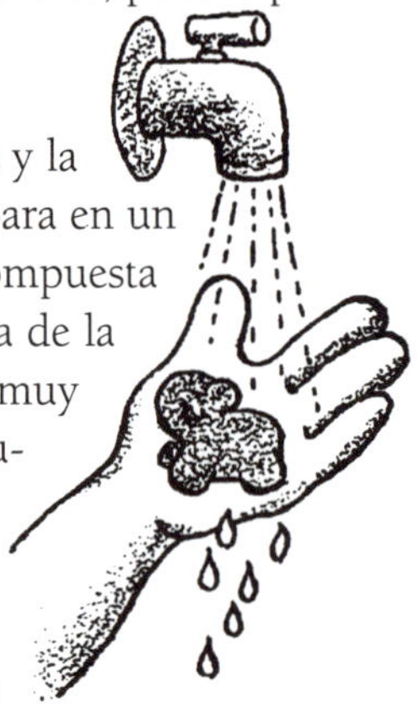

¿Por qué? Cuando el vinagre y la leche interactúan, la leche se separa en un líquido y una sustancia sólida compuesta por grasa, minerales y la proteína de la caseína (formada por moléculas muy largas que se doblan como el caucho antes de endurecerse).

En el pasado, los plásticos se elaboraban con leche y plantas. En la actualidad, se fabrican con petróleo, lo cual supone un problema, porque no pueden descomponerse.

50

NECESITARÁS
2 huevos crudos
1 huevo duro

Encuentra el huevo duro

¡Qué dilema! Has puesto un huevo duro en el frigorífico y alguien lo ha colocado de nuevo con los huevos crudos. Necesitas el huevo duro para preparar una ensalada. Pero ¿cómo averiguar cuál es?

¿Qué hacer? Haz girar cada huevo sobre sí mismo y observa qué ocurre. Luego toca cada huevo con delicadeza mientras da vueltas.

¿Qué ocurre? Dos de los huevos se tambalean, mientras que uno gira normalmente. El que gira es el huevo cocido. Al tocar el huevo cocido, éste se detiene por completo. En cambio, los huevos crudos siguen moviéndose aunque los intentes inmobilizar.

¿Por qué? Las yemas y las claras de los huevos crudos giran lentamente sobre sí mismas a causa de la inercia, la tendenca de un objeto a continuar en reposo o en movimiento. Esto hace que los huevos crudos se tambaleen y continúen moviéndose aún después de intentar pararlos. En cambio, la yema y la clara sólidas del huevo duro responden más rápidamente.

¿Cómo hacer flotar un huevo?

51

NECESITARÁS

Un huevo
2 vasos
Agua
Sal

No, no es ningún acertijo. Descubre por qué es más fácil nadar en el océano que en un lago de agua dulce o en una piscina.

¿Qué hacer? Llena un vaso con agua hasta la mitad. Sumerge el huevo en el agua. Observa qué ocurre. A continuación, añade 3 cucharadas de sal, remueve lentamente hasta que la sal se deshaga en el agua y observa qué sucede.

Llena el segundo vaso con agua hasta la mitad. Añade 10 cucharadas de sal. Agrega lentamente más agua hasta llenar el vaso y no la remuevas. Sumerge el huevo con delicadeza.

¿Qué ocurre? En el agua dulce, el huevo se hunde. Al añadir sal, flota cada vez más arriba.

Si se añade agua dulce a un agua muy salada, el huevo queda suspendido a media altura.

¿Por qué? Cuanto más denso es el líquido, mayor es su impulso ascendente o flotabilidad. La sal incrementa la densidad del agua.

Al añadir agua dulce al agua salada, el agua dulce permanece en la parte superior del vaso. El huevo la atraviesa y se hunde, hasta llegar al agua salada, que es más densa y sobre la cual el objeto flota.

52 El truco del huevo en la botella

¿Es cierto que puede introducirse un huevo en una botella de cuello ligeramente más pequeño que el huevo sin romperlo?

NECESITARÁS

Agua hirviendo
Una botella de cuello estrecho (como una de ketchup o un biberón)
Un trapo o un agarrador
Un huevo hervido pelado

¿Qué hacer? Vierte el agua hirviendo en la botella. Sujeta ésta con el agarrador y remueve el agua en su interior. Luego vacíala y, rápidamente, coloca el huevo en la boca de la botella.

¿Qué ocurre? Aunque el huevo es más grande que la boca de la botella, se desliza y cae en su interior.

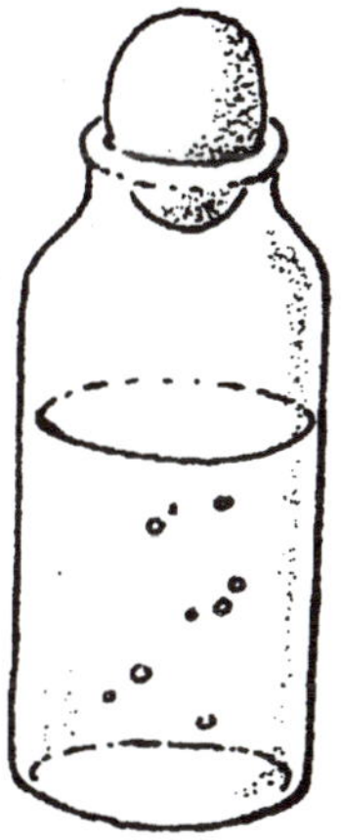

¿Por qué? El agua caliente deja vapor caliente en la botella, y ese vapor fuerza a salir parte del aire del interior. A medida que el vapor de la botella se enfría, se convierte en gotitas de agua y requiere menos espacio. Ello reduce la cantidad de presión de aire en la botella, y la presión del aire exterior empuja al huevo a resbalar dentro de la botella.

Para sacar el huevo, sostén la botella boca abajo y sopla en su interior durante unos 30 segundos. La presión del interior de la botella se volverá mayor que la exterior y forzará al huevo a salir.

La potencia del huevo

53

NECESITARÁS
4 mitades de cáscara de huevo
Cinta adhesiva
Tijeras
Latas de conserva

La cáscara de huevo es frágil, ¿verdad? ¿O no es así? Para poner a prueba este experimento, recoge las cáscaras de huevo vacías que alguien de tu familia haya usado para preparar un pastel o unas tortillas.

¿Qué hacer? Con cinta adhesiva enrolla la parte central de cada mitad de cáscara de huevo. A continuación, con unas tijeras, recorta la parte de arriba de las cáscaras, de modo que todas ellas presenten un borde recto y liso.

Coloca las cuatro cáscaras de huevo boca abajo de manera que formen un cuadrado. Coge una lata de conservas y colócala de pie sobre las cáscaras de huevo. Ve apilando latas sobre los huevos hasta que una de las cáscaras se rompa.

¿Qué ocurre? Las «frágiles» cáscaras de huevo son capaces de aguantar un número asombroso de latas de conservas.

¿Por qué? El secreto de la fuerza de las cáscaras de los huevos radica en su forma. Ningún punto de las bóvedas aguanta todo el peso de los objetos que vas colocando sobre ellas. El peso se distribuye por las paredes curvas hacia la base ancha de las cáscaras.

54 Huevos pintados

NECESITARÁS
Un huevo duro
Un lápiz
Un tarro
Vinagre blanco

¿Conoces el método para grabar tus iniciales o pintar un dibujo sobre un huevo normal y corriente sin resquebrajar la cáscara?

¿Qué hacer? Con mucho cuidado, haz un dibujo o escribe tus iniciales con un lápiz de color en la cáscara de un huevo. Introduce el huevo en el tarro y añade vinagre hasta cubrirlo. Déjalo reposar durante 2 horas. Luego escurre el vinagre. Añade vinagre nuevo y déjalo reposar otras dos horas. Lava el huevo y elimina las marcas de lápiz.

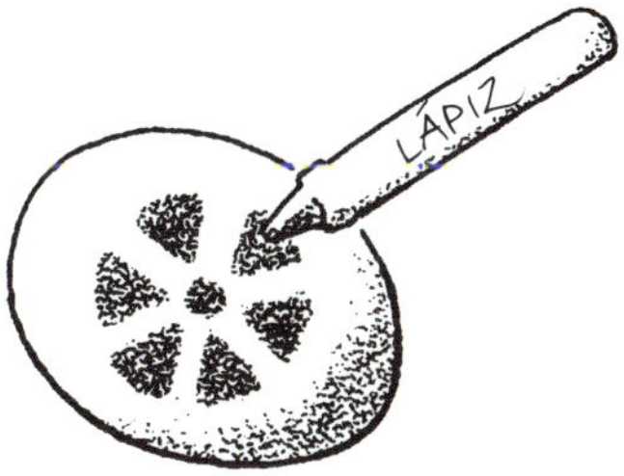

¿Qué ocurre? La cáscara puede parecer muy frágil, pero tus iniciales o tu dibujo han quedado grabados.

¿Por qué? El ácido del vinagre se combina con el carbonato cálcico de la cáscara y disuelve gran parte del mismo, pero no la parte en la que has dibujado o escrito con el lápiz. La cera del lápiz ha protegido esa parte del efecto del vinagre, de modo que la sección de tu dibujo no se ha disuelto.

55 Aceite y agua

NECESITARÁS
1 cucharada de aceite de cocina
Agua coloreada con unas gotas de colorante alimenticio
Un tarro estrecho con tapa o una botella con tapón

«Son como el aceite y el agua», es lo que se dice cuando dos personas no se llevan bien. Descubre cómo se llevan realmente el aceite y el agua.

¿Qué hacer? Vierte 2 cucharadas de aceite y 2 cucharadas de agua coloreada en el tarro o la botella, tápalos y agítalos vigorosamente. Deja reposar la botella.

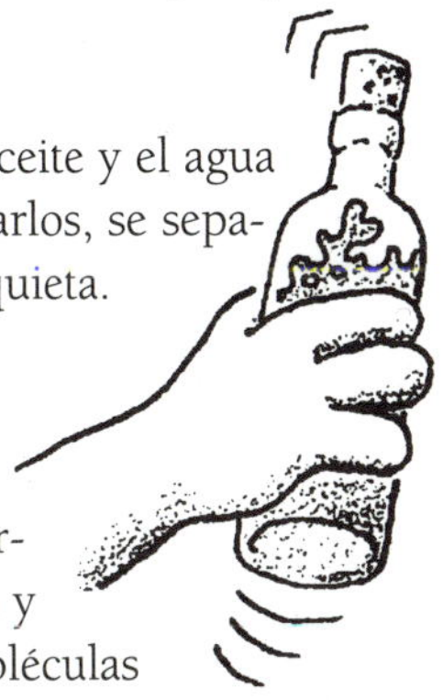

¿Qué ocurre? Aunque el aceite y el agua parecían mezclarse bien al agitarlos, se separan en cuanto dejas la botella quieta. El aceite flota encima del agua.

¿Por qué? Muchos líquidos se disuelven en el agua para formar una solución, pero el agua y el aceite no se mezclan. Las moléculas del aceite poseen una mayor atracción entre ellas que con respecto a las moléculas del agua. El aceite flota por encima del agua porque pesa menos. Por eso es tan fácil eliminar la grasa de la sopa de pollo y de las salsas elaboradas con el jugo de la carne asada. Cuando estos líquidos se dejan en reposo durante un rato, y sobre todo una vez se enfrían, las grasas forman una capa sólida sobre los otros líquidos.

56 Sándwich líquido

NECESITARÁS

2 cucharadas de aceite
2 cucharadas de agua
2 cucharadas de miel
o melaza
Un bote estrecho con tapa
o con tapón de corcho

¿Cómo elaborar un sánwich con tres líquidos?

¿Qué hacer? Vierte el aceite, el agua y la miel o la melaza en un bote estrecho y tápalo.

¿Qué ocurre? ¡Obtienes un sándwich! La miel o la melaza se sitúan en el fondo, el aceite flota en la superficie y el agua permanece en el centro.

¿Por qué? La miel o la melaza se hunde porque es más densa (pesa más que una cantidad equivalente de aceite o agua). Y el aceite flota porque es menos denso que el agua.

¿Con o sin grasa? 57

Es muy simple comprobar si un alimento contiene grasa o no.

NECESITARÁS

Una hoja blanca
Un lápiz
Mantequilla o
margarina
25 g de chocolate
Nata o leche entera
Un limón
Miel
Patatas fritas

¿Qué hacer? Dibuja seis círculos pequeños en el papel. Etiqueta cada círculo con el nombre de uno de los alimentos cuyo contenido en grasa vayas a comprobar. Frota el alimento sobre su círculo correspondiente. Transcurridos 10 minutos, examina el papel por ambas caras.

¿Qué ocurre? Algunos círculos estarán secos, mientras que otros estarán grasientos y sus manchas aceitosas se extenderán cada vez más.

¿Por qué? El agua y la grasa producen manchas rellenando los espacios que hay entre las fibras del papel. Las manchas de agua se evaporan y se secan. En cambio, los glóbulos grasos permanecen. Sólo pueden eliminarse con jabón o un disolvente como el éter.

58

Fotómetro de «grasa»

NECESITARÁS

Aceite de cocina
Un papel blanco
Papel de cocina
2 lámparas sin pantalla con bombillas de diferente voltaje
Una regla o un metro

¿Qué bombilla de luz ilumina más? ¿Qué es un flash? ¡Descúbrelo aquí usando la ciencia!

¿Qué hacer? Vierte unas gotas de aceite en el papel blanco. Deja que el aceite se extienda y luego, con un trozo de papel de cocina, empapa el exceso de grasa de modo que en el papel sólo quede una mancha aceitosa.

En una habitación oscura, coloca las lámparas sin pantalla en los extremos opuestos de una mesa. Enciende las bombillas. Sostén el papel cerca de la bombilla de la izquierda y, poco a poco, ve acercándolo a la bombilla de la derecha. Observa atentamente la mancha de aceite.

¿Qué ocurre? La mancha desaparece cuando el papel recibe una luz de la misma intensidad por ambas caras.

¿Por qué? ¿Cómo te permite esto determinar qué bombilla es la más luminosa?

Si mides la distancia desde la mancha a cada una de las bombillas, y las distancias no son iguales, una de las bombillas ha de ser necesariamente más luminosa que la otra.

Por ejemplo, si la bombilla A se encuentra a 60 cm del papel y la bombilla B a 90 cm, la bombilla B será la más luminosa. Si quieres determinar con precisión la diferencia de luminosidad entre ambas, multiplica la distancia de A (60 cm) por ella misma (60 x 60) y haz lo mismo con la distancia de B (90 x 90). Divide el número más grande entre el más pequeño (9 entre 4). La bombilla B da el doble de luz que la bombilla A.

59

Una lupa líquida

¿Una lupa hecha de agua?
«¡Imposible!», pensarás,
pero no es así…

NECESITARÁS
Un clip de papel
Mantequilla o aceite de cocina
Un vaso de agua
Un listín telefónico, un diario y un sello

¿Qué hacer? Endereza el clip. Forma un pequeño aro en uno de sus extremos y frótalo con un poco de mantequilla o aceite. Sumerge el aro en el vaso de agua y retíralo. Obtendrás una especie de lente, un recuadro que encierra una película de agua.

Utiliza esa lente para leer las pequeñas letras del listín telefónico, de los anuncios clasificados del periódico o de los detalles del sello.

¿Por qué? La lente de agua, como una de plástico o de vidrio, tiene una forma definida y la propiedad de curvar los rayos de luz que la atraviesan. Primero curva los rayos que la penetran y luego vuelve a curvarlos cuando éstos salen de ella. El ángulo en el que el agua curva la luz depende de la forma de la lente.

La luz reflejada parte del objeto que observas, llega a la lente, la atraviesa y luego llega a tu ojo desviada. Tu ojo ve la luz como si procediera en línea recta del objeto, y el objeto parece mucho más grande de lo que en realidad es.

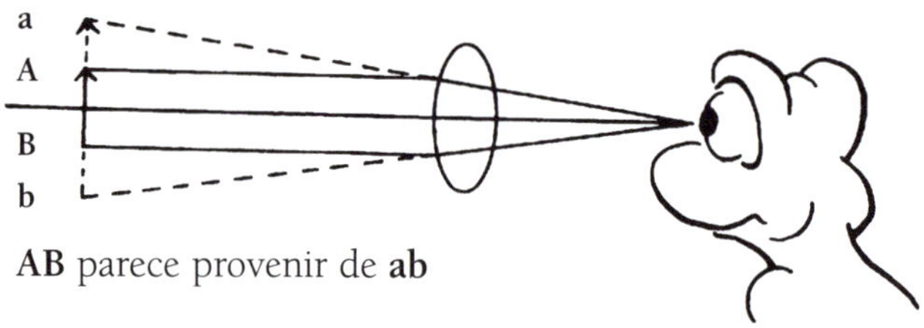

AB parece provenir de **ab**

60

Grado de ampliación

Puedes descubrir cuánto aumenta una lente el tamaño de un objeto usando un trozo de papel milimetrado. También puedes usar una hoja de papel normal, pero deberás trazar las líneas milimetradas en él.

Observa el papel milimetrado a través de la lupa. Cuenta el número de líneas que eres capaz de ver a través de la «lente» y luego compáralo con el número que ves a simple vista.

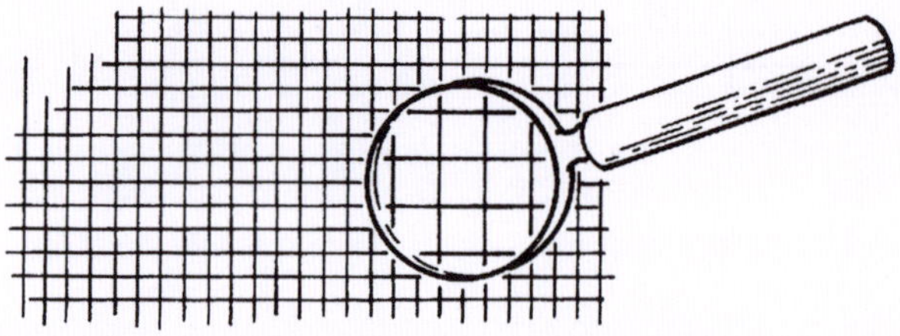

Si hay cuatro líneas alrededor de la lupa y una sola en su interior, significa que la lente magnifica cuatro veces.

Aventuras con un cordel

Con un trozo de cordel puedes hacer verdaderas maravillas de la ciencia. Puedes lograr que el agua camine en equilibrio sobre una cuerda, elevar un peso pesado con un botón, fabricar un reloj de péndulo… ¡e incluso demostrar que eres el más fuerte de todos!

Algunos datos sobre los cordeles

A lo largo de los siglos, los cordeles y las cuerdas se han confeccionado con fibras vegetales extraídas de plantas, como el cáñamo, el lino, el yute y la pita. Las hebras de estas fibras se tuercen o trenzan para formar cuerdas. En la actualidad, se usan materiales sintéticos, como el nailon y el poliéster, para su fabricación.

61 Cómo cortar un cordel sin tocarlo

NECESITARÁS
Un trozo de cordel
Un tarro de vidrio con tapa
Cinta adhesiva
Una lupa

¿Se puede cortar un cordel sin tocarlo, es decir, estando éste en el interior de un tarro de vidrio tapado? Descubre lo fácil que es; sólo necesitas «concentración». Debes hacerlo en un día soleado.

¿Qué hacer? Pega con cinta un extremo del cordel al interior de la tapa del tarro. Enrosca la tapa de modo que el cordel quede suspendido en el aire.

Con la lupa, concentra los rayos del sol sobre el cordel durante unos minutos.

¿Qué ocurre? El cordel se parte en dos.

¿Por qué? La lupa concentra el calor del sol sobre el cordel. El calor alcanza la intensidad suficiente como para quemar el cordel y cortarlo.

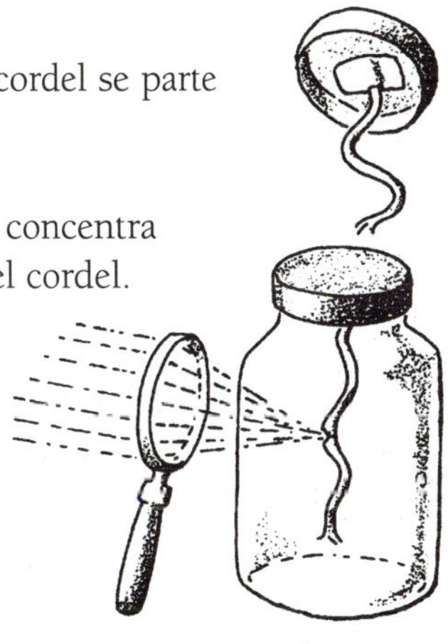

62 Agua funámbula

NECESITARÁS
Un clavo pequeño
Un vaso de plástico
Un cordel de 30 cm de longitud
Agua
Un cubo

¿Es posible hacer que el agua camine sobre una cuerda sin caerse? Pon a prueba este experimento y descúbrelo tú mismo.

¿Qué hacer? Haz un pequeño agujero cerca del borde superior del vaso con ayuda del clavo. Moja el cordel y mételo por el agujero (ata un nudo por la parte interior para evitar que se salga). Llena el vaso de agua casi hasta el borde.

Coloca el cubo en el suelo, cerca de tu pie izquierdo. Ata el extremo suelto del cordel a tu dedo índice izquierdo y sosténlo sobre el cubo.

Aguanta el vaso con la mano derecha. Estira del cordel hasta tensarlo e inclínalo ligeramente sobre el cubo. Inclina lentamente el vaso y vierte el agua despacio sobre el cordel.

¿Qué ocurre? El agua desciende poco a poco por el cordel hasta llegar a tu dedo izquierdo y luego caer en el cubo.

¿Por qué? Las moléculas que se encuentran cerca de la superficie del agua se juntan para formar una película elástica (como un tubo invisible) a través de la cual el agua fluye a lo largo del cordel. Esta película se llama tensión superficial.

63 Cómo hacer un nudo en forma de 8

Puedes hacer un nudo de cualquier forma para que el cordel no se salga del vaso, pero, si quieres hacer un nudo en forma de ocho, no tienes más que seguir el diagrama siguiente:

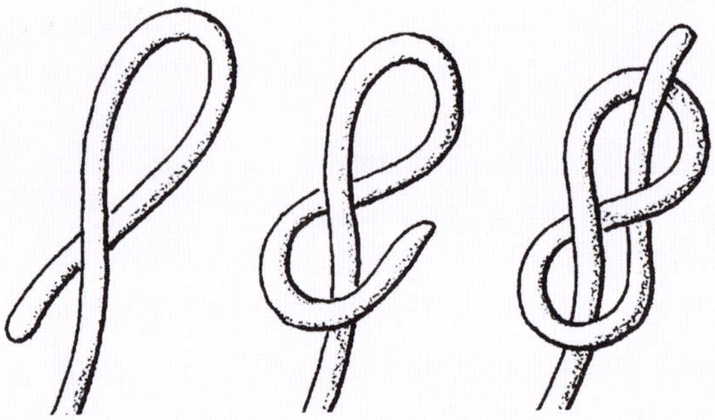

64 Cristales de sal

NECESITARÁS

Un tarro pequeño
Agua caliente
Una cucharada de sal
Un clavo
Un trozo pequeño de cordel
Un lápiz

En ciertas regiones tropicales, la sal no se mina de la tierra, sino que se extrae del agua marina mediante estanques poco profundos, las salinas. Puedes crear tu propia agua salada… y luego separar la sal en forma de cristales.

¿Qué hacer? Llena el tarro con agua caliente y vierte en él sal a cucharadas, esperando a que la sal se disuelva entre una cucharada y la siguiente. Necesitarás aproximadamente 1 cucharada de sal por cada 30 ml de agua.

Ata el clavo a un extremo del cordel. Enrolla el extremo opuesto alrededor del lápiz. Coloca el lápiz sobre el borde del tarro de modo que el clavo quede sumergido en el agua salada, pero sin tocar el fondo del bote.

Guarda el tarro en un lugar caliente.

¿Qué ocurre? Al cabo de unos días, el agua se seca y se forman cristales adheridos al cordel. El gusto de estos cristales es salado.

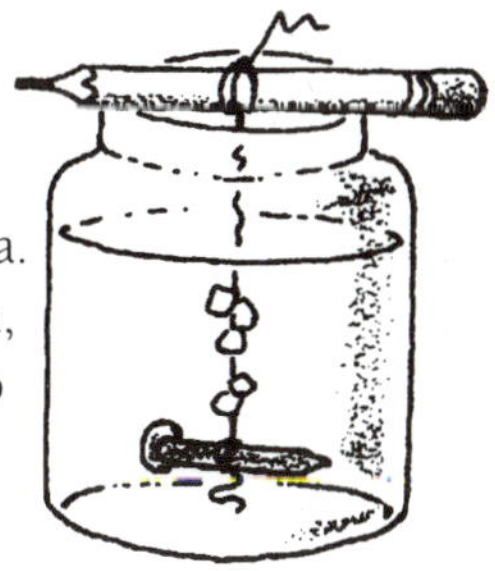

¿Por qué? Las moléculas del agua desaparecen lentamente en el aire en forma de vapor de agua. A medida que el agua se evapora, los átomos de sal se van uniendo y crean cristales con forma de cubo. El agua desaparece y los cristales permanecen.

65 Elabora azúcar candi

Puedes hacer azúcar candi, que no es otra cosa que cristales de azúcar, siguiendo el procedimiento indicado para elaborar cristales de sal. Necesitarás un tarro algo más grande y un trozo de cordel más largo. Mezcla 500 g de azucar y 125 ml de agua caliente y deja reposar la mezcla durante unos días.

66 Rescate de un cubito de hielo

¡He aquí un truco espléndido para «romper el hielo» en cualquier fiesta! Desafía a tus invitados a rescatar un cubito de hielo de un vaso de agua sin mojarse las manos, sólo con cordel. Diles que pueden usar cualquiera de los objetos de la mesa, excepto los platos y los cubiertos. Si no lo consiguen, demuéstrales cómo hacerlo

NECESITARÁS

Un cubito de hielo
Un vaso de agua fría
Un trozo de cordel de 15 cm de largo
Sal

¿Qué hacer? Pon a flotar el cubito de hielo en un vaso de agua. Dispón el cordel de modo que uno de sus cabos quede colgando fuera del vaso. Pon el extremo opuesto sobre el cubito de hielo. Luego espolvorea un poco de sal sobre el cubito y déjalo reposar durante 10 minutos.

¿Qué ocurre? El cordel se congela sobre el cubito de hielo y puedes tirar de él para sacar el cubito del agua.

¿Por qué? Cuando la sal toca el cubito, desciende el punto de congelación del agua un poco por debajo de los 0 grados centígrados y provoca que la superficie del hielo se derrita ligeramente. Cuando el cubito vuelve a congelarse, atrapa el cordel en su interior.

67 Un monstruo marino

NECESITARÁS

Un trozo de cartón
Un lápiz
Tijeras
Chinchetas
Un trozo de cordel atado a un clavo

¡Descubre cómo fabricar un monstruo marino!

¿Qué hacer? Dibuja en el cartón un monstruo marino como el de la ilustración y recórtalo. Marca tres puntos, como en el dibujo.

Clava una chincheta en el punto superior y ata el cabo suelto del cordel a la chincheta, de modo que el clavo quede colgando. Traza una línea a lo largo del cordel. Repite la operación para los otros dos puntos.

Clava la chincheta en el punto de intersección de las tres líneas y haz girar el monstruo sobre sí mismo.

¿Qué ocurre? El monstruo gira y nunca se detiene en la misma posición.

¿Por qué? El punto de intersección de las tres líneas es el centro de gravedad. Si cuelgas el monstruo por cualquier otro punto, quedará desequilibrado, girará de forma irregular y se detendrá en el mismo sitio cada vez que lo hagas girar, donde el punto de gravedad sea inferior.

68 La fuerza de los hilos

NECESITARÁS

2 trozos largos de hilo
Cn palo de madera delgado
Una percha de madera
Una regla metálica

Tal vez pienses que los delgados hilos que sostienen los palos en este experimento pueden romperse y, sin embargo…

¿Qué hacer? Ata un hilo a cada extremo del palo. Luego ata el cabo suelto de cada hilo a la percha, de modo que el palo quede suspendido de ésta. Si quieres puede usar los medios nudos de clavo (consulta las instrucciones del experimento 69). Golpea el palo con el borde metálico de la regla.

¿Qué ocurre? ¡Los hilos no se rompen! Si golpeas con la fuerza suficiente, el trozo de madera se romperá.

¿Por qué? Estás aplicando fuerza al palo, no a los nudo. El palo se resiste al movimiento… tanto que se rompe antes de moverse. Nos hallamos de nuevo ante un caso de inercia: los cuerpos tienden a permanecer en reposo.

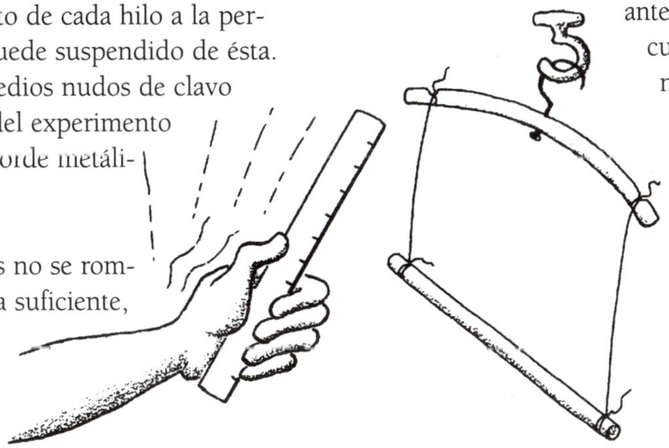

69 Cómo hacer medios nudos de clavo

Los llamados medios nudos de clavo te permiten atar un cordel o una cuerda a otro objeto, como un palo o una percha.

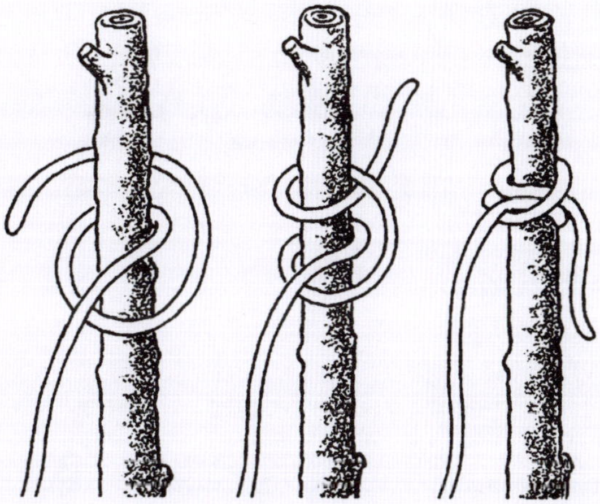

70 Imposible de enderezar

NECESITARÁS
Un cordel de 60 a 90 cm de largo
Un libro pesado

¡Te apostamos lo que sea a que no eres capaz de enderezar esta cuerda!

¿Qué hacer? Extiende la cuerda sobre una mesa o sobre el suelo. Coloca el libro en el medio de la cuerda y átala alrededor del libro sin hacer ningún nudo. Levanta el libro sosteniendo con las manos ambos extremos de la cuerda juntos. Luego estira de un extremo de la cuerda con cada mano en direcciones opuestas para que la cuerda forme una línea recta.

¿Qué ocurre? No logras enderezar la cuerda, independientemente de la fuerza con que estires.

¿Por qué? Notarás que, a medida que separas los extremos de la cuerda, el libro parece cada vez más pesado. Cuanto mayor sea el ángulo entre ambas mitades de la cuerda, mayor será la fuerza necesaria para sostener el libro en el aire. Una línea recta forma un ángulo de 180 grados. Necesitarás hacer una fuerza considerable para aguantar el libro con los extremos de la cuerda separados a ese ángulo. De hecho, será tanta la fuerza necesaria que la cuerda se romperá antes de que puedas enderezarla.

71 Rizar el rizo

NECESITARÁS
Una cuerda de unos 60 cm de largo
Un cubo
Una pelota de caucho blanda

¿Por qué cuando uno hace una pirueta de «rizar el rizo» en un avión no se cae ni se pone nunca boca abajo?

¿Qué hacer? Ata firmemente la cuerda al asa del cubo. Introduce la pelota en el cubo.

Elige un lugar donde no se corra el riesgo de golpear a nadie, al aire libre si es posible. Sostén el cubo por la cuerda y hazlo girar en círculos en el aire lo más rápidamente que puedas.

¿Qué ocurre? La pelota no se cae del cubo, aunque éste esté boca abajo.

¿Por qué? La fuerza centrífuga creada por el movimiento circular equivale a la fuerza de la gravedad y evita que la pelota se caiga del cubo. Empuja el objeto contra las paredes del cubo, en lugar de hacia el exterior.

Cuando seas un experto en rizar el rizo, prueba a realizar este experimento con el cubo lleno de agua… ¡pero siempre al aire libre!

72

El cordel parlante

¡Lo creas o no, es posible conseguir que un cordel hable!

NECESITARÁS

Un hilo o un cordel fino y resistente de 45 a 60 cm de largo

Un botón grande con dos agujeros

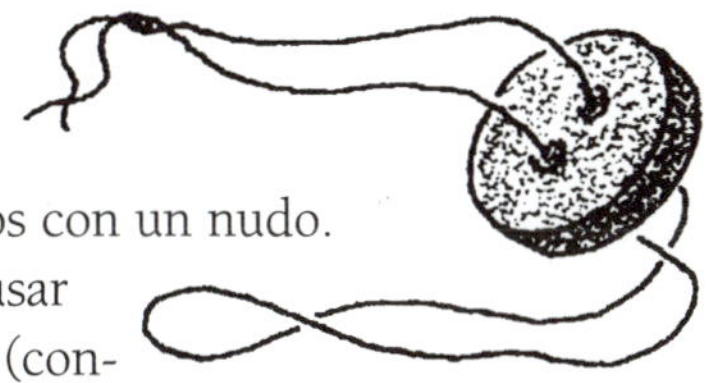

¿Qué hacer? Enhebra el hilo por los agujeros del botón y ata los cabos con un nudo. Si quieres, puedes usar un nudo as de guía (consulta las instrucciones del experimento siguiente). Sitúa el botón en el centro del hilo.

Sostén el hilo con los dos dedos índices y dale una vuelta por ambas caras del botón. Haz girar el botón varias veces, hacia ti o en la dirección opuesta, pero siempre en el mismo sentido.

Cuando el hilo esté enrollado, separa las manos y ténsalo. Luego junta las manos y relaja la tensión hasta que el hilo se desenrolle. Repítelo varias veces.

¿Qué ocurre? El botón gira muy rápidamente hasta enrollarse en la dirección opuesta. Si lo enrollas con la rapidez suficiente, oirás un silbido.

¿Por qué? La ley de la inercia vuelve a actuar. Un cuerpo en movimiento tiende a continuar en movimiento. El sonido lo provoca la vibración del aire alrededor del hilo.

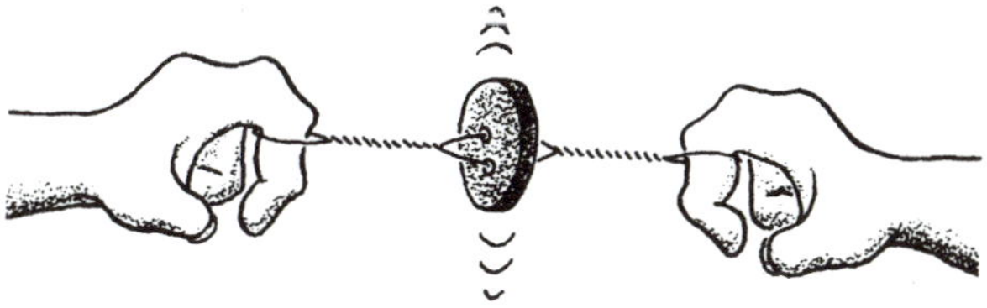

73

Cómo hacer un nudo as de guía

Puedes atar los dos cabos sueltos de un cordel con un nudo llamado as de guía; para ello sigue los dibujos de la derecha.

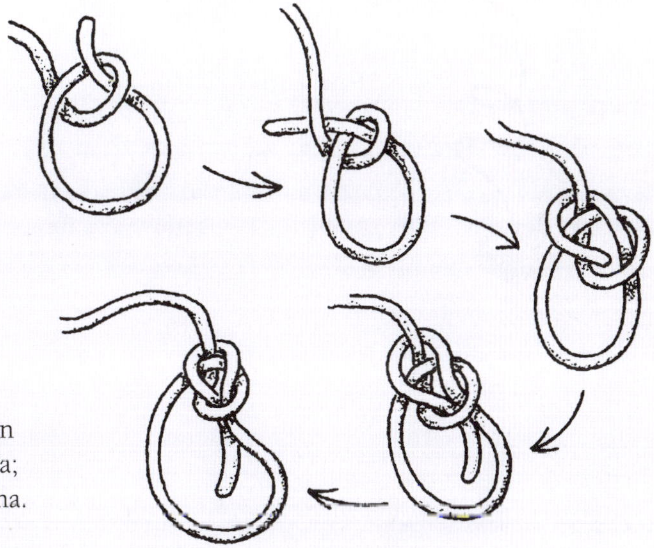

David y Goliat

NECESITARÁS

Un cordel de 60 a 75 cm de largo
Una bobina de hilo, con o sin él
Un botón
Una piedrecita

¿Es posible levantar una piedra con un botón?

74

¿Qué hacer? Enhebra el cordel a través del agujero de la bobina, de tal modo que unos dos tercios del cordel sobresalgan por arriba. Luego ata el botón a un extremo del cordel y la piedra al otro. Con el botón encima de la bobina y la piedra debajo, sostén el artilugio por encima de tu cabeza. Para hacerlo, agarra la bobina con una mano y el cordel con la otra. Empieza a hacer girar la bobina de modo que ambos pesos se muevan con la mayor rapidez posible.

Poco a poco deja que descienda el cordel que hay debajo de la bobina.

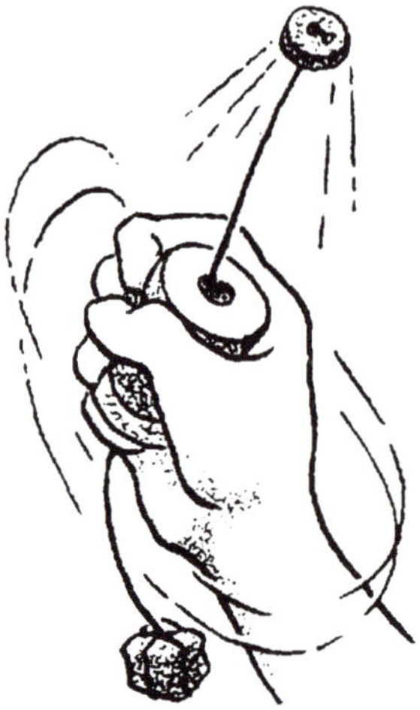

¿Qué ocurre? El objeto más ligero parece levantar el objeto más pesado.

¿Por qué? Es evidente que no es el botón lo que levanta la piedra. Al hacer girar los pesos con la rapidez suficiente, la fuerza centrífuga (la fuerza creada por el movimiento circular) supera la fuerza de la gravedad y la piedra se levanta, pese al empuje de la gravedad.

75 Una polea con palos de escoba

NECESITARÁS
Una cuerda de saltar a la comba o de tendedero
2 palos de escoba

¡Eres asombrosamente fuerte! Ya lo sabemos, pero para demostrarlo, realiza este experimento.

¿Qué hacer? Primero pide la colaboración de dos amigos. Entrega un palo de escoba a cada uno de ellos y diles que se queden de pie, a unos 10 cm de distancia. Luego ata un extremo de la cuerda a uno de los palos y enrolla la cuerda entre ambas escobas, como en la ilustración. Sostén con tu mano el cabo suelto de la cuerda. Pide a tus amigos que estiren de los palos con toda la fuerza de la que sean capaces, a la vez que tú tiras de la cuerda.

¿Qué ocurre? Al margen de la fuerza con la que tus amigos intenten separar los palos de escoba, tú solito eres capaz de juntarlos.

¿Por qué? Con cada vuelta que has dado a la cuerda alrededor de los palos has aumentado la distancia de la cuerda sobre la que ejercerás fuerza. Cuando tiras del extremo de la cuerda que sostienes entre las manos, ejerces poca fuerza, pero a una larga distancia. La fuerza resultante es mucho mayor que la que pueden ejercer tus dos amigos a una distancia más corta.

El artilugio que creas al enrollar la cuerda entre las dos escobas es una especie de polea doble. Se utiliza para cargar barcos, levantar las excavadoras de las grúas, y descender y levantar barcos salvavidas, pianos, cajas fuertes y maquinaria.

76 La fuerza de un soplido

NECESITARÁS
2 cuerdas o cordeles largos
Un libro
Una percha de madera

¿Crees que es posible balancear un libro con tan sólo soplar? ¡Compruébalo tú mismo!

¿Qué hacer? Enrolla los cordeles alrededor del libro y átalos. Luego ata los cabos sueltos de los cordeles a la vara recta de la percha de modo que el libro quede colgado de ésta.

Sopla en dirección al libro. Vuelve a soplar cada vez que se acerque a ti.

¿Qué ocurre? Incluso el soplido más leve hace que el libro se balancee con ímpetu.

¿Por qué? No se trata sólo de una cuestión de furza, sino también de ritmo. Aunque no estés soplando muy fuerte, un soplido regular en el momento preciso hace que el libro se balancee.

Cómo hacer un nudo de tejedor

77

Si la cuerda o el cordel no son lo suficientemente largos, usa un nudo de tejedor, ideal para unir dos cuerdas.

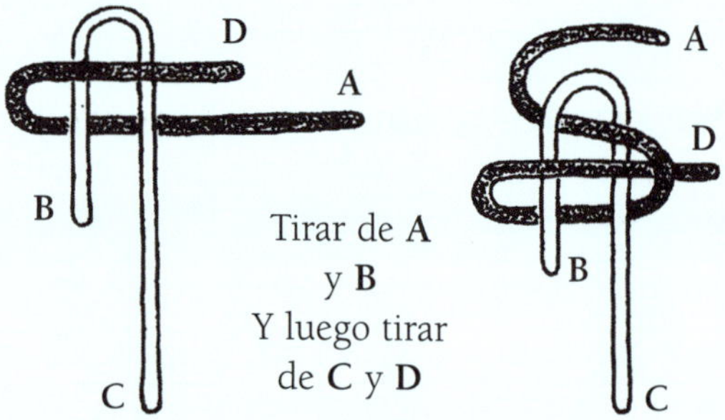

Tirar de **A** y **B**
Y luego tirar de **C** y **D**

78

Hora de bailar

Galileo realizó este asombroso experimento con cuerdas por primera vez en 1483.

NECESITARÁS

4 cordeles de distintas longitudes
2 cordeles de la misma longitud
Una cucharilla
5 clips de papel
Una cuerda de tender o un tendedero

¿Qué hacer? Ata la cucharilla a uno de los dos cordeles de la misma longitud. Ata los clips a los otros cinco cordeles. Ata todos los cordeles por el cabo suelto a la cuerda de tender o el tendedero. Balancea la cucharilla.

¿Qué ocurre? Todos los cordeles con los clips empiezan a balancearse. Pero el clip atado al cordel de la misma longitud que el de la cucharilla es el que se mueve con más energía, mientras que el cordel con la cucharilla acaba por detenerse. Luego la cucharilla vuelve a moverse y el clip colgado del cordel de la misma longitud ralentiza su movimiento.

¿Por qué? El balanceo de la cucharilla mueve el tendedero y da impulso a todos los cordeles y clips, gracias a lo cual todos empiezan a moverse. Pero cada cordel, dependiendo de su longitud, se balancea a un ritmo distinto. Sólo el clip de papel que oscila al mismo ritmo que la cucharilla recibe el impulso en el momento preciso para amoldarse al balanceo de la cucharilla. Oscila con más fuerza que los demás, hasta que transfiere su energía al cordel de la cucharilla, que parece recobrar el impulso. La cucharilla y el clip atados a los cordeles de la misma longitud siguen modificando por turnos su velocidad: cuando uno se ralentiza, el otro se acelera.

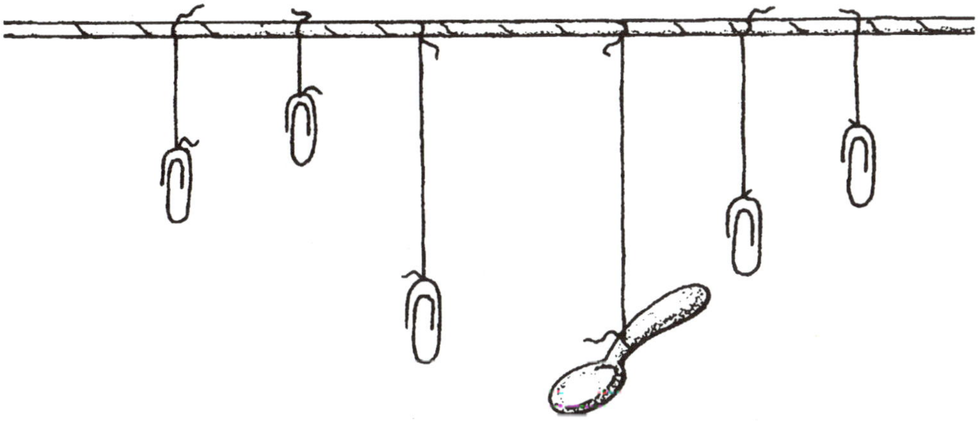

79 Un reloj de péndulo

Este experimento te servirá para descubrir cómo se mide el tiempo con una cuerda.

NECESITARÁS

- 4 cuerdas de longitudes diferentes: 25 cm, 50 cm, 97,5 cm y 120 cm
- Un objeto ligero y pequeño, como una arandela metálica o una moneda
- Una percha o un gancho de techo
- Un reloj con segundero
- Un lápiz
- Un papel

¿Qué hacer? Ata el objeto a la cuerda de 120 cm y cuélgala de la percha o el gancho. (Si no tienes una cuerda de esa longitud, puedes atar varias cuerdas con nudos de tejedor, consulta el experimento 77 en la página 66.)

Tira ligeramente de la cuerda hacia un lado y suéltala para que se balancee. Cuenta el número de vaivenes que efectúa en 60 segundos. Luego tira de la cuerda alejándola un poco más del centro y vuelve a contar los vaivenes que hace en 60 segundos. Anota los resultados.

Repite la operación con el resto de los cordeles de distinta longitud. En cada caso, cuenta el número de veces que el objeto va y viene durante un intervalo de 60 segundos y anótalo.

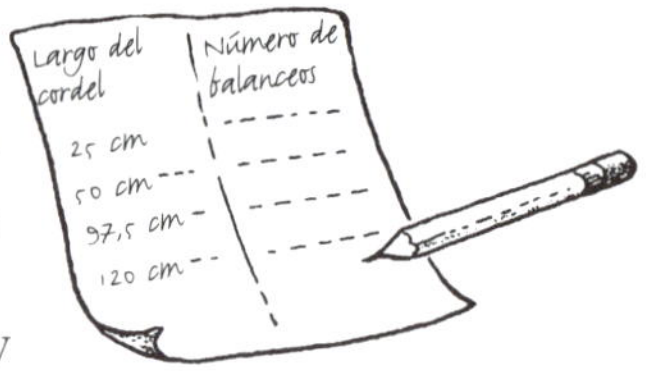

¿Qué ocurre? Colgado de una cuerda de 97,5 cm, el objeto realiza 60 vaivenes en 60 segundos, es decir, en 1 minuto.

¿Por qué? Un péndulo tarda el mismo tiempo en realizar cada vaivén independientemente de la distancia que recorra y de lo pesado que sea el objeto que cuelga de él. Sin embargo, cuanto más largo sea el cordel del péndulo, más tiempo tardará éste en efectuar el mismo recorrido. Y al contrario: cuanto más corto sea el cordel, más rápido efectuará cada vaivén.

Dado que un cordel con una longitud de 97,5 cm tarda 1 minuto en efectuar 60 vaivenes, cada vaivén que realiza dura 1 segundo. Puedes usar esta longitud de cordel para medir el tiempo con gran precisión.

En 1673, Christopher Huygens utilizó este principio para diseñar su reloj de péndulo.

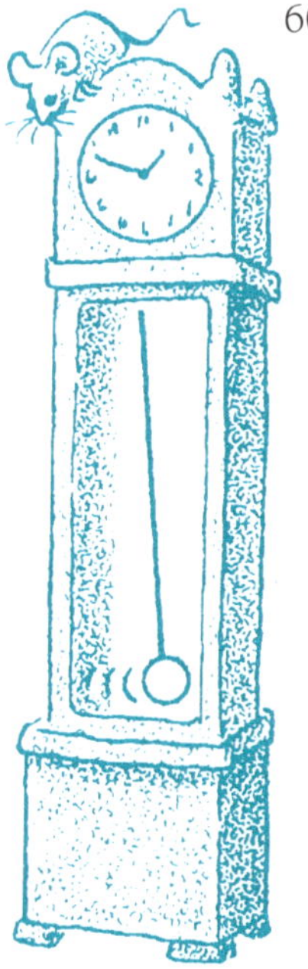

80 Una balanza de hilos

NECESITARÁS

Cinta adhesiva
3 cordeles de longitudes diferentes: 10 cm, 15 cm y 20 cm
Una regla de 30 cm
Una percha metálica
12 clips de papel pequeños

Puedes fabricar tu propia balanza con ayuda de unos hilos y utilizarla para pesar objetos pequeños.

¿Qué hacer? Pega con cinta adhesiva el cordel de 15 cm al centro de la regla (comprueba que no pueda soltarse). Ata el cabo suelto del cordel a la percha, tal y como se muestra en la ilustración.

Ata los otros dos cordeles (de 10 y de 20 cm) a los extremos de la regla, de modo de ambos se encuentren a la misma distancia de cada extremo de ésta.

Endereza un clip de papel y dóblalo de manera que puedas ajustarlo a la parte de arriba de la regla, para usarlo como indicador. Deslízalo por la regla hasta que ésta quede totalmente recta.

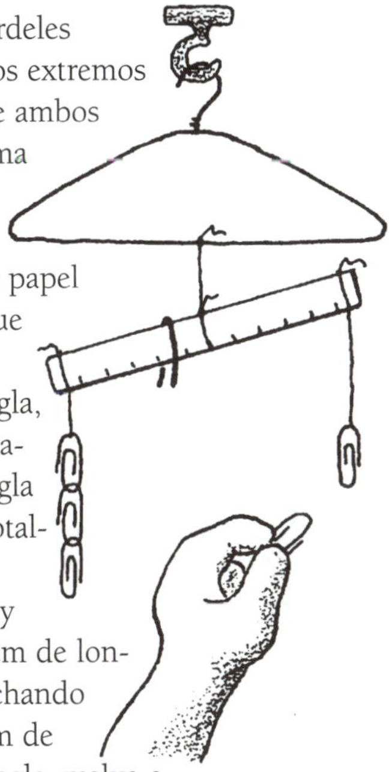

Engancha dos clips y átalos al cordel de 20 cm de longitud. Luego ve enganchando clips al cordel de 10 cm de longitud hasta que la regla vuelva a quedar en posición totalmente horizontal.

¿Qué ocurre? Tienes que colgar 4 clips del cordel de 10 cm para contrapesar los 2 clips atados al cordel de 20 cm y equilibrar la balanza.

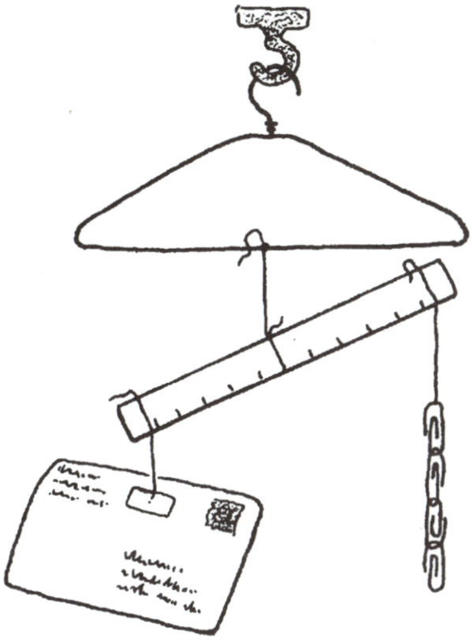

¿Por qué?
En este tipo de balanza, el peso (de los 2 clips de papel) multiplicado por la longitud (20 cm) de uno de los extremos de la regla equivale al peso (de los 4 clips) multiplicado por la longitud (10 cm) del lado opuesto.

81 Cómo usar la balanza

Puedes utilizar la balanza de cuerda para pesar diversos objetos. Resulta excelente para pesar sellos.

¿Cuántos clips deberás añadir al cordel de 20 cm si cuelgas una carta de 28 gramos del cordel de 10 cm?

Cuando encuentres la respuesta, podrás decir a simple vista si has pegado suficientes sellos a la carta.

Pompas de jabón

Fabrica «sangre», haz naufragar un navío, impulsa un barco de papel y mueve palillos mondadientes a tu voluntad. Descubre los misterios de las pompas de jabón.

Algunos datos sobre el jabón

En la antigüedad, los seres humanos se lavaban con agua y cenizas de madera y se hidrataban los cuerpos recién lavados e irritados con grasa o aceites vegetales o animales.

Hace aproximadamente dos mil años, los galos inventaron el jabón, mezclando las cenizas de madera con grasa animal. Lo utilizaban para dar brillo a sus cabellos.

En las ruinas de Pompeya, la ciudad destruida en el siglo I de nuestra era, se descubrió una fábrica de jabones y barras de jabón perfumado.

En la actualidad, los fabricantes de jabón mezclan grasa con lejía (un álcali elaborado con cenizas de madera) y sal. Añaden perfumes, colorantes, ablandadores del agua y conservantes antes de dar forma al jabón o de convertirlo en escamas.

Aunque el término «detergente» se usa para referirse a todas las sustancias capaces de limpiar, suele emplearse para designar una sustancia artificial, o sintética, derivada del petróleo. El primer detergente con fines comerciales apareció en la década de 1950.

82 El jabón preferido de Drácula

NECESITARÁS
1 cucharada de alcohol neutro
2 comprimidos laxantes
Una pastilla de jabón
1 platito

¡Aterroriza a tus amigos con este asombroso jabón!

¿Qué hacer? Vierte el acohol en un plato pequeño, añade los comprimidos y machácalos. Frótate con la mezcla las manos y déjalas secar. Luego lávatelas con el jabón.

¿Qué ocurre? El agua jabonosa se vuelve de un color rojo sangre.

¿Por qué? Los laxantes contienen una sustancia llamada fenolftaleína, la cual adquiere un color rojo brillante cuando entra en contacto con un álcali. El jabón se elabora con grasa hervida con un potente álcali. Al añadir agua, se libera parte de ese álcali, que se mezcla con la fenolftaleína en tus manos… y las tiñe de color rojo sangre.

83 Naufragio en aguas jabonosas

NECESITARÁS
Un alfiler
1 taza de agua
Unas pinzas de cejas
1 cucharadita de jabón líquido (lavavajillas o detergente)
Un cuentagotas

¿Cómo actúa el jabón en el agua para facilitar el lavado? ¡Observa!

¿Qué hacer? Pon a flotar el alfiler en el agua de la taza. Te será más fácil hacer que flote si lo colocas sobre el agua con ayuda de las pinzas. Luego añade con cuidado el jabón líquido, de gota en gota.

¿Qué ocurre? Cuando añades el jabón, el alfiler se hunde.

¿Por qué? Antes de nada, hay que aclarar que el alfiler en realidad no flota, sino que descansa sobre la película elástica invisible del agua.

Las moléculas del agua se atraen fuertemente entre sí y se adhieren unas a otras, sobre todo en la superficie del agua. Esto crea tensión, la tensión suficiente para aguantar un objeto que aparentemente debería hundirse. La tensión superficial también impide que el agua que rodea las partículas se impregne de la suciedad, el hollín y el polvo que manchan nuestra piel y prendas de vestir.

Al disolverse en agua, el jabón separa las moléculas de ésta y reduce la tensión superficial. Ello explica que el alfiler se hunda y que el agua jabonosa sirva para eliminar la suciedad.

84

El poder del jabón

NECESITARÁS
Una ficha de cartulina
Una regla
Tijeras
Un recipiente de agua
Detergente

¿Puede utilizarse jabón para propulsar un barco? Quizás sí, si se trata de un barco muy pequeño y las aguas que surca son las de la bañera, el fregadero o el lavabo.

¿Qué hacer? Recorta una forma de lancha de unos 5 cm por 2,5 cm en en la ficha de cartulina. Luego corta una ranura pequeña para el «motor» en la parte posterior, como en la ilustración.

Pon a flotar la lancha en el recipiente de agua. Vierte unas gotas de detergente en la ranura del motor.

¿Qué ocurre? La lancha se desplaza por la superficie del agua.

¿Por qué? El jabón rompe la película elástica del agua, la tensión superficial de detrás de la lancha. Ésta empieza a navegar hacia delante y únicamente se detendrá cuando el jabón reduzca la tensión superficial de todo el agua de tu «lago».

85

Mondadientes quisquillosos

NECESITARÁS
Un plato hondo lleno de agua
6 mondadientes
Un terrón de azúcar
Una pastilla de jabón

Forma un círculo con mondadientes y consigue que se abra o cierre a tu voluntad.

¿Qué hacer? Coloca los mondadientes en círculo en el plato con agua. Dispón el terrón de azúcar en el centro del círculo.

Cambia el agua y vuelve a colocar los mondadientes dibujando un círculo. En esta ocasión, en lugar del terrón de azúcar, coloca una pastilla pequeña de jabón en el centro.

¿Qué ocurre? Cuando colocas el terrón de azúcar en el centro, los mondadientes se ven atraídos hacia él. En cambio, cuando lo sustituyes por una pastilla de jabón, se ven repelidos.

¿Por qué? El azúcar absorbe el agua y crea una corriente que atrae los mondadientes hacia el centro. Por el contrario, el jabón desprende una película aceitosa que se extiende hacia afuera. Ésta debilita la tensión superficial y transporta los palillos hacia los bordes del plato.

Contaminación de estanques

86

NECESITARÁS

Una bolsa de plástico pequeña con cierre
Papel parafinado, cortado en trocitos
Un rotulador
Una cacerola o un cuenco con agua
Detergente líquido

¿Es malo lavar la ropa con detergente en un lago o un estanque? ¡Observa y verás!

¿Qué hacer? Llena la bolsa con los trozos de papel parafinado. Sella la bolsa herméticamente con su cierre. Dibuja un pato en la bolsa con el rotulador. Haz flotar tu «pato» en el agua de la cacerola o el cuenco, y luego vierte un poco de detergente.

¿Qué ocurre? El pato se hunde.

¿Por qué? El papel parafinado y el plástico son hidrófugos, es decir, repelen el agua, al igual que los patos vivos. Las plumas de los patos son aceitosas. Dicho aceite repele el agua y ayuda a los patos a flotar. Pero el detergente permite que el agua se adhiera a los materiales grasos. El detergente es idóneo para lavar platos y ropa, pero es letal para los patos.

Burbujas hechas a mano

87

NECESITARÁS

1 taza de agua tibia
Un bol
2 cucharadas de jabón para lavavajillas

Las burbujas son glóbulos de aire o gas encerrados en el interior de una bola líquida hueca. Las pompas de jabón son glóbulos de aire apresados en una capa de agua jabonosa. Puedes fabricar tus propias burbujas soplando a través de un tubo o un anillo tras mojarlo en espuma. También puedes utilizar tu mano como lanzaburbujas.

¿Qué hacer? Vierte el agua en el bol. Añade el jabón para lavavajillas y remuévelo lentamente. Haz una O con los dedos índice y pulgar y sumerge la mano en la mezcla jabonosa. Saca la mano y sopla a través de la O formada con los dedos.

¿Qué ocurre? Se forman burbujas.

¿Por qué? Al soplar a través de la O que forma tu mano empapada con la mezcla de agua y jabón, añades el aire que forma el centro de la pompa.

88 Recetas de pompas de jabón

Existen varias recetas para hacer la mezcla jabonosa con la que crear burbujas. Dicha diversidad se debe a que los detergentes líquidos y en polvo varían en eficacia. Experimenta y descubre cuál de estas mezclas te funciona mejor. A continuación se incluyen algunas sugerencias que pueden servirte de ayuda:

- El detergenta para el lavavajillas suele funcionar bien.

- Mezcla al menos 1 dosis de detergente por cada 8 o 10 dosis de agua templada, para una mezcla normal. Por ejemplo, disuelve 1 cucharada (15 ml) de detergente en 125 ml de agua, o media taza de jabón en 5 tazas de agua.

- Una dosis mayor de jabón crea pompas más grandes.

- Una dosis de detergente mucho mayor que la dosis de agua crea pompas de jabón gigantes.

- Añade azúcar, gelatina en polvo o glicerina para que las burbujas duren más. Las pompas de jabón estallan al secarse. Estas sustancias retrasan la evaporación de agua que provoca su secado. Prueba a mezclar 1 dosis de azúcar, gelatina o glicerina con 1 dosis de jabón y 6 dosis de agua.

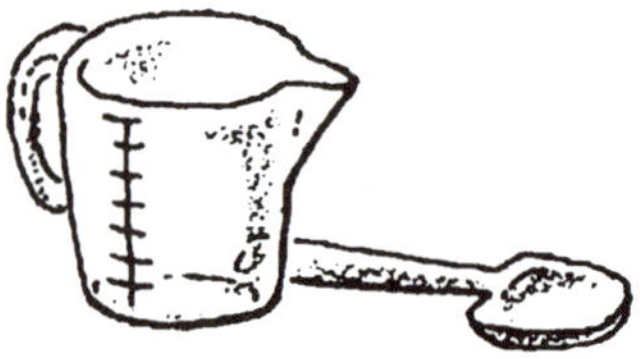

Trucos útiles

- Guarda tarros limpios de distintos tamaños para almacenar las distintas mezclas para burbujas.

- Remueve lentamente la mezcla para evitar que se forme espuma (en realidad, la espuma no es otra cosa que multitud de diminutas pompas de jabón).

- Si es posible, deja reposar la mezcla durante un día o dos antes de usarla.

- Guarda la mezcla para burbujas en el frigorífico durante unos minutos antes de usarla. Las pompas durarán más.

- Para obtener los mejores resultados, crea las burbujas en un día lluvioso. Al haber más humedad en el aire, las pompas tardarán más en estallar.

89 Fabrica un lanzaburbujas

NECESITARÁS

Una percha metálica
Un objeto circular (como una lata de zumo o un rotulador grueso)
Mezcla para burbujas

Puedes fabricar un lanzaburbujas perfecto a partir de una percha metálica. Pide ayuda a un adulto.

¿Qué hacer? Con ayuda de un adulto, desenrolla la percha y luego enrolla un trozo de ésta alrededor de la lata o el rotulador. Retira éstos. Deja unos 10 cm de percha libre para formar un asa. Luego dobla y estira el resto del alambre de la percha hasta que se parta. Ya tienes un lanzaburbujas con asa.

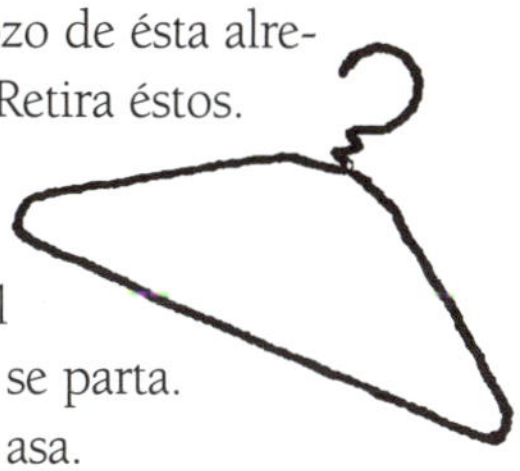

Sumerge la boca del lanzaburbujas en la mezcla para hacer pompas y agítalo en el aire.

¿Qué ocurre? Saldrán muchísimas pompas de jabón.

¿Por qué? Al agitar el lanzaburbujas, estás añadiendo el aire que forma el núcleo de cada burbuja.

90 Otros lanzaburbujas

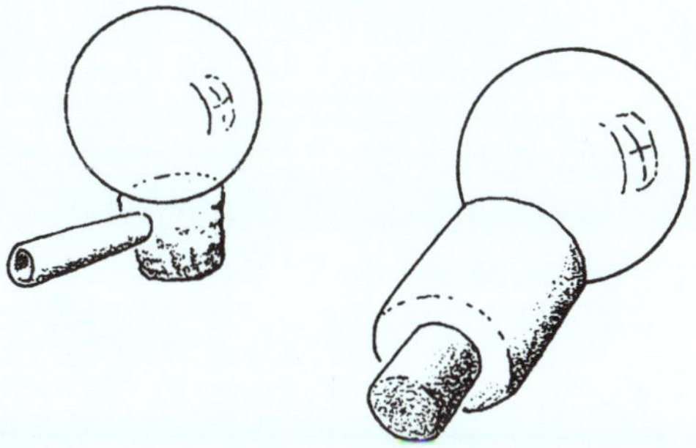

Puedes fabricar un lanzaburbujas con muchos objetos diferentes: una pajilla de beber, una pipa de plastilina, una bocina, un embudo, un vaso de papel con la base recortada, una lata con ambos extremos recortados y una botella de plástico.

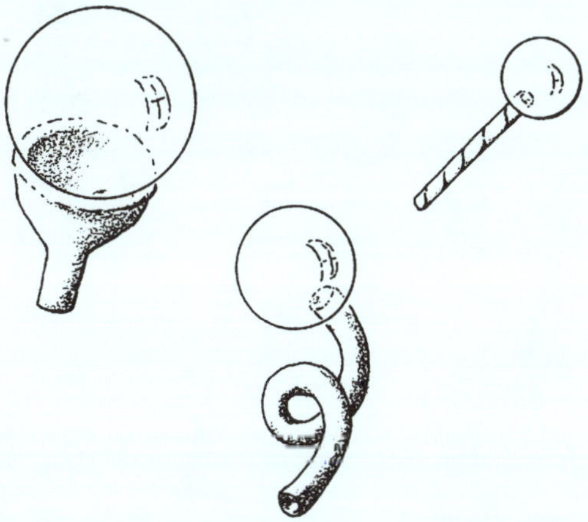

91

Una superburbuja

NECESITARÁS

Un cordel de 90 cm de largo
2 pajillas de beber
Mezcla para burbujas con más detergente que agua (consulta el experimento 88 en la página 74)
Un molde de horno grande

Para fabricar una pompa de jabón enorme necesitas un lanzaburbujas grande y una mezcla para burbujas potente.

¿Qué hacer? Pasa el cordel por el interior de las dos pajillas y ata los extremos del cordel entre sí. Vierte la mezcla para burbujas en el molde de horno. Mójate los dedos y luego sostén una pajilla en cada mano y sumerge los cordeles y las pajillas en la mezcla durante un par de segundos.

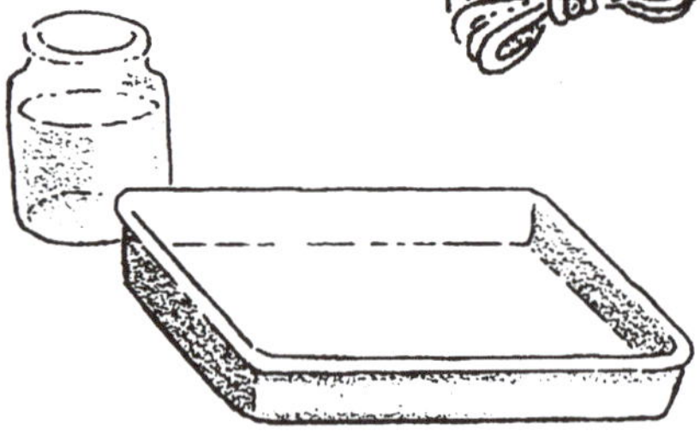

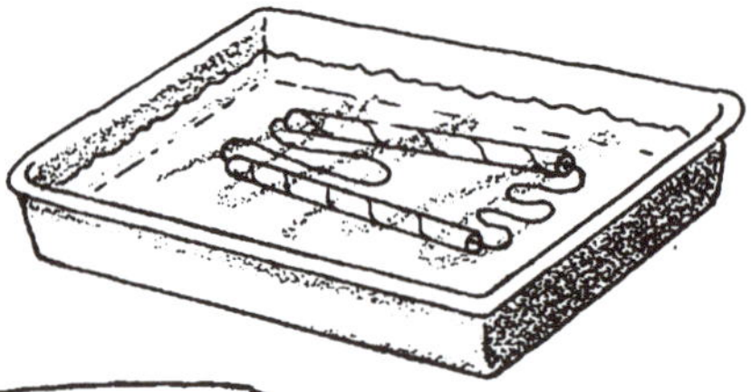

Retira los cordeles de la mezcla y estira de las pajillas en sentido opuesto, de modo que los cordeles se tensen. Sosteniendo las pajillas como si fueran un marco, agítalalas en el aire varias veces. Luego levanta las pajillas y vuélvelas a juntar.

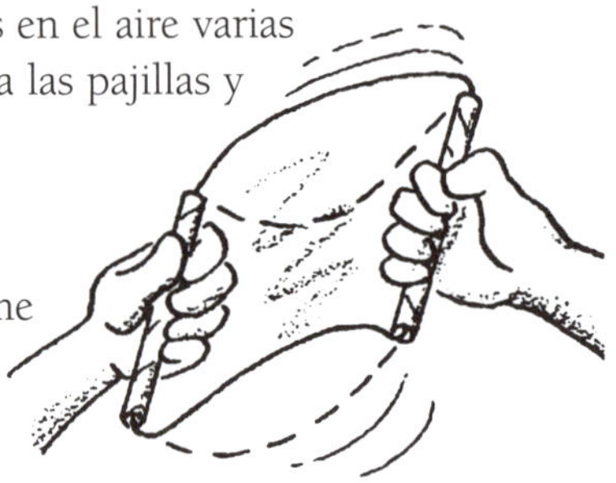

¿Qué ocurre?
Se forma una enorme bola redonda.

¿Por qué? Has creado una superburbuja porque has añadido una gran cantidad de aire al agitar el marco creado con las pajillas en el aire y levantar las pajillas hacia arriba. Dado que ese aire empuja en todas las direcciones, separa las moléculas de la película jabonosa. Pero las moléculas se atraen entre sí y la piel «elástica» de la burbuja se contrae todo lo que puede para formar la superficie con menos contenido en aire. La forma con la superficie más pequeña es la esfera. Por eso la pompa es redonda.

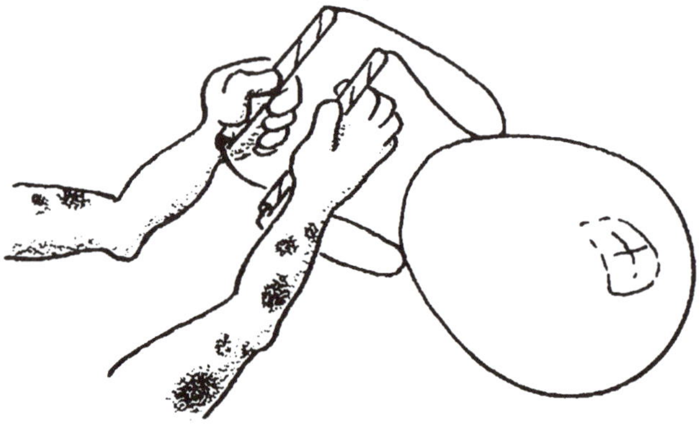

92 Dúo de burbujas

NECESITARÁS
Una pajilla de beber
Tijeras
Un bol con mezcla para hacer burbujas

Sopla dos pompas de jabón con un lanzaburbujas y observa cómo se relacionan entre sí.

¿Qué hacer? Haz cuatro incisiones de unos 17 mm de longitud en ambos extremos de la pajilla. Dobla los extremos cortados hacia afuera, como en la ilustración. Haz una pequeña incisión en el centro de la pajilla y utilízala como guía para doblarla. Ya tienes un lanzaburbujas con lanzador doble.

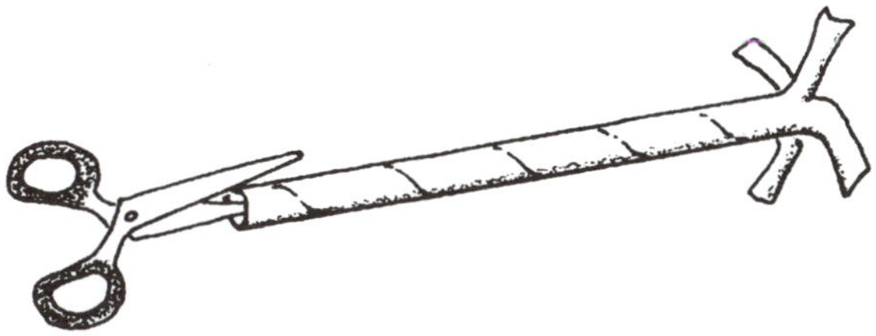

Sumerge un extremo del lanzaburbujas en la mezcla de jabón. Sopla a través del corte central de la pajilla. Saldrá una primera burbuja. Luego moja el extremo opuesto en la mezcla y sopla en su dirección a través del corte central. Saldrá otra burbuja. Luego tapa el corte central del lanzaburbujas con los dedos.

¿Qué ocurre?

Cuando soplas la segunda burbuja, la primera se hace más grande. Al tapar el corte, la burbuja más pequeña, la segunda, reduce aún más su tamaño, mientras que la primera se agranda todavía más.

¿Por qué? Dado que la burbuja pequeña es más curva que la grande, la presión del aire ejercida por su piel «elástica» es mayor que la de la burbuja grande. Por ello, la burbuja pequeña se reduce aún más de tamaño. El aire de su interior se transfiere a la burbuja más grande, que se agranda aún más.

93

Fabrica un portaburbujas

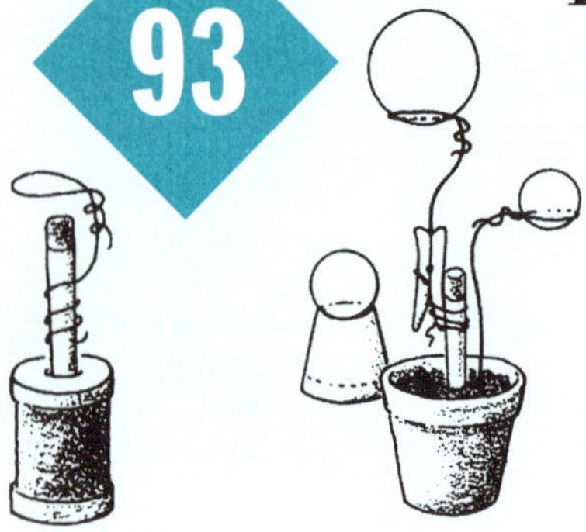

Para fabricar un soporte para tus burbujas, lo único que tienes que hacer es colocar un vaso de plástico o un recipiente boca abajo.

También puedes insertar un bolígrafo en el orificio de una bobina de hilo de madera y enrollar un alambre a su alrededor, como en la ilustración de la izquierda. Transfiere la burbuja del soplaburbujas al portaburbujas agitándola con cuidado hasta que salte. Puedes observar la burbuja mientras creas más pompas.

94

Un arco iris en una burbuja

NECESITARÁS

Mezcla para burbujas
1 cucharada de azúcar
Un lanzaburbujas, como un aro de alambre
Un portaburbujas

¿Qué hacer? Añade el azúcar a la mezcla para hacer burbujas. Guarda la mezcla en el frigorífico durante 5 minutos. Así, las pompas durarán más.

Sumerge el lanzaburbujas en la mezcla para hacer pompas. Cuando se haya creado una película de jabón en el aro, sopla con cuidado. Coloca la burbuja sobre le portaburbujas agitando ligeramente el lanzaburbujas encima de éste.

¿Qué ocurre? Transcurridos unos minutos, verás aparecer distintos colores sobre la burbuja.

¿Por qué? Cuando la luz toca una burbuja, la atraviesa, porque la burbuja es transparente. Pero, a medida que el aire de la pompa se evapora y ésta se hace más fina, parte de los rayos que componen la luz blanca no consiguen atravesarla. En su lugar, se reflejan, ya sea en el interior o el exterior de la pompa. Ello explica que se vean algunos colores del espectro. Los colores cambian y desaparaecen, porque el grosor de la burbuja no es homogéneo y cambia continuamente.

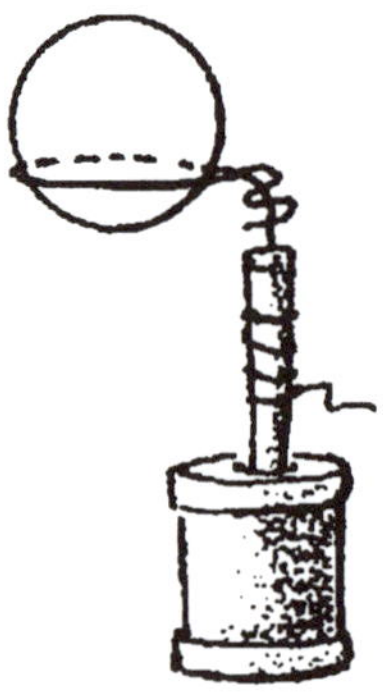

Burbujas nido

95

NECESITARÁS

Un vaso de plástico como portaburbujas
Mezcla para burbujas
Un lanzaburbujas
Una pajilla de beber

Utiliza un portaburbujas para introducir una burbuja dentro de otra, y así sucesivamente

¿Qué hacer? Pon el vaso boca abajo y moja el culo de éste (que ahora se encuentra arriba del todo). Con un aro de alambre, sopla una gran burbuja y transfiérela a la boca del portaburbujas (el vaso).

Moja la pajilla en la mezcla para hacer pompas e introdúcela con sumo cuidado a través de la burbuja grande anterior. Sopla una burbuja más pequeña en el interior de la grande. Luego perfora con mucha delicadeza la segunda burbuja con la pajilla y sopla una tercera burbuja aún más pequeña.

¿Qué ocurre? Consigues crear tres burbujas anidadas una dentro de otra.

¿Por qué? Todo objeto húmedo puede penetrar una burbuja sin hacerla estallar. La superficie mojada que entra en contacto con la película jabonosa se convierte en parte de ésta. No toques la pared mojada con la burbuja más pequeña. Si lo haces, no obtendrás una burbuja separada.

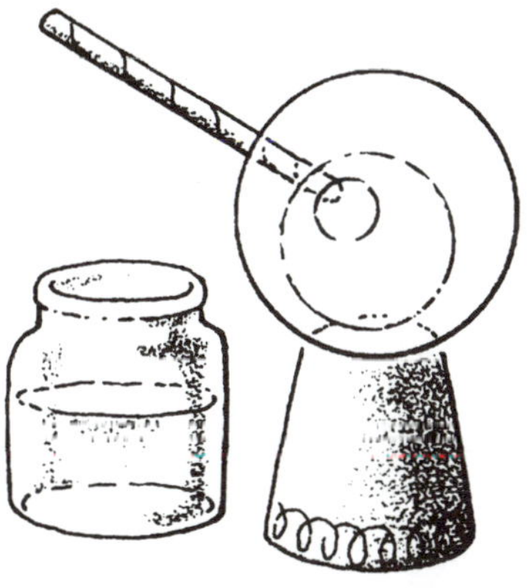

Burbujas motoras

96

¡Consigue que una pompa de jabón trabaje por ti!

NECESITARÁS

Una aguja larga
Un tapón de corcho de 12 mm
Un cuadrado de papel de 7,5 cm de lado
Una bobina vacía
Mezcla para burbujas

¿Qué hacer? Clava con mucho cuidado la aguja (con la punta hacia arriba) en el tapón de corcho. Coloca el tapón sobre una mesa o encimera.

Dobla el papel en diagonal dos veces. Desdóblalo. Coloca el centro del cuadrado del papel (donde se encuentran los pliegues) en equilibrio sobre la punta de la aguja, como se indica en la ilustración.

Sumerge la bobina de hilo en la mezcla para hacer burbujas por un extremo. Sostén el extremo opuesto junto al papel.

¿Qué ocurre? El papel empieza a dar vueltas.

¿Por qué? El aire que se escapa de la burbuja mueve el papel.

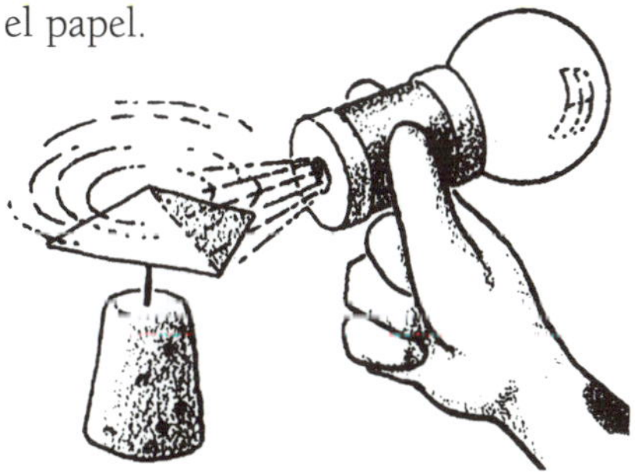

97

Burbujas bailarinas

Si crees que tus burbujas ya han trabajado lo suficiente y necesitan un poco de recreo, puedes sacarlas a bailar.

NECESITARÁS
Un peine
Un retal de franela o de lana
Un lanzaburbujas
Mezcla para burbujas

¿Qué hacer? Frota el peine varias veces contra el retal de franela o de lana. Sopla una nube de pompas con el aro lanzaburbujas y hazlas flotar encima del retal hasta que aterricen sobre él. Luego acerca el peine a cada una de las burbujas.

¿Qué ocurre? Las burbujas parecen empezar a bailar, a subir y luego bajar de nuevo.

¿Por qué? Estás utilizando la electricidad estática, es decir, la electricidad creada por la fricción, para conseguir que las burbujas «bailen».

Al frotar el peine con la tela, lo cargas de electricidad estática. Dado que las cargas de electricidad de signos opuestos se atraen, el peine electrizado atrae las burbujas, que no están cargadas. De este modo, las burbujas se cargan por efecto del peine y son repelidas porque tienen la misma carga de electricidad estática que éste. Las cargas de electricidad iguales se repelen entre sí. Cada vez que las burbujas suben y tocan el peine, se cargan; y cada vez que descienden, pierden su carga y vuelven a ser atraídas por el peine electrizado.

Inicio lento, fin rápido

Eso que sientes cuando por la mañana estás tumbado en la cama y no quieres levantarte se llama inercia.

Si vas en bicicleta y de repente te detienes al inicio de una cuesta empinada, sientes la dificultad de conseguir que la bici empiece a moverse. Eso también es inercia.

La inercia es un concepto científico que afirma que las cosas en reposo tienden a permanecer en reposo.

Cuando montas en bicicleta por una carretera plana, no es necesario que pedalees fuerte todo el rato. Incluso puedes no pedalear y dejar que la bici ande sola. Un nuevo caso de inercia.

Y es que la inercia también implica que los objetos en movimiento tienen tendencia a seguir moviéndose.

Estos conceptos no son difíciles de entender. Evidentemente, los objetos permanecen quietos hasta que alguien o algo los mueve. ¿Cómo sería la vida si uno dejara una pizza en la mesa y, por sí sola, ésta empezara a deslizarse hasta el borde de la mesa y luego cayera al suelo?

Los ingenieros descubrieron hace mucho tiempo que un automóvil sólo utiliza una parte ínfima de su potencia para circular por una autopista. Hace falta una potencia mucho mayor para arrancarlo y echarlo a andar que para circular a velocidad de crucero por la carretera.

Los experimentos que te proponemos en este capítulo te demuestran cómo utilizar la inercia en tu propio beneficio. Algunos resultados te asombrarán de verdad, a ti y a tus amigos. Aunque si lo prefieres, practica tu solo y hazles creer que te has vuelto un experto en trucos de magia.

98 Observa cómo funciona la inercia

NECESITARÁS
Un cordel de 1 m de largo
Un libro
Una goma elástica

Este experimento simple te permitirá observar cómo funciona la inercia.

¿Qué hacer? Ata el cordel alrededor del libro. Luego ata el cabo suelto del cordel a la goma elástica.

Pon el libro en el suelo. Lo ideal es ponerlo sobre una alfombra o una moqueta rugosa. Sobre todo, no practiques este experimento sobre parquet o un suelo pulido, ya que puedes rayarlo.

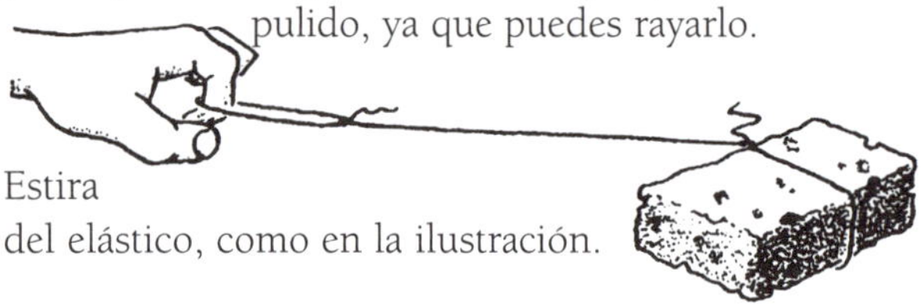

Estira del elástico, como en la ilustración.

¿Qué ocurre? La goma elástica se estira hasta que la carga empieza a moverse. Luego, al arrastrar la carga por el suelo, la goma se estirará, pero no tanto como al empezar a tirar.

¿Por qué? Por inercia, los objetos en reposo siguen en reposo. Para ponerlos en movimiento, hay que superar esa inercia. El hecho de que la goma se estirase más al principio demuestra que había que tirar más fuerte de la carga para empezar a moverla que para continuar arrastrándola.

99 La asombrosa ficha inferior

NECESITARÁS
De 9 a 11 fichas o una pila pequeña de monedas

¿Cómo conseguir retirar la ficha de la base de una pila sin tocar las otras fichas y sin que la pila se derrumbe?

¿Qué hacer? Coloca unas ocho o diez fichas unas sobre otras, formando una pila. Si utilizas monedas, asegúrate de que todas sean del mismo tamaño. Las de tamaño mediano son las que mejor van.

Coloca otra ficha junto al montón, dejando un espacio de unos 2,5 cm entre ambos.

Como si jugaras a las canicas, dale un golpe fuerte, rápido y seco a la ficha suelta.

Cuanto más fuerte sea el golpe, mucho mejor.

¿Qué ocurre? La ficha de la base saldrá disparada. Si todo sale bien, la pila no se derrumbará.

¿Por qué? La inercia evita que la pila de fichas se mueva, incluso cuando la situada en su base es expulsada a la fuerza repentinamente. Dado que la pila no estaba en movimiento, tiende a permanecer inmóvil. Los científicos dicen que «un cuerpo en reposo tiende a permanecer en reposo».

100 La asombrosa ficha del medio

Para variar este experimento,necesitas un lápiz además de las fichas. Utiliza el lápiz para golpear una de las fichas de la parte central del montón. Dale un golpe seco y rápido, y asegúrate de golpear una única ficha. Con un poco de práctica, podrás hacer saltar cualquier ficha de la pila sin que ésta se derrumbe.

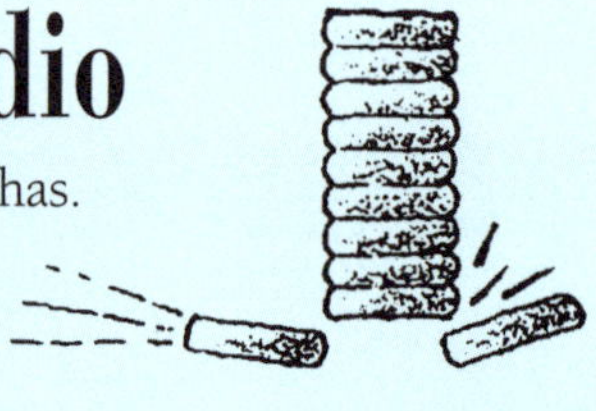

101 Moneda saltimbanqui

He aquí un fantástico truco que también constituye un auténtico experimento científico.

NECESITARÁS
Una moneda

¿Qué hacer? Apoya la moneda en tu codo.

Mantén el brazo paralelo al suelo (si no, la moneda se caerá).

Ahora vas a atrapar la moneda que descansa sobre tu codo. Eso no sería ningún truco loable, de no ser porque vas a atraparla con la mano del mismo brazo con el que la estás sujetando.

He aquí el método a seguir. Con un único movimiento rápido, desciende el brazo. Al hacerlo, tu mano abierta quedará a la altura de la moneda.
La flecha de la ilustración inferior indica la dirección del gesto que debes efectuar.

El codo baja y deja caer la moneda.

¿Qué ocurre? Al bajar el codo, la mano te queda a la altura de la moneda y te permite atraparla. Cuando controles los tiempos, comprobarás que lo consigues cada vez que lo intentas.

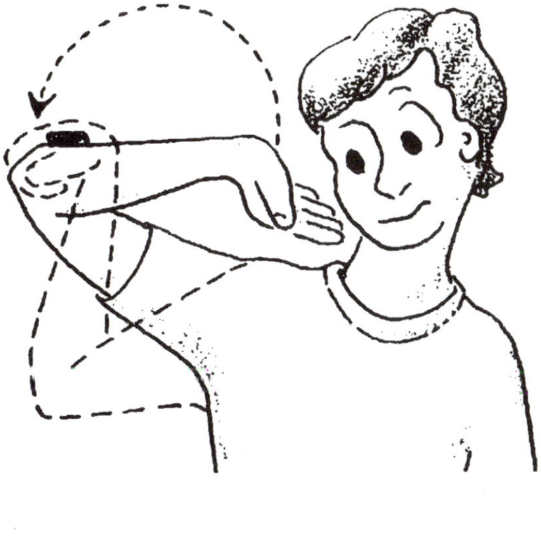

¿Por qué? Dado que la moneda está quieta, tiende a permanecer en esa posición. ¡De nuevo una cuestión de inercia! Al realizar un movimiento rápido con el codo, éste se separa de la moneda, que queda suspendida en el aire. La gravedad la atrae hacia el suelo, pero la inercia hace que tarde en empezar a caer. Tu mano es más rápida que la moneda porque ya está en movimiento.

102 Atrapar monedas

No resulta difícil hacer saltar un montón de monedas desde el codo a la mano. Cuando seas un experto en atrapar una sola moneda, añade una segunda sobre ésta, y luego una tercera, y una cuarta... Prueba a atraparlas todas de golpe.

103 Una extraña manera de romper un hilo

NECESITARÁS

Un martillo u otro objeto irrompible de aproximadamente 1 kg de peso
Un cordel corto
Un hilo de algodón de 1 m de largo
Tijeras

Puedes cortar un hilo o romperlo con las manos. Pero seguro que nunca habías pensado en romperlo de este modo. Lo mejor es que practiques este experimento al aire libre.

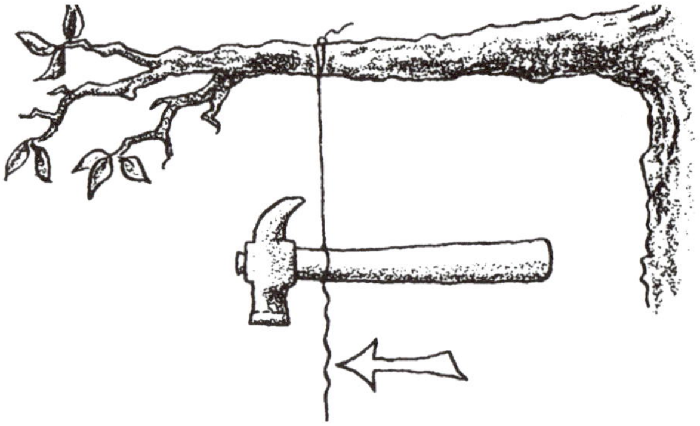

¿Qué hacer? Elige un martillo u otro objeto que no se rompa si se cae. Una llave inglesa o un trozo de madera también sirven.

Ata el cordel con un nudo alrededor del martillo, como en la ilustración:

A continuación, corta el hilo de coser por la mitad. Asegúrate de usar hilo de algodón, porque el experimento no te funcionará si lo pones en práctica con hilo de nailon.

Ata el extremo de uno de los trozos del hilo a la parte superior del nudo de cordel. Luego ata el segundo hilo a la parte inferior, del siguiente modo:

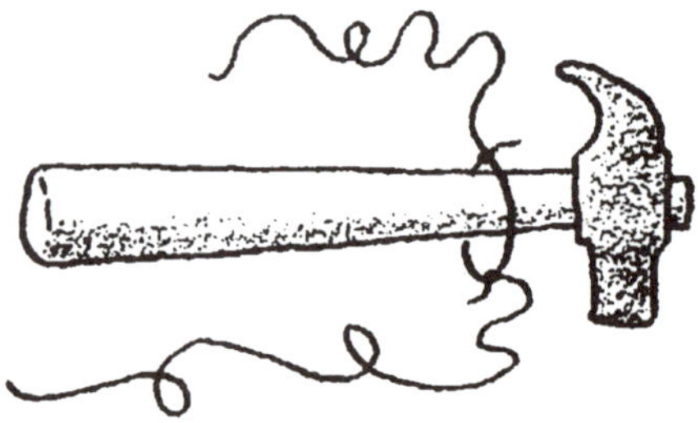

Ata el cabo suelto del hilo de arriba a algo sólido, de modo que el martillo cuelgue por debajo. Una rama de árbol funciona a la perfección, pero cualquier soporte resistente servirá.

Asegúrate de que no hay nada que puedas romper ni nadie a quien puedas hacer daño bajo el martillo.

Cuando estés listo para realizar el experimento, agarra el hilo que cuelga (la flecha te indica por dónde agarrarlo) y efectúa un tirón rápido y seco hacia abajo.

¿Qué ocurre? Esperabas que el martillo te cayera sobre la mano, ¿no es cierto? Pero lo que ocurre es que el hilo se rompe por algún punto entre tu mano y el martillo. El martillo seguirá colgando del hilo de arriba.

¿Por qué? Aunque el martillo no pesa mucho, hace falta mucha energía para ponerlo en movimiento cuando está en reposo. El tirón repentino hacia abajo hace que el hilo se rompa porque no es lo suficientemente fuerte para superar la inercia del martillo.

104

¡Cómo meter una pastilla de jabón en un vaso!

NECESITARÁS
Un vaso grande
Una bandeja de plástico o un cuadrado de cartón duro de 20 cm
Una caja de cerillas vacía
Una pastilla de jabón

Este experimento sobre la inercia es impresionante, incluso si uno sabe que no existe ninguna razón lógica para meter una pastilla de jabón en un vaso.

¿Qué hacer? Pon el vaso boca arriba en una mesa. Coloca encima una bandeja de plástico, como las que se suministran con la comida congelada. (Si no dispones de una bandeja de plástico, utiliza un trozo de cartón duro cuadrado.)

A continuación, pon la parte exterior de una caja de cerillas pequeña sobre la bandeja. Si no dispones de una caja de cerillas, puedes hacer una: basta con seguir las instrucciones de la derecha.

Acto seguido, pon la pastilla de jabón sobre la caja de cerillas, como se indica en la ilustración.

Sostén firmemente el vaso con una mano.

Dale un golpe seco, fuerte y rápido a la bandeja o el cartón por el borde con la otra mano.

¿Qué ocurre? La bandeja sale volando, de modo que asegúrate antes de que no hay nada cerca que pueda romperse. El soporte de la pastilla de jabón se derrumba y el jabón se cuela en el vaso.

¿Por qué? ¡Cosas de la inercia, otra vez...!

Cómo fabricar una caja de cerillas

NECESITARÁS
Un cartón o un trozo de una caja de cereales
Tijeras
Cinta adhesiva

105

¿Qué hacer? Corta una pieza de cartón de 6 cm x 12 cm.

Dobla el cartón por cada línea de puntos, tal como se indica en la ilustración inferior.

Pega el extremo superpuesto con cinta adhesiva.

Cuando hayas acabado, tu caja de cerillas debe presentar el siguiente aspecto:

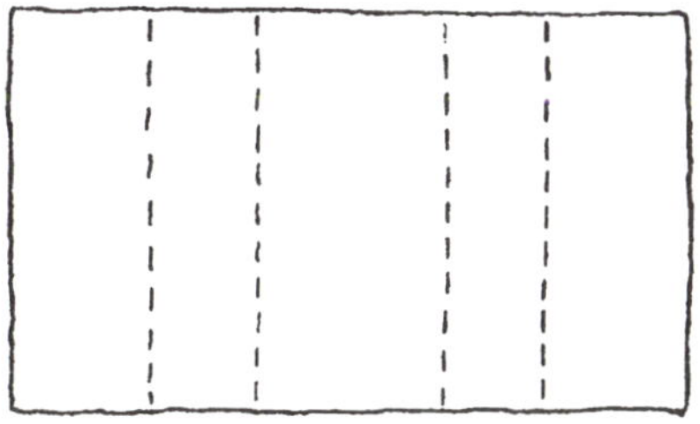

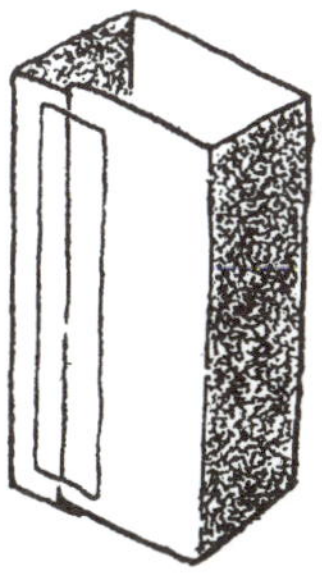

106 El extraño caso de la canica en la botella

NECESITARÁS
Una botella vacía
Un trozo de una caja de cartón
Tijeras
Una regla
Una canica o una moneda

Cualquiera puede introducir una canica o una moneda en una botella, pero ¿quién sabe hacerlo sin tocarlas?

¿Qué hacer? Asegúrate de que la boca de la botella sea más grande que la canica o la moneda que vas a colar en su interior.

Recorta un cuadrado de 10 cm x 10 cm en el cartón de la caja de cereales. Pon el cuadrado de cartón encima de la botella. Coloca la canica o la moneda sobre el cartón, de tal modo que quede perfectamente situada sobre la boca de la botella. (Es mejor que pruebes con una moneda hasta que veas cómo funciona y, una vez manejes este truco, uses la canica.)

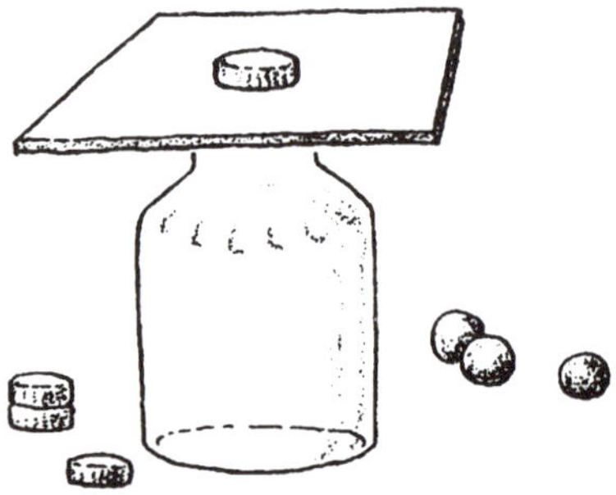

Con un dedo, da un golpe rápido y preciso al cartón para retirarlo. Si piensas como un científico, recordarás cómo lograste hacer saltar la última ficha del montón sin que éste se derrumbase (experimento 99 en la página 82).

¿Qué ocurre? El cartón sale disparado entre la canica y la botella. La canica cae al fondo de la botella sin que la toques. ¡Un golpe limpio!

¿Por qué? La canica está inmóvil y, por inercia, se mantiene en ese estado. El cartón sale disparado a tal velocidad que la canica no tiene tiempo de seguir su movimiento. La gravedad hace que caiga al fondo de la botella.

Si el cartón se retira lentamente, la canica se irá con el cartón, en lugar de caer dentro de la botella.

¿Y después? Si tienes espíritu aventurero, prueba a hacer lo mismo con dos canicas a la vez.

107 Lento pero constante

He aquí un experimento que sólo podrás poner en práctica si procedes con lentitud y constancia.

NECESITARÁS

Tijeras
Una hoja de papel
Una regla
Un lápiz
Una botella de cuello y boca estrechos

¿Qué hacer? Corta una tira de papel de 7 cm de ancho por 25 cm de largo.

Coloca la botella boca abajo sobre el papel, junto al borde de una mesa, como en la ilustración:

Tu objetivo es retirar el papel sin que la botella se caiga.

Para conseguirlo, pon el lápiz en el extremo suelto del papel y enróllalo con mucho cuidado. Sigue enrollando muy lentamente hasta que el rollo de papel toque la boca de la botella. Después, con mano firme y sin miedo, continúa enrollando el papel.

¿Qué ocurre? A medida que enrollas el papel de forma lenta pero continua, éste va deslizándose por debajo de la botella, sin que ésta se caiga.

¿Por qué? La botella, inmóvil, tiene a permanecer inmóvil y boca abajo debido a la inercia. La boca de la botella no puede moverse porque está en contacto con el papel enrollado. Y tampoco se vuelca porque la inercia tiende a mantenerla en el punto exacto en el que se encontraba al principio, siempre que no efectúes ningún movimiento brusco.

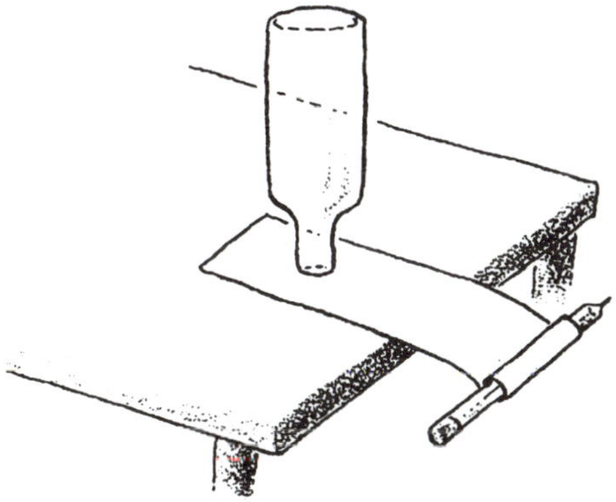

108 Clavar un clavo

NECESITARÁS

Un diccionario voluminoso y libros grandes
Un periódico grueso
Una tabla de madera
Un martillo
Varios clavos

Una cosa es clavar un clavo en una madera, y otra hacerlo con la madera sobre el regazo.

¿Qué hacer? Coloca el diccionario sobre tu regazo y apila encima otro libro grande. Si no tienes un diccionario voluminoso, puedes usar tres libros grandes. Coloca el periódico sobre los libros para protegerlos.

Pon encima del montón la tabla de madera. Puedes utilizar cualquier madera, pero lo ideal es que mida aproximadamente 5 cm x 10 cm.

Y ahora deberás clavar un clavo en la madera, mientras la sostienes en tu regazo. ¡No tengas miedo!

¿Qué ocurre? Mientras lo haces, notarás la fuerza de los martillazos en las piernas, pero no te preocupes, no te dolerá. Eso sí, vigila que el clavo no atraviese la tabla de madera.

¿Por qué? ¡Lo que te salva es la inercia!

109 Una forma aún más impresionante de clavar un clavo

Puedes probar a clavar otro clavo usando menos libros. Pero, si de verdad quieres impresionar a tus amigos, deja que sea uno de ellos quien dé los martillazos. Asegúrate siempre de colocar una almohadilla de periódico grueso entre la madera y los libros. Y asegúrate también de que la persona que sostiene el martillo lo hace de modo que la cabeza de éste no apunte en dirección a ti. Lo mejor es que se coloque de pie o de rodillas a tu lado, de manera que el martillo siempre se mueva lejos de tu cara y de tu cuerpo.

Cuestión de equilibrio

¿Cuántas veces has caminado sobre un bordillo o un muro de piedra con los brazos en cruz para mantener el equilibrio? Incluso siendo muy niño entendías que para mantener el equilibrio debías repartir el peso a partes iguales entre el lado derecho y el izquierdo. Lo sabías porque te lo decía tu instinto.

También descubriste lo fácil que era perder el equilibrio al caminar por este tipo de superficies. Pero, en lugar de dejarte caer o saltar, te inclinabas hacia delante y atrás y movías los brazos ligeramente. Y al hacer todos estos gestos, recobrabas el equilibrio encontrando y «colocando» el centro de gravedad justo sobre el bordillo o la superficie que fuese.

Todo el mundo sabe cómo funciona la gravedad. La gravedad es esa fuerza invisible que impide que flotemos en el espacio. Es la fuerza que hace que tus tostadas del desayuno aterricen siempre con la cara de la mermelada hacia abajo si te caen por accidente.

Pero ¿qué es el centro de gravedad? ¿Y qué tiene que ver con mantener el equilibrio?

El centro de gravedad de un objeto es ese punto en el que el peso se reparte de forma equitativa entre sus dos lados. Al caminar encima de un bordillo o una superficie estrecha, el centro de gravedad se sitúa exactamente en la línea en la que se van colocando los pies, uno delante del otro. Si te pones de pie recto, con los pies separados, el centro de gravedad se sitúa en medio de tus pies, en una línea vertical que desciende a partir de tu nariz.

Cuando uno encuentra el centro de gravedad de un objeto, encuentra su equilibrio. Seguramente, en alguna ocasión habrás intentado mantener recto un lápiz sobre el dedo, ¿no es cierto? El centro de gravedad se sitúa a medio camino entre el extremo romo del lápiz y la punta de éste, a menos que tu lápiz lleve una goma grande, en cuyo caso el centro de gravedad estará más cerca de ésta que de la punta.

Si quieres impresionar a tus amigos, puedes referirte al punto de gravedad como «punto de equilibrio». Sea cual sea el término que uses, debes saber que muchos conceptos científicos dependen del hecho de encontrar el equilibrio de los objetos.

110 El increíble martillo equilibrista

NECESITARÁS
Un martillo
Una regla
Un cordel resistente de 50 cm de largo

Todo el mundo puede mantener un martillo en equilibrio en la cabeza. Pero ¿quién sabe cómo atar un martillo a una regla y mantener a ambos en equilibrio en el borde de una mesa, apoyando tan sólo un extremo de la regla?

¿Qué hacer? Ata un cabo del cordel alrededor de la regla y luego el otro cabo alrededor del mango del martillo. Ata el nudo del martillo con fuerza para evitar que el cordel se deslice por el mango.

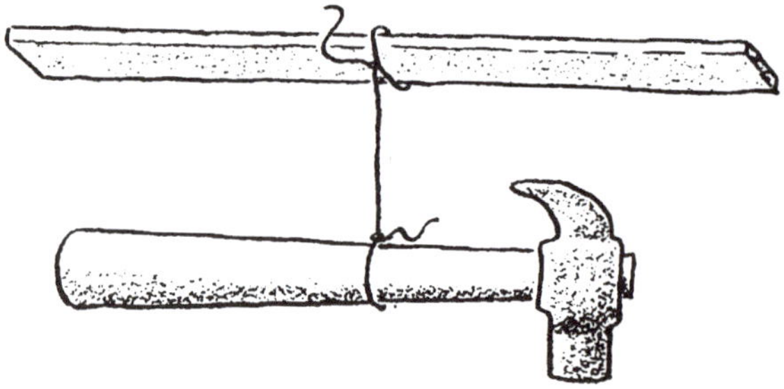

A continuación, debes colocar ambos objetos en equilibrio. Asegúrate de que el extremo del mango del martillo toca el extremo de la regla. Coloca la regla de modo que unos 10 cm de la misma queden encima de la mesa. Con mucho cuidado, comprueba si la regla y el martillo se mantienen en equilibrio.

Es posible que debas deslizar el cordel por la regla para conseguir que el martillo cuelgue de forma correcta. Si te cuesta encontrar el punto de equilibrio, usa un cordel más corto para atar el martillo y la regla. No tires la toalla a la primera de cambio. Conseguirás hacer este experimento con éxito cuando ajustes el cordel a la longitud precisa.

¿Qué ocurre? Los objetos quedan en equilibrio.

¿Por qué? Has colocado el martillo y la regla de modo que el centro de gravedad se sitúe justo en el filo de la mesa. Si observas los objetos desde un lado, verás que la cabeza del martillo se encuentra a un lado del centro de gravedad, mientras que el mango y gran parte de la regla están en el lado opuesto.

Un martillo con un mango de madera tendrá un centro de gravedad distinto que uno con un mango de metal, porque éste último pesa más.

111

La asombrosa vara equilibrista

NECESITARÁS
Una vara de aproximadamente 1 m de largo

No es difícil mantener una vara en equilibrio sobre los dedos cuando uno tiene las manos separadas. Lo realmente complicado es hacer que la vara pierda el equilibrio.

¿Qué hacer? Sostén la vara con dos dedos extendidos y los brazos abiertos, de este modo:

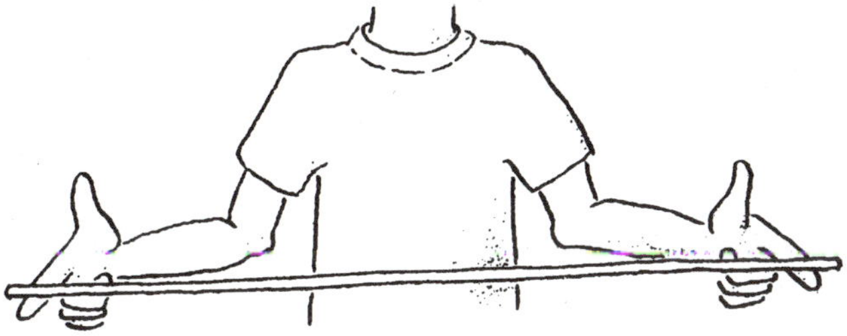

El objetivo de este experimento consiste en ir desplazando un dedo hacia el centro de la vara hasta que ésta pierda el equilibrio y se caiga. Efectúa este movimiento de forma lenta y continua. No vale colocar el dedo de golpe en el centro de la vara.

¿Qué ocurre? Algo extraño sucede a medida que desplazas un dedo hacia el centro de la vara. Sólo mueves un dedo, pero el otro también empieza a moverse.

Al final te encuentras con que ambos dedos están juntos y la vara sigue en equilibrio.

Pruébalo y lo comprobarás por ti mismo.

¿Por qué? El centro de gravedad de la vara se halla justo en su centro. Cuando desplazas lentamente un dedo hacia el centro de gravedad, la vara empieza a inclinarse hacia ese dedo porque se encuentra más cerca de su centro de equilibrio. Y al inclinarse, aunque sea muy ligeramente, reduce el peso que recae en el dedo que permanece quieto.

Cuando el peso sobre el dedo inmóvil desciende, éste empieza a deslizarse a lo largo de la vara. Esto ocurre porque la fricción es menor en ese dedo. El dedo que has movido primero está sometido a una mayor fricción porque soporta más peso. La fricción ralentiza el movimiento, de modo que una menor fricción da lugar a un movimiento más rápido.

La vara recobra el equilibrio una y otra vez a medida que tus dedos se van juntando.

112

La regla veloz y la vara tortuga

NECESITARÁS
Una vara de aproximadamente 1 m de largo
Una regla de 30 cm

Todo el mundo sabe que los bebés se caen constantemente cuando empiezan a andar. Esto ocurre porque están aprendiendo a controlar su cuerpo. ¿Sabías que la altura de las personas guarda relación con la velocidad a la que caen?

¿Qué hacer? Empieza por colocar una regla y una vara de pie, una al lado de otra, separadas por unos pocos centímetros. Sujétalas rectas colocando un solo dedo en la punta de cada una de ellas, como se muestra en la ilustración.

Si no dispones de una vara y una regla, puedes usar dos espigas o dos palos de madera.

Inclina ligeramente la regla y la vara hacia delante para asegurarte de que ambas caerán en la misma dirección. Comprueba que ambas estén inclinadas por igual, y suéltalas.

¿Qué ocurre? La regla gana la carrera hacia el suelo, aunque lo intentes varias veces.

Lo que acabas de constatar permite entender por qué si un niño y un adulto (más alto) empiezan a caer al mismo tiempo, el niño es el primero en llegar al suelo. Esto también explica por qué a veces da la sensación de que los niños caen a mucha velocidad.

¿Por qué? El centro de gravedad de la vara es más elevado que el de la regla. Cuanto más alejado esté el centro de equilibrio del suelo, más tardará el objeto en completar su caída.

Esto no quiere decir que el hecho de tener un centro de gravedad más elevado signifique ser más estable que otro objeto con un centro de gravedad situado en un punto más bajo. ¡Es justo al contrario! Los fabricantes de automóviles procuran situar el punto de gravedad lo más bajo posible para que a los coches les resulte más difícil volcar. Precisamente por eso a los camiones grandes y los tráilers les obligan a salirse de las carreteras cuando soplan vientos fuertes. Y es que no sólo tienen más superficie para atrapar el viento, sino que, además, su centro de gravedad es alto, lo cual hace que sean más propensos a volcar que los coches, cuyo centro de gravedad se sitúa más abajo.

113 El misterioso tenedor equilibrista

NECESITARÁS
Un lápiz largo de madera
Una patata pequeña o una manzana
Periódicos
Un tenedor

¿Sabes cómo mantener en equilibrio un tenedor, una patata y un lápiz juntos, de tal modo que sólo la punta del lápiz toque la mesa?

¿Qué hacer? Atraviesa la patata o la manzana por el centro con el lápiz. (Si alguien ve algún inconveniente en clavar el lápiz en un alimento, puedes utilizar una bola de arcilla.) Asegúrate de una cosa importante: coloca la manzana o la patata sobre un montón de periódicos. Nunca la sostengas en la palma de la mano, ya que podrías clavarte el lápiz.

Inserta lenta y firmemente el lápiz en la patata hasta que salga por el lado opuesto. Cuando lo haga, agarra la patata por los lados. Con sumo cuidado, empuja un poco más el lápiz, hasta que sobresalga unos 4 cm por la punta.

Cuando hayas atravesado la patata con el lápiz, clava el tenedor en un lado de la patata, de modo que quede en un ángulo parecido al que se indica en la ilustración:

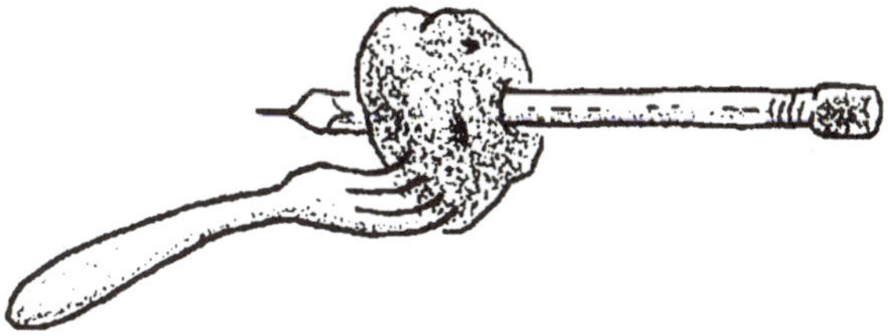

Posa la punta del lápiz sobre el borde de una mesa, como en la ilustración:

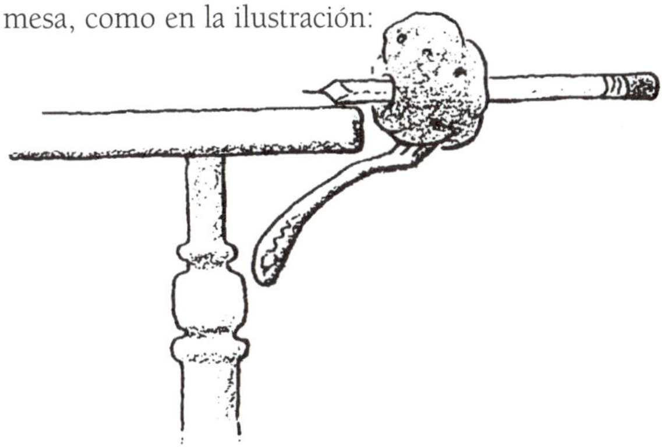

¿Qué ocurre? Si tienes un día de suerte, el invento permanecerá en equilibrio sin más. Pero lo más seguro es que tengas que acercar o alejar la punta del lápiz con respecto a la mesa.

También puedes desplazar la patata por el lápiz. Al hacerlo, esta extraña combinación probablemente se mantenga ya en equilibrio. Pero, si no es así, intenta descubrir en qué dirección se moverá sosteniéndola en equilibrio con las manos. No te des por vencido si no hallas el punto de equilibrio las primeras veces. Intenta ajustarlo. En caso necesario, desclava el tenedor y clávalo en un ángulo distinto.

Una vez hayas conseguido el equilibrio, será como si hubieras encontrado el modo de desafiar la ley de la gravedad. Con un poco de práctica, podrás crear un ensamblaje tal que el lápiz quede prácticamente supendido por entero en el aire y sólo toque el filo de la mesa con la punta.

¿Por qué? Entra en acción el mismo principio que en el experimento 110 de la página 90. El peso a ambos lados del centro de gravedad debe ser idéntico.

114

Doble magia equilibrista

NECESITARÁS
Una patata muy pequeña o un poco de arcilla
Un lápiz
2 tenedores
Un vaso alto

Dado que ya has desperdiciado una patata o una manzana, aprovéchala para seguir experimentando. Hazte con otro tenedor y desafía de nuevo las leyes del equilibrio.

¿Qué hacer? Si aún no has sacado el lápiz de la patata o la manzana del último experimento, no lo saques. Si ya está fuera, vuelve a insertarlo por el agujero de la patata o la manzana.

Puedes dejar el tenedor en el mismo ángulo que estaba, si sigue clavado a la patata. Ahora añade un segundo tenedor, clavándolo en el lado opuesto de la patata. Intenta clavar ambos tenedores con el mismo ángulo de inclinación.

El ensamblaje debería tener más o menos el aspecto siguiente:

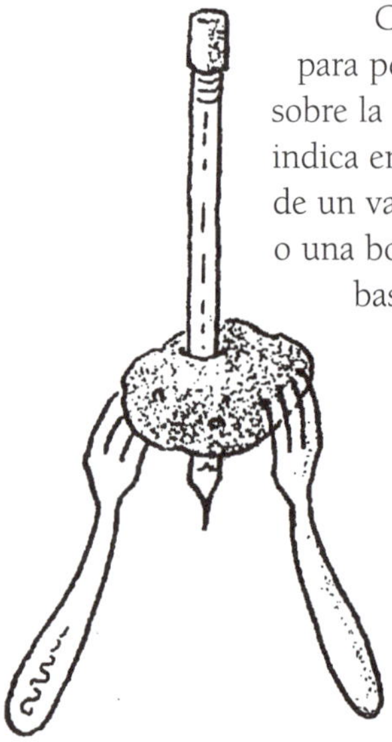

Coloca boca abajo un vaso para poder poner el ensamblaje sobre la base del mismo, como se indica en la ilustración. (En lugar de un vaso, puedes usar una jarra o una botella de cuello estrecho y base ancha.)

¿Qué ocurre? Ajustando el ángulo y la ubicación de los tenedores puedes conseguir que el lápiz se mantenga de pie en equilibrio sobre la punta, totalmente recto o inclinado hacia uno de los lados. Evidentemente, sólo la punta del lápiz debe estar en contacto con el vaso o la botella.

Es asombroso el grado de inclinación que puedes conseguir si colocas los tenedores en la posición correcta.

¿Por qué? Estudia la figura en equilibrio y comprobarás que hay exactamente el mismo peso a ambos lados de la punta del lápiz. En este caso, el centro de gravedad es la punta del lápiz.

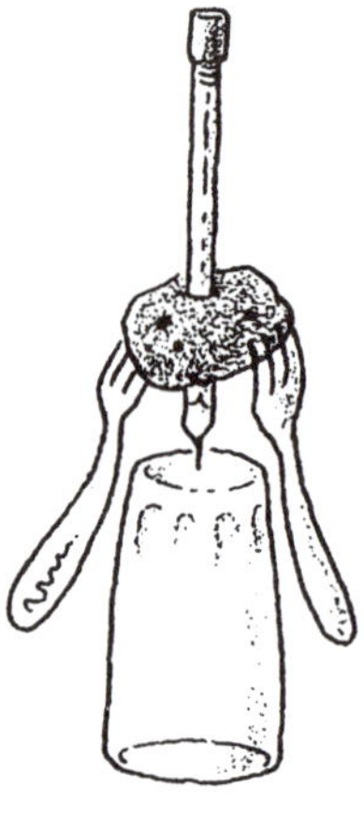

A PROPÓSITO DEL MOVIMIENTO

Llegados a este punto, ya sabemos mucho sobre el tema del movimiento. Sabemos que los objetos que no se mueven tienden a permanecer inmóviles y en el mismo lugar en el que se encuentran a causa de la inercia. Y también que para que un objeto se ponga en movimiento, tanto si está de pie como quieto sobre algo, hay que aplicar una cierta fuerza.

Esa fuerza puede ejercerse dándole un golpe a un juguete para que empiece a moverse, o puede ser el viento que hincha las velas de un barco y lo transporta por un lago.

Ejercer una fuerza sobre un objeto puede resultar bastante complicado. Puede implicar poner en marcha un motor para hacer girar una polea, por ejemplo. Esa polea puede hacer que una cinta gire una y otra vez, en un movimiento continuo, y que ésta, a su vez, transfiera la fuerza a otra polea. Este proceso puede repetirse varias veces e ir aumentando en complejidad hasta que, finalmente, un instrumento de corte se pone en marcha para ejecutar una pieza precisa de una máquina muy cara.

Sabemos que al aplicar fuerza a un objeto, ese objeto tiende a permancer en movimiento. Cuando deja de ejercerse fuerza, el objeto empieza a ralentizar su movimiento hasta acabar por detenerse. La gravedad ejerce su fuerza sobre los objetos y ayuda a ralentizarlos y a consumir su fuerza. Es así como funciona la resistencia del aire y del viento. Si no fuera por dicha resistencia, uno podría correr de una punta a otra de un campo de fútbol sin costarle ningún esfuerzo.

Sabemos que el movimiento puede modificar el centro de gravedad. Y que cambiando el centro de gravedad podemos mover un objeto o hacerlo bascular. En el capítulo anterior has aprendido a crear objetos que detenían el movimiento tras localizar el centro de gravedad.

Ahora vamos a ocuparnos de algunos otros aspectos que afectan al movimiento y al modo de moverse de los objetos.

115 La liebre y la tortuga

NECESITARÁS

2 botellas de plástico idénticas (de 1 litro)
Agua
2 tablones (o una superficie en rampa)

¿Recuerdas la fábula de la liebre y la tortuga? Cuando la tortuga cruzó finalmente la línea de meta, dijo: «La constancia y la paciencia han sido fundamentales para ganar la carrera».

¿Qué hacer? Llena una de las botellas de plástico hasta la mitad de agua y ciérrala enroscando bien el tapón. Deja la otra botella vacía.

Coloca las dos botellas a la misma altura en la parte superior de una rampa o una cuesta. Una cuesta de cemento que acabe en una superficie plana servirá perfectamente para poner a prueba este experimento. También puedes hacer una rampa con dos tablones de la misma longitud. Coloca un extremo de cada uno de ellos sobre el asiento de una silla y el otro en el suelo, como en la ilustración siguiente:

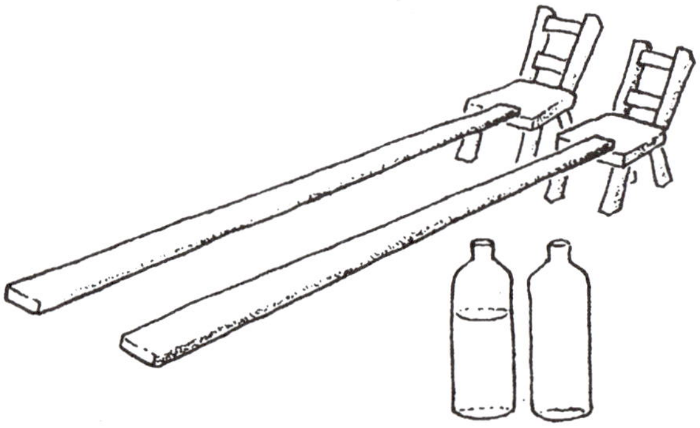

Sostén las botellas en el punto más elevado de la rampa y suéltalas al mismo tiempo. Obsérvalas atentamente mientras descienden por la rampa.

¿Qué ocurre? Las dos botellas parten al mismo tiempo. Pero, de repente, una empieza a rodar a más velocidad. Es la liebre de la carrera. Cuando las botellas llegan a la superficie plana en la que desemboca la rampa, la más lenta (es decir, la tortuga) sigue rodando y llega más lejos que la «liebre».

¿Por qué? Frota dos objetos el uno contra el otro y producirás fricción. Para comprobarlo, frótate las manos muy rápidamente. Siente el calor que generas al hacerlo. Ese calor lo produce la fricción.

El agua contenida en la botella medio llena hace que ésta pese más. Ese peso añadido le hace salir con ventaja y descender a más velocidad por la rampa. Pero, al frotarse con las paredes de la botella, el agua crea una mayor fricción y ésta hace que la botella se detenga antes en la superficie llana.

La fricción no sólo genera calor, sino que, además, ralentiza el movimiento. Los fabricantes de automóviles utilizan aceite en los motores para reducir la fricción y el calor. Y utilizan grasa para lubricar otras piezas móviles por el mismo motivo

116 Carreras de aros

NECESITARÁS
2 hojas de papel
Una regla
Tijeras
Cinta adhesiva
4 clips
Una rampa o una pendiente

Tal vez hayas visto alguna carrera de coches o caballos. Es posible que incluso hayas visto alguna prueba de patines en línea. Pero seguro que nunca has presenciado una carrera como ésta…

¿Qué hacer? Para poner en práctica este experimento, necesitas dos aros de papel de exactamente el mismo tamaño. (No sería justo para dos aros de distintas dimensiones competir entre sí.)

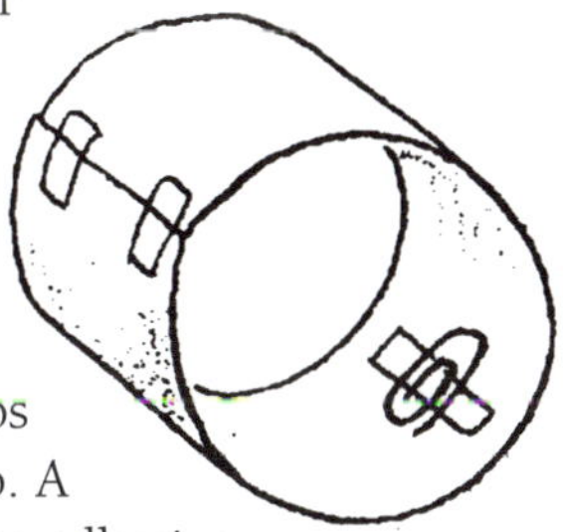

Recorta dos tiras de papel de 6 cm de ancho a lo largo de toda la hoja. Enróllalas para convertirlas en dos aros y pégalas por los bordes con un poco de celo. A continuación, pega con cinta adhesiva un clip en la parte interior de uno de los aros.

Asegúrate de que el clip se encuentre justo en el centro del aro.

Coloca los dos aros juntos, a unos centímetros de distancia, en la cima de una rampa o una pendiente. (La rampa que has utilizado para la carrera de la liebre y la tortuga te irá a las mil maravillas, salvo si sopla brisa, en cuyo caso deberás realizar este experimento en el interior.)

Suelta los dos aros al mismo tiempo.

¿Qué ocurre? Si observas atentamente, comprobarás que el aro con el clip no gira a una velocidad constante. Parece acelerar cuando el clip entra en contacto con la rampa y luego se ralentiza cuando éste se encuentra en el aire. El aro con el clip pegado será el que perderá la carrera.

¿Por qué? En este caso no es la fricción la que ralentiza el aro con el clip, sino la pérdida del equilibrio. Éste es el motivo por el que las ruedas de los coches y los camiones deben estar equilibradas.

117 Un aro en equilibrio

Veamos si podemos conseguir que el aro con el clip pegado ruede a una velocidad constante. Pega un clip exactamente en el punto opuesto al anterior y repite la carrera.

A continuación, añade dos clips más, entre los dos primeros, a distancias iguales. El aro debería rodar ahora mejor.

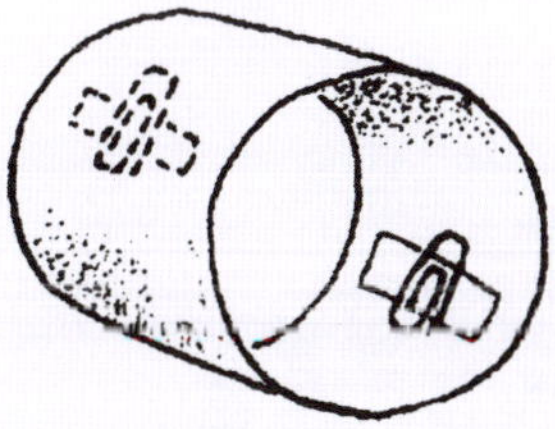

¿Por qué? Los objetos que giran, como las ruedas y los motores, tienen que estar lo más equilibrados posible. De otro modo, necesitan más energía para girar y no lo hacen con facilidad. Esto provoca un desgaste adicional y acaba por destruirlos.

118 La increíble moneda equilibrista

¿Cuándo fue la última vez que viste a alguien mantener en equilibrio una moneda sobre la barra transversal de una percha mientras ésta daba vueltas en el aire? Es más, ¿alguna vez has visto a alguien que haya logrado este prodigio?

NECESITARÁS
Una percha de plástico
Una moneda

¿Qué hacer? Si no consigues encontrar una percha de plástico gruesa, prueba a realizar este truco con una percha de alambre normal, pero necesitarás tener un mayor sentido del equilibrio.

Sal al exterior. No pongas a prueba este experimento en una estancia llena de objetos que puedan romperse. Si por casualidad se te escapa la percha del dedo, será mejor que estés en la calle. Y puesto que vas a experimentar fuera, es mejor que uses una arandela en vez de la moneda. Si se te cae una moneda en la calle, puede desaparecer fácilmente.

Sostén la percha por el gancho con un dedo. Con la otra mano, equilibra la moneda o arandela en la barra transversal de la percha, como en la ilustración:

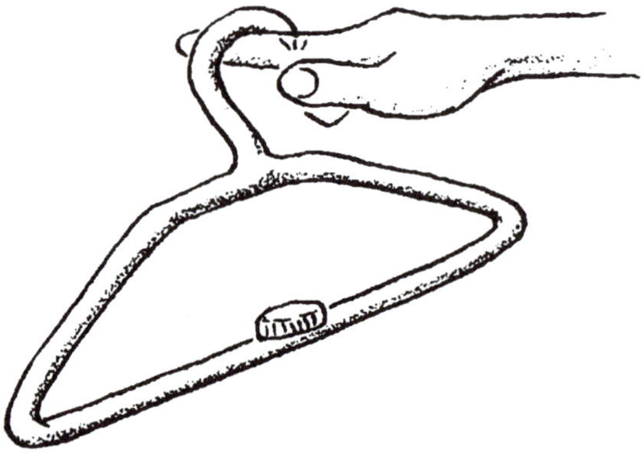

Ahora comprenderás por qué es una buena idea usar una percha de plástico. No es difícil aguantar en equilibrio una moneda en una percha gruesa, pero en cambio resulta muy complicado hacerlo en una de alambre fino.

Asegúrate de colocar la moneda exactamente debajo del dedo con el que sostienes el gancho de la percha.

Cuando la moneda se encuentre en equilibrio, empieza a balancear lentamente la percha sobre tu dedo. Aumenta la velocidad progresivamente.

Cuando la percha se balancee a buen ritmo, dale un poco más de energía y empieza a hacerla girar alrededor de tu dedo.

¿Qué ocurre? La moneda permanecerá en su sitio mientras sigas haciendo girar la percha sin dar golpes bruscos.

¿Por qué? Cuando un objeto gira a gran velocidad entra en juego la fuerza centrífuga. Dicha fuerza hace que los objetos que giran intente alejarse del centro en torno al cual dan vueltas. La moneda ejerce presión contra la barra de la percha debido a la fuerza centrífuga. Y no se caerá a menos que reduzcas el ritmo de los giros o le des un golpe brusco.

119 El cuenco giratorio

Los científicos demuestran la existencia de la fuerza centrífuga en grandes laboratorios, pero tú puedes hacerlo en el fregadero de la cocina.

NECESITARÁS

Un cazo grande
Agua
Un cuenco
Una cuchara de madera

¿Qué hacer? Llena la cacerola con 10 cm de agua. Si tienes una cacerola de unos 30 cm de diámetro, será perfecta para realizar este experimento.

Pon a flotar el cuenco dentro de la cacerola.

Vierte aproximadamente 1 cm de agua en el fondo del cuenco.

Ahora haz girar el cuenco lo más rápidamente posible con ayuda de la cuchara de madera. Basta con que apoyes la cuchara en el cuenco como se indica en la ilustración y empieces a darle vueltas. Si no tienes una cuchara de madera, mete el dedo índice en el cuenco y empieza a hacerlo girar. Dado que el cuenco flota, apenas existe fricción que reduzca la velocidad de su movimeinto y éste gira con facilidad. Gira la muñeca con rapidez para que dé vueltas cada vez a más velocidad.

Intenta mantenerlo en el centro de la cacerola. Si los dos recipientes se tocan, el cuenco empezará a girar a menor velocidad.

¿Qué ocurre? Observa atentamente qué ocurre con el agua en el interior del cuenco flotante a medida que lo haces girar cada vez a más velocidad. El agua sube por sus paredes hasta desaparecer por completo del centro, que queda casi seco.

Si reduces el ritmo, el agua vuelve a resbalar por las paredes y cubre la base del cuenco de nuevo.

¿Por qué? La fuerza centrífuga actúa sobre los líquidos tal y como lo hace sobre los sólidos. Cuanto más rápidamente gire un objeto, más intentará el agua escapar por el borde del mismo.

120

Dedos forzudos

NECESITARÁS
Una silla de respaldo recto
6 personas

Tus dedos son mucho más fuertes de lo que crees. Este experimento te demuestra todo su poderío y, además, es un truco que te permitirá triunfar en cualquier fiesta a la que asistas.

¿Qué hacer? Una persona debe sentarse recta en la silla, con las manos entrelazadas con fuerza, la cabeza ligeramente inclinada hacia delante y el cuello recto. El cuerpo de la persona que permanece sentada debe estar lo menos curvado posible.

Las otras cinco personas deben juntar las dos manos (una sobre otra), como en la ilustración, y estirar uno de los dedos índices.

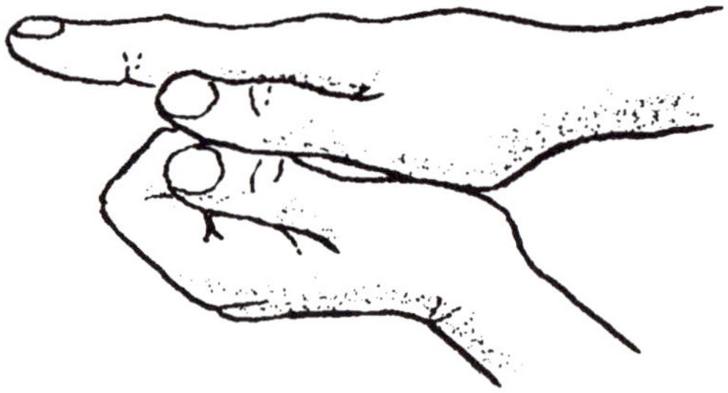

Pide a dos personas que se coloquen de pie, una a cada lado de la persona sentada, y diles que introduzcan el dedo índice bajo el pliegue de la rodilla de quien está sentado.

Otras dos personas deben permanecer de pie detrás de la silla y poner su dedo índice bajo las axilas de la persona sentada.

La quinta persona puede quedarse de pie, al lado o delante de la persona sentada, y debe colocar el dedo índice bajo la barbilla de ésta.

Todo el mundo debe respirar hondo y aguantar la respiración. Preparados, listos... y a la voz de «ya», las cinco personas deben enderezarse sin mover los dedos de donde están y sin hacer movimientos bruscos.

¿Qué ocurre? Para sorpresa de todos, la persona sentada levita encima de la silla. ¡Cuidado con no dejarla caer de sopetón!

¿Por qué? Dado que la persona sentada permanece totalmente inmóvil, su peso se distribuye de manera uniforme entre las cinco personas que la levantan. Al moverse éstas al mismo tiempo, cada una levanta el mismo peso. Así, si la persona sentada pesa 40 kg, cada una de quienes la levantan sólo ha de soportar 8 kg.

121 El poder de la polea

NECESITARÁS

2 perchas de alambre
2 bobinas de hilo vacías
2 sillas
Un palo de escoba
Tijeras
3 m de cordel resistente
Un libro

Si prefieres tirar de una cuerda en lugar de levantar un peso, lo que necesitas es una polea. Para llevar a cabo este experimento deberás contar con la ayuda de un adulto.

¿Qué hacer? Para realizar este experimento relativo al movimiento y el desplazamiento, tienes que construir varias poleas. Una forma sencilla de hacerlo consiste en desenroscar el cuello de una percha de alambre. Pide a un adulto ayuda para hacerlo. Introduce uno de los cabos del alambre (si tienes que enderezar la percha un poco para poder hacerlo no pasa nada) a través del agujero central de la bobina y luego devuelve su forma inicial a la percha.

Una vez hayas enrollado de nuevo el cuello de la percha, tu polea debería tener un aspecto parecido a éste:

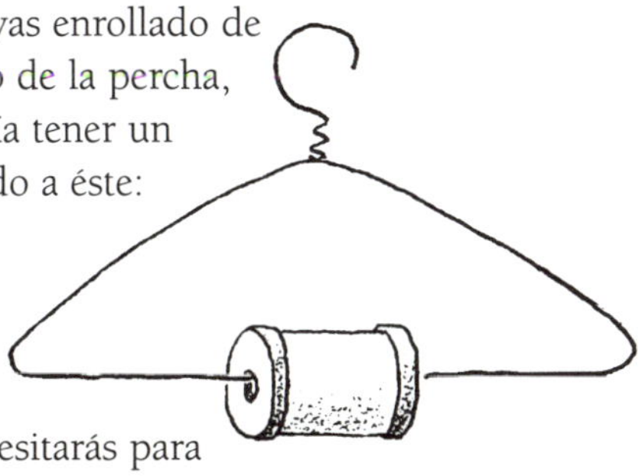

Monta una segunda polea con otra percha y otra bobina. La necesitarás para el siguiente experimento.

A continuación, coloca las dos sillas respaldo contra respaldo y apoya en ellas el palo de escoba, de manera que quede centrado, como en la ilustración de la derecha. Luego ata un aro de cordel alrededor del palo de escoba para sostener la polea. Corta un trozo de cordel lo suficientemente largo para atarlo alrededor del libro, que es el peso que vas a levantar.

Corta un segundo trozo de cordel de 1,2 m de largo. Átalo al cordel del libro y pásalo por encima de la bobina de la polea. Tira de él.

¿Qué ocurre? El libro se levanta.

¿Por qué? «Evidentemente que se levanta, ¿qué tiene eso de espectacular?», te preguntarás. Pues lo asombroso es que has cambiado la dirección del desplazamiento. Has tirado hacia abajo y el libro ha subido. Esta capacidad para modificar la dirección del movimiento nos permite construir edificios y puentes.

En este experimento has tirado hacia abajo con la misma fuerza que habría sido necesaria para levantar el libro. No has obtenido ninguna ventaja mecánica adicional utilizando sólo una polea. En cambio, el experimento siguiente te demuestra cómo utilizar la ciencia para levantar un determinado peso ejerciendo menos fuerza.

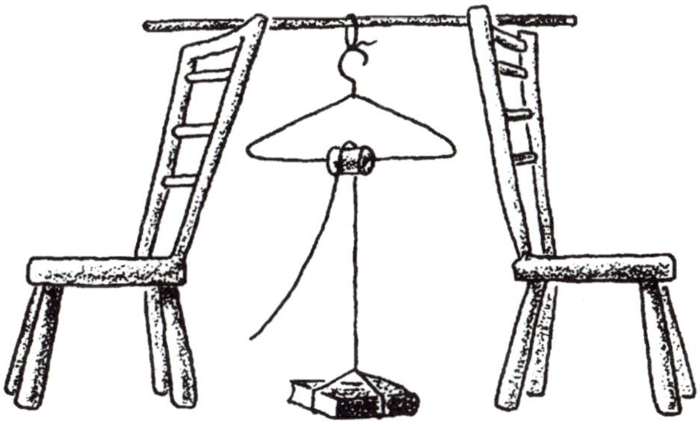

122 Doble potencia

He aquí tu ocasión de multiplicar tu fuerza por dos.

NECESITARÁS
2 perchas de alambre
2 bobinas de hilo vacías
2 sillas
Un palo de escoba
Tijeras
3 m de cordel resistente
Un libro

¿Qué hacer? Deja el ensamblaje del experimento anterior tal como estaba. Engancha la segunda polea del cordel atado al libro que tienes previsto levantar. Más o menos, tu ingenio debe presentar el siguiente aspecto:

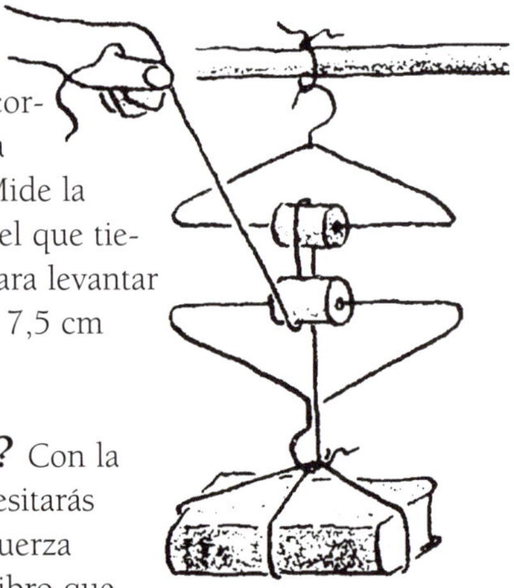

Ahora tira hacia arriba del cordel enrollado a la segunda polea. Mide la cantidad de cordel que tienes que estirar para levantar un libro de unos 7,5 cm de grosor.

¿Qué ocurre? Con la doble polea, necesitarás emplear menos fuerza para levantar el libro que con una única polea. Sin embargo, en este caso deberás tirar de 15 cm de cordel para levantar el libro de 7,5 cm de grueso.

¿Por qué? Utilizando dos poleas se obtiene lo que se conoce como ventaja mecánica. Ésta significa simplemente que resulta más fácil levantar el libro que antes. Sin embargo, deberás tirar del doble de longitud del cordel para contar con dicha ventaja.

123 El misterioso vaso móvil

NECESITARÁS
2 vasos
Agua
Un lápiz
Una regla de 30 cm de longitud

¿Eres capaz de mover un vaso de agua sin tocarlo?

¿Qué hacer? Llena los dos vasos de agua casi hasta el borde. Sobre una superficie llana, como la encimera de la cocina, coloca el lápiz bajo la regla, tal como se muestra en la ilustración. Pon un vaso de agua en cada extremo de la regla. Aguanta los vasos hasta que se estabilicen y guarden el equilibrio.

A continuación, desliza el lápiz bajo la regla hasta que el vaso del lado elevado esté a punto de caerse.

Introduce dos dedos en el agua, sin tocar el vaso. Hunde los dedos hasta el fondo.

¿Qué ocurre? A medida que hundes los dedos, el vaso empezará a descender en la dirección que indica la flecha de la ilustración. Además, cuando introduzcas los dedos, el nivel de agua del vaso aumentará.

¿Por qué? Al hundir los dedos en el agua, éstos mueven o desplazan el agua, lo cual hace que aumente su nivel. El peso del vaso aumenta en la misma cantidad que el peso del agua desplazada.

El sonido de la ciencia

A nuestro alrededor hay muchos sonidos. Estamos acostumbrados a oír voces, ladridos de perro, cláxones de automóviles, portazos, etc. Los sonidos forman parte de nuestra vida, tanto que, en ocasiones, el silencio repentino y total puede resultar aterrador. El silencio absoluto nos resulta tan extraño que algunas personas sostienen que el propio silencio crea sonido.

Todo el mundo sabe hacer un ruido. Basta con dar una palmada o chasquear los dedos.

Pero ¿qué es exactamente lo que hace que al aplaudir se produzca un sonido? Cuando dos objetos entran en contacto de forma brusca y rápida para producir un sonido, la fuerza ejercida para juntarlos hace que el aire se mueva y vibre. Esa vibración produce pequeñas ondas sonoras que viajan en todas direcciones.

Algunas de estas ondas sonoras o vibraciones llegan a nuestros oídos y provocan un leve movimiento de vaivén en nuestro tímpano. Dicho movimiento hace que los diminutos huesos del interior de nuestro oído capten esa vibración y la transfieran a los nervios auditivos (los que nos permiten oír) a través de un tubito lleno de líquido. A su vez, esos nervios comunican el sonido a nuestro cerebro y oído.

Al hablar, las cuerdas vocales vibran en el interior de la garganta. La fuerza del aire que sale de los pulmones y pasa a través de las cuerdas vocales genera esas vibraciones. Al moverse, las cuerdas vocales hacen que el aire se desplace y el sonido salga por nuestra boca.

Si quieres comprobar cómo funciona, intenta hablar a voz en grito mientras aspiras aire con los pulmones. Puedes emitir sonidos, pero no podrás hablar al aspirar. Pruébalo, no te quedes con la duda.

Este capítulo te propone realizar experimentos con el sonido. Algunos son divertidos y otros sorprendentes, y sin duda todos ellos te ayudarán a entender cómo funciona nuestro oído.

Papel sonoro

124

NECESITARÁS

2 hojas de una libreta o folios sueltos

Dos hojas de papel pueden producir un sonido asombroso.

¿Qué hacer? Sostén las dos hojas de papel ante ti. La hoja de debajo debe sobresalir un poco (unos 12,5 mm) por el lado más cercano a ti.

Más o menos, la posición debe ser como la que se ve en la ilustración:

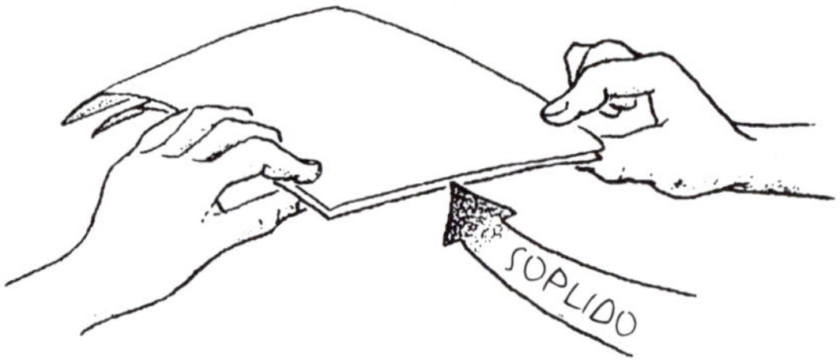

Sopla en dirección a las dos hojas, hacia el punto que señala la flecha.

¿Qué ocurre? Las hojas emiten un sonido raro.

Si no se produce ningún sonido, acerca un poco más la boca y vuelve a soplar. Al soplar entre las dos hojas, éstas empezarán a vibrar a gran velocidad.

Si sigue sin producirse ningún sonido, comprueba que estés sosteniendo las hojas tal como se ha indicado. Acerca más los dedos a la boca, o bien aléjalos. Sopla más fuerte o más flojo. Ve probando y, al final, seguro que consigues emitir un sonido.

Ten cuidado: si soplas muy seguido, te marearás. Sopla, descansa unos segundos y vuelve a soplar.

¿Por qué? Cuando los papeles se mueven, la vibración que producen genera el sonido que oyes. Esa vibración crea las ondas que captan tus oídos.

125

El aullido

NECESITARÁS

Un trozo cuadrado de celofán de 5 cm

Ésta es tu oportunidad de hacer todo el ruido que quieras, y de hacerlo en nombre de la ciencia.

¿Qué hacer? Con los dedos pulgar e índice de ambas manos, sostén el trozo de celofán totalmente estirado y tensado.

Acerca las manos a la cara, de tal modo que el celofán quede justo delante de tus labios. Más o menos, el esquema es el siguiente:

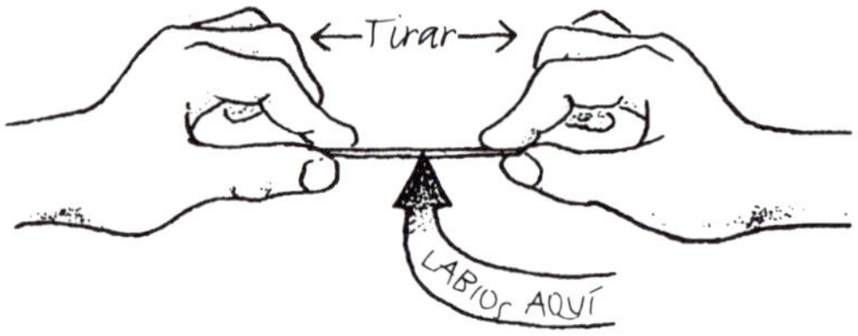

Sopla con fuerza justo en el filo del cuadrado de celofán. Sopla con los labios pegados, así el chorro de aire se dirigirá directamente al borde del trozo de celofán.

¿Qué ocurre? Cuando el aire toque el filo del celofán, se producirá el sonido más intenso y espantoso que jamás hayas oído.

Si no es así, ajusta la distancia entre el celofán y tus labios hasta que el aire incida en el punto exacto.

¿Por qué? El aire, al salir a toda velocidad de tus labios, hace que el filo del celofán vibre muy rápidamente. Dado que el celofán es un material muy fino, el chorro del aire hace que vibre a mucha velocidad. Y cuanto más veloz es la vibración de un objeto, más agudo es el sonido que emite.

126 Un globo amplificador

NECESITARÁS
1 globo redondo normal y corriente

Normalmente, los amplificadores de sonido son aparatos grandes que aumentan la potencia con la que se emite un sonido. Estos amplificadores reciben el nombre de altavoces. Pero, ¿sabías que un globo puede servir de amplificador?

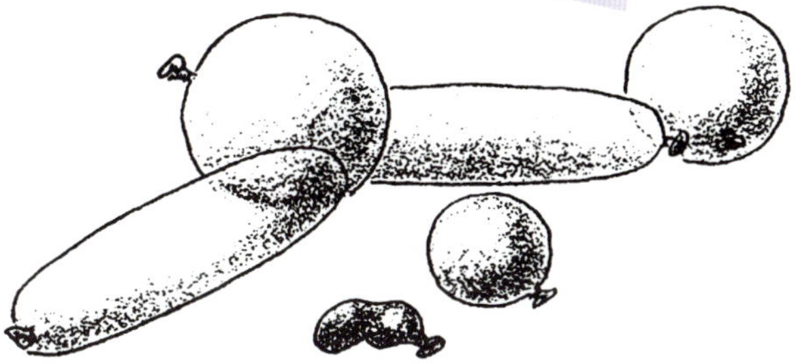

¿Qué hacer? Infla el globo y, una vez hinchado, sosténlo junto a tu oreja.

Da unos leves golpecitos en el lado del globo más alejado de tu cara.

No hagas nada que pueda hacer estallar el globo mientras lo tienes cerca de la cara. El sonido que emite un globo al hacer explosión no le hará ningún bien a tus oídos.

¿Qué ocurre? El sonido que oyes es mucho más fuerte que el ligero golpecito que das con el dedo.

¿Por qué? El aire contenido en el globo está muy comprimido. Al inflar el globo, en realidad tus pulmones han estado funcionando como un compresor de aire, forzando la entrada de aire en el globo para hincharlo. Las moléculas del aire están mucho más próximas entre sí en el interior del globo de lo que lo están en el resto de la habitación. Al apiñar las moléculas de aire dentro del globo, ese aire se ha convertido en un conductor de las ondas sonoras mejor que el aire normal y corriente.

127 La cuchara que creía ser una campana

NECESITARÁS

Tijeras
Un cordel de 1,2 m de largo
Una cucharilla

¿Cómo convertir una cucharilla en una campana? Sigue leyendo y lo descubrirás.

¿Qué hacer? Haz un nudo corredero en el centro del cordel. Para hacerlo, basta con pasar uno de los cabos del cordel por encima del otro para hacer un lazo y, sin apretarlo, mover el nudo tirando de uno de los cabos hasta que se sitúe en el centro.

No aprietes el nudo. Déjalo abierto unos 13 mm, como se indica en la ilustración.

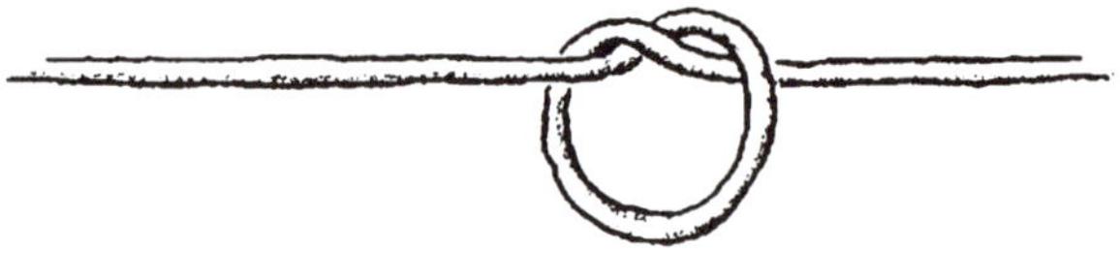

Desliza el mango de la cucharilla en el lazo y, ahora sí, estira de los cabos para apretar el nudo e impedir que la cucharilla se caiga. Ajusta la cucharilla de tal modo que la parte cóncava quede más abajo que el mango.

A continuación, sostén los dos cabos del cordel junto a tus orejas, haciendo presión con los dedos índice. No te introduzcas el cordel en los oídos.

Balancea lentamente la cucharilla hasta que toque el borde de una mesa. Escucha el sonido que emite.

¿Qué ocurre? Al balancear la cucharilla oirás un sonido que no tiene nada que ver con el que suena al golpear una mesa con una cuchara. En realidad, se asemeja más al sonido de una campana de iglesia

¿Por qué? El cordel conduce la vibración de la cuchara. No sólo es mejor transmisor de las ondas sonoras que el aire, sino que, además, las dirige directamente a tu oído. De ahí el sonido de campana.

128 Más campanadas

Repite el experimento anterior utilizando una cuchara sopera y escucha el intenso sonido que produce.

Luego mima un poco tus oídos y haz lo mismo con un cucharón. Gracias a su gran tamaño, el sonido que produce es mucho más grave que los dos anteriores.

129

Dedos tamborileros

NECESITARÁS
Una mesa de madera o un escritorio
Una silla

¿Conoces la manera de hacer que incluso los repiqueteos más suaves de tus dedos suenen con más fuerza?

¿Qué hacer? Siéntate frente a tu escritorio o una mesa. Apoya tu oreja en ella, como en la ilustración:

Repiquetea con un dedo en la superficie de la mesa, a unos 30 cm de tu oreja. Primero hazlo con fuerza y luego con suavidad.

¿Qué ocurre? El sonido que hacen tus dedos al repiquetear es mucho más fuerte que cuando lo escuchas sin apoyar la cabeza en la mesa. Compruébalo en seguida para verificar que es cierto.

¿Por qué? Las ondas sonoras no sólo viajan a través del aire. También lo hacen a través de los cuerpos sólidos, como la mesa o el escritorio. Muchos objetos sólidos, como la madera, conducen las ondas mucho mejor que el aire, y es que las moléculas de la madera están más juntas que las del aire. Por ello, el repiqueteo de tus dedos suena más fuerte cuando lo escuchas a través de la madera que a través del aire.

130

El palo sonoro

NECESITARÁS
Una vara de 1 m de largo
Un reloj de cuerda

¿Alguna vez has intentado oír a través de un palo? ¡Ha llegado el momento de hacerlo!

¿Qué hacer? Un reloj despertador de cuerda es ideal para poner a prueba este experimento. Pero si no dispones de él, inténtalo con tu reloj despertador electrónico, siempre que éste produzca algún sonido runruneante. La mayoría de ellos lo hace, sólo hay que escuchar con mucha atención. Si no es así, busca un electrodoméstico en casa que haga algún zumbido o un sonido mecánico no muy fuerte. Si no tienes una vara, puedes usar una regla de madera o un palito fino. Sostén la vara de manera que uno de sus extremos toque el reloj y el otro quede apoyado en la parte exterior de tu oreja, como en la ilustración.

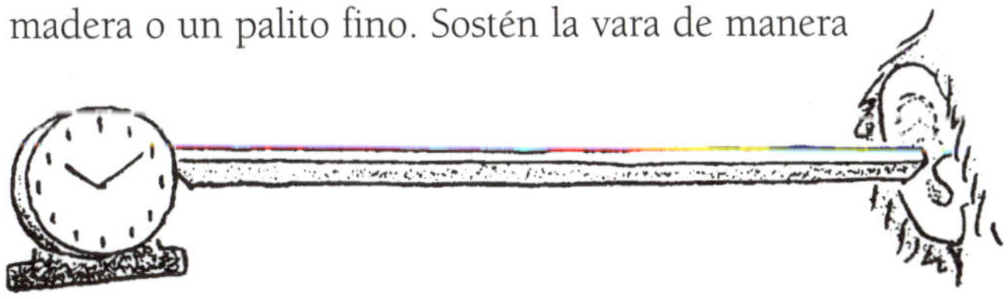

¿Qué ocurre? El sonido del reloj es mucho más fuerte que cuando lo oías sin ayuda del palo. Puedes comprobarlo utilizando la vara para oír los ruidos que producen otros electrodomésticos de tu casa.

¿Por qué? La vara, al ser de madera, conduce las ondas sonoras mejor que el aire, y eso hace que oigas mejor los sonidos del reloj a través de ella que normalmente.

131 El extraño bol vibrador

¿Eres capaz de oír los sonidos que produce un bol al vibrar? Comprobémoslo. Practica este experimento con un amigo: te resultará más fácil.

NECESITARÁS

Una botella grande
Un bol
Un tenedor
Un lápiz con goma
Un cordel de 1 m de largo

¿Qué hacer? Pon la botella sobre una mesa. Puedes usar cualquier botella grande vacía.

Coloca el bol boca abajo y en equilibrio sobre la boca de la botella, como en esta ilustración:

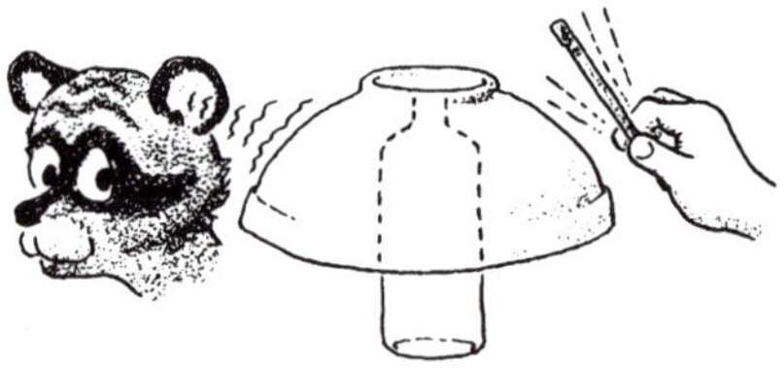

Acerca la oreja al bol y repiquetea en el borde de éste con la goma del lápiz. O mejor aún, pídele a un amigo que lo haga por ti.

Luego repite la experiencia, pero esta vez pídele a tu amigo que toque el borde del bol con un dedo.

¿Qué ocurre? La primera vez oirás un sonido agradable. La segunda, cuando tu amigo golpee el bol, no oirás nada.

¿Por qué? El sonido se produce porque el bol vibra. Cuando tu amigo toca el bol con el dedo, detiene la vibración y el sonido deja de oírse.

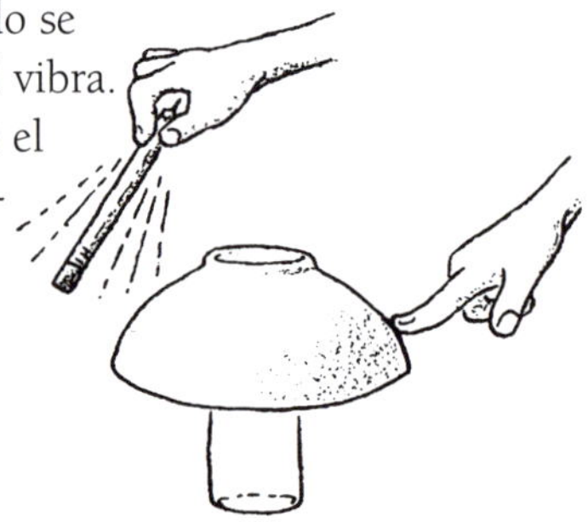

132 Acordes de tenedor

NECESITARÁS

Un cordel de 1 m de largo
Un tenedor
Un plato sopero
Un lápiz con goma

Aunque parezca mentira, uno puede afinar un piano, pero no un tenedor. Sin embargo, incluso un tenedor sin afinar es capaz de producir acordes, aunque no una melodía delicada.

¿Qué hacer? Ata un cabo del cordel alrededor del tenedor, como se muestra en la ilustración. Levanta el tenedor tirando del cordel, de manera que los dientes queden hacia abajo.

Golpea el plato con el lápiz y desciende el tenedor hasta que sus dientes toquen ligeramente el lado opuesto del plato.

¿Qué ocurre? Cuando el tenedor entra en contacto con el plato, sus dientes empiezan a vibrar. Si acercas la oreja a los dientes, probablemente podrás oír su melodía.

Si estás realizando este experimento con un amigo, pídele que vuelva a golpear el plato. Esta vez sostén pegado a la oreja el cordel con el que sostienes el tenedor, tal como has hecho en el experimento 127. Así podrás oír el sonido de los dientes del tenedor con más claridad.

¿Por qué? Los dientes del tenedor captan las vibraciones del bol. Esto se denomina vibración «por simpatía». El cordel ayuda a conducir el sonido, tal como ocurría en el experimento 127.

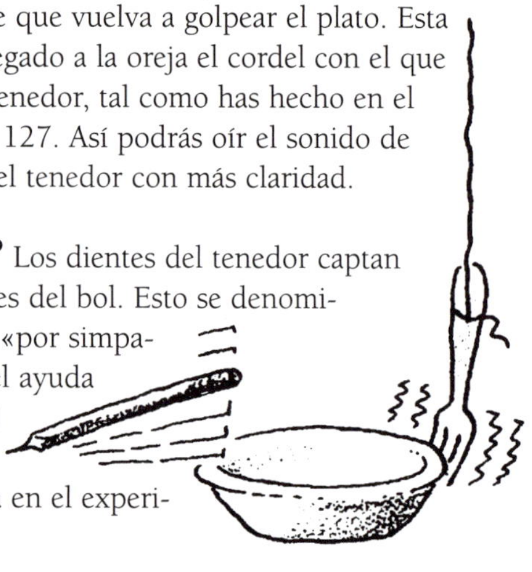

133 Cómo afinar un vaso

NECESITARÁS
8 vasos
Agua
Un lápiz

Hemos quedado en que no se puede afinar un tenedor, pero nadie ha dicho que no se pueda afinar un vaso…

¿Qué hacer? Alinea los ocho vasos sobre la encimera de la cocina. (En este caso no te servirá usar botellas.) No importa que los vasos tengan el mismo tamaño o no. Sin embargo, si todos son iguales, te resultará más fácil afinarlos.

Llena los vasos con distintas cantidades de agua, más o menos como en la ilustración:

Como puedes ver, cada vaso tiene un poco menos de agua que el situado inmediatamente a su izquierda.

Agarra el lápiz y golpea, con suavidad pero con firmeza, cada uno de los vasos por un lado.

¿Qué ocurre? Percibirás que cada vaso emite un sonido distinto. Cuanto más agua contiene, más grave es el sonido que produce.

Llama al primer vaso de tu izquierda «do», la primera nota de la escala musical. Golpea el vaso siguiente. Si el tono suena un poco distinto, tu gama musical está ascendiendo correctamente. En caso contrario, pon o quita un poco de agua.

Continúa así hasta que hayas afinado los ocho vasos y puedas reproducir toda la escala musical

¿Por qué? Sabemos que las vibraciones causan sonidos. Al golpear lateralmente el vaso, lo hacemos vibrar. La velocidad de la vibración depende de la cantidad de agua que contenga el vaso. Cuanta más agua, más lentas serán las vibraciones y más grave será el sonido.

134 Cómo afinar más vasos y copas

Ahora afina ocho vasos de distinto tamaño y forma. Cuanto más diferentes sean, mejor.

Recuerda que es la cantidad de agua la que determina el tono del vaso.

Afina estos ocho vasos para reproducir una escala musical añadiendo o quitando agua hasta que cada vaso emita un tono un punto por encima del tono del vaso situado a su izquierda.

135 Cómo ver las ondas sonoras

Ahora vas a tener la oportunidad de ver las ondas sonoras, pero este experimento sólo funcionará si lo haces un día soleado.

NECESITARÁS
- Una lata vacía
- Un globo
- Tijeras
- Una goma elástica
- Un espejo pequeño
- Un periódico
- Un martillo
- Pegamento o cola

¿Qué hacer? Retira con un abrelatas los dos extremos de la lata. Lávala cuidadosamente con agua templada y jabón. Vigila de no cortarte con los bordes.

A continuación, coloca un trozo del globo en uno los lados de la lata, a modo de tapa. Es recomendable inflar el globo y jugar un rato antes de tensarlo para tapar la lata. De este modo, la goma del globo se vuelve más elástica. Luego desínflalo y córtale la boquilla con las tijeras. Ajusta la parte más grande del globo sobre uno de los lados de la lata. Sujétala en su sitio con la goma elástica (dale varias vueltas para que quede bien fija).

Toma ahora el espejo. (Si no dispones de un espejo viejo, utiliza un trozo de papel de aluminio.) Envuelve el espejo en varias hojas de periódico y luego dale unos golpecitos con un martillo. Desenvuelve el periódico y, con sumo cuidado, coge un fragmento cuadrado de espejo de unos 12,5 mm de lado. Envuelve en el periódico el resto de los fragmentos de espejo y tíralos a la basura.

Pon una gotita de pegamento sobre el globo que sirve de tapa de la lata, como en la ilustración inferior, y pega el fragmento de espejo en el centro.

Sitúate junto a una ventana, de tal modo que la luz del sol que entre por ella rebote en el espejo y se refleje en la pared, siguiendo más o menos el esquema de esta ilustración:

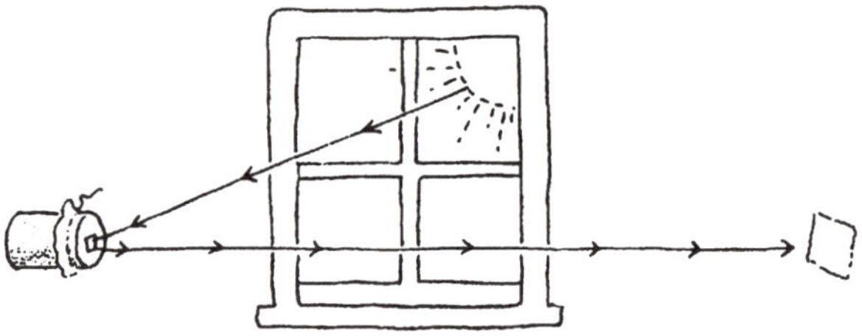

Coloca la boca junto al extremo abierto de la lata y habla. Luego grita y emite distintos sonidos. Observa atentamente su reflejo en la pared

¿Qué ocurre? Los sonidos que emites provocan ligeros movimientos en el reflejo.

¿Por qué? El plástico del globo capta las vibraciones de las ondas sonoras que emite tu voz, y al vibrar, hace vibrar también el reflector. Y eso es lo que hace que los reflejos de la pared se muevan.

¿Tienes estrés? Prueba un poco de tensión superficial

El agua es un elemento sumamente importante en nuestras vidas. Sin ella, el ser humano no existiría.

No sólo la bebemos, sino que nuestro cuerpo está compuesto en gran parte por agua.

Nos bañamos en agua, navegamos por ella y la utilizamos como base para elaborar bebidas que incluyen desde la gaseosa hasta los zumos, el té o el café.

Sin agua, no habría árboles, ni hierba ni flores. No habría vida tal como la conocemos. El agua es esencial para vivir.

En este capítulo descubrirás algunos aspectos importantes sobre el agua. Averiguarás que puede hacer algunas cosas sorprendentes y que es un elemento fantástico para experimentar. Además, conocerás algunas facetas desconocidas de ella. Probablemente hayas oído hablar de la tensión y el estrés. Pues el agua también tiene tensión, pero de un tipo distinto a la que provoca el estrés.

El agua posee tensión superficial. La tensión superficial es un término científico que significa que la superficie de un cuenco con agua tiene la capacidad de permanecer unida. Esto ocurre porque las moléculas que integran el recipiente de agua tienen tendencia a pegarse entre sí.

Normalmente, no concebimos los lagos ni los océanos como millones y millones de moléculas pegadas unas a otras para formar una película de agua en la superficie. Pero eso es exactamente lo que hace la tensión superficial. No la sentimos cuando metemos el dedo en un vaso de agua ni cuando nos zambullimos en una piscina, pero existe, aunque no seamos conscientes de ello.

Vamos a empezar este capítulo con algunos experimentos que revelan algunas de las cosas fascinantes y sorprendentes que el agua es capaz de hacer a causa de la tensión superficial.

Y luego nos sumergiremos para descubrir lo que ocurre debajo de la superficie.

Lleno a rebosar

136

NECESITARÁS
Un vaso
Agua
Muchos alfileres

Todos hemos llenado en alguna ocasión un vaso o una taza hasta que el líquido se derrama por el borde. Ahora se presenta tu oportunidad de llenar un vaso a rebosar sin derramar ni una gota.

¿Qué hacer? Dispón el vaso en la encimera de la cocina o en el fregadero. Llénalo de agua hasta el borde.

Ahora responde a esta pregunta: ¿cuántos alfileres puedes introducir en el vaso antes de que empiece a derramarse el agua? ¿Diez? ¿Veinte? ¿Cincuenta?

Sostén con cuidado un alfiler sobre el vaso, de modo que toque con la punta la superficie del agua.

Suéltalo para que descienda al fondo del vaso. Luego repite la operación con otro alfiler, y con otro, y con otro… hasta que el agua finalmente se derrame.

¿Qué ocurre? Seguro que te cabrán más alfileres de lo que jamás habrías pensado. Observa de lado el vaso: comprobarás que el nivel de agua sobrepasa el borde.

¿Por qué? La tensión superficial evita que el agua se derrame incluso cuando parece imposible poder añadir ni un alfiler más.

137

El extraño caso del hilo extensible

NECESITARÁS
Un cuenco grande
Agua
Un hilo de 30 cm de largo
Una pastilla de jabón

Cuando se modifica de algún modo la tensión superficial del agua, empiezan a suceder cosas extrañas…

¿Qué hacer? Llena el cuenco con agua hasta prácticamente el borde.

Haz un bucle con el hilo colocando un cabo sobre el otro, pero no lo anudes. Con mucho cuidado, coloca el bucle de hilo sobre la superficie del agua.

Haz un bucle estrecho, más o menos como el de la ilustración:

A continuación, moja una esquina de la pastilla de jabón en el agua que hay en el centro del bucle.

¿Qué ocurre? El bucle forma un círculo en torno al jabón.

¿Por qué? El jabón destruye la tensión superficial del agua en el interior del bucle. El hilo impide que el jabón se extienda hacia el agua que hay a su alrededor. Debido a que el agua situada fuera del bucle sigue presentando tensión superficial, repele el hilo y hace que éste forme un círculo alrededor del jabón.

138 El tapón testarudo

NECESITARÁS
Un tapón de corcho
Un vaso
Agua
Una cucharilla

¿Puede ser testarudo un tapón? Aquí te damos las claves para hacerlo entrar en razón en caso de que alguno se niegue a obedecerte.

¿Qué hacer? Llena el vaso con agua hasta prácticamente el borde. Pon a flotar el tapón en el vaso. Al cabo de poco tiempo, el tapón se desplazará hacia un lado del vaso.

Tu misión consiste en convencer al tapón de que regrese al centro del vaso sin tocarlo y sin sacarlo del agua. Si quieres desplazarlo soplándolo, ningún problema, pero has de saber que, cuando llegue al centro del vaso, debe permanecer ahí cuando dejes de soplar.

Aquí te damos la clave para conseguir que el tapón te obedezca. Empieza a añadir agua al vaso, cucharada a cucharada y muy despacio. Al final, el agua sobrepasará el borde del vaso, pero no se derramará, porque la tensión superficial lo impedirá.

¿Qué ocurre? El tapón se desplaza al centro del vaso y permanece en esta posición cuando el nivel de agua asciende lo suficiente.

¿Por qué? La tensión superficial permite que el agua sobrepase el borde del vaso. Provoca que el agua forme una pequeña cúpula curva cuyo punto álgido se encuentra en el centro. El tapón busca el punto más elevado del agua.

139 Un colador lleno de agua

NECESITARÁS
Un colador pequeño
Aceite comestible
Un cuenco vacío
Un vaso de agua

Tal vez pienses que un colador no puede retener el agua… ¡pues te equivocas!

¿Qué hacer? Utiliza un colador pequeño, ya que si eliges uno de gran tamaño necesitarás mucho aceite.

Forra el colador con aceite. Un buen método para hacerlo es verter el aceite en el cuenco y mojar el colador, agitándolo, hasta que esté bien cubierto.

Sacude con delicadeza el colador sobre el cuenco, de modo que todos los agujeros de la malla queden abiertos. (No tires el aceite. Si lo reservas, podrás utilizarlo para practicar con el experimento 148 de la página 120.)

Sostén el colador sobre el fregadero. Empieza a verter el agua del vaso en el colador muy lentamente.

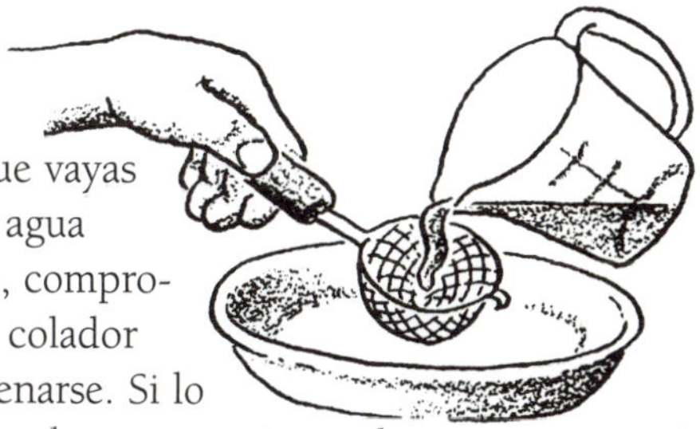

¿Qué ocurre? A medida que vayas vertiendo el agua poco a poco, comprobarás que el colador empieza a llenarse. Si lo observas muy de cerca, verás que hay pequeñas gotitas de agua que se filtran a través de los agujeritos del colador, pero muy pocas se cuelan y gotean.

¿Por qué? La tensión superficial de esas gotitas de agua es la responsable de que este experimento funcione. El aceite forma una especie de película que reviste la malla del colador y disminuye el tamaño de los agujeritos de ésta. Incluso después de sacudir el colador, parte del aceite queda adherido a la malla de alambre.

140 La increíble botella invertida

NECESITARÁS

Una botella de boca y cuello estrechos
Agua
Un trozo de malla metálica o un colador pequeño
15 cm de alambre o una goma elástica

Todo el mundo puede poner una botella llena boca abajo, pero ¿quién es capaz de hacerlo sin derramar ni una gota? Para practicar este experimento se necesitan como mínimo tres manos. A menos que seas alguien muy especial y tengas un tercer brazo, lo mejor es que le pidas ayuda a uno de tus amigos.

¿Qué hacer? Llena la botella de agua hasta el borde.

Tapa la boca de la botella con malla metálica, si tienes un pedacito por casa. En caso contrario, busca una malla de plástico, como las rejillas que vienen en algunas bandejas de comida congelada. Sujeta la malla al cuello de la botella con el trozo de alambre o una goma elástica.

Si no dispones de ningún tipo de malla, puedes sostener un colador pegado a la boca de la botella. En este momento te vendrá de perlas la ayuda que pueda brindarte tu amigo.

Una vez la malla o el colador estén en su sitio, dale la vuelta a la botella rápidamente.

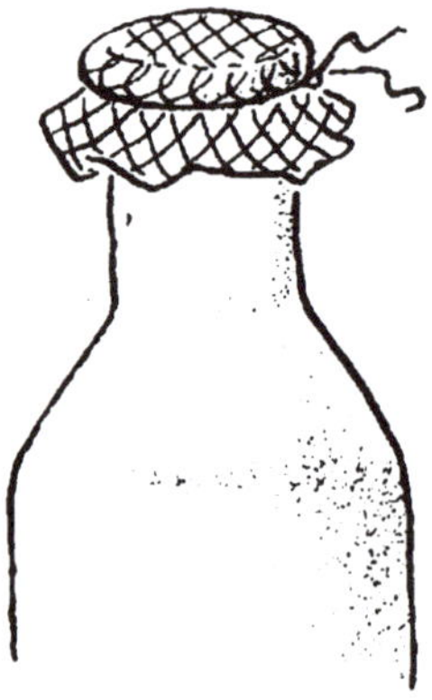

¿Qué ocurre? El agua no se derrama.

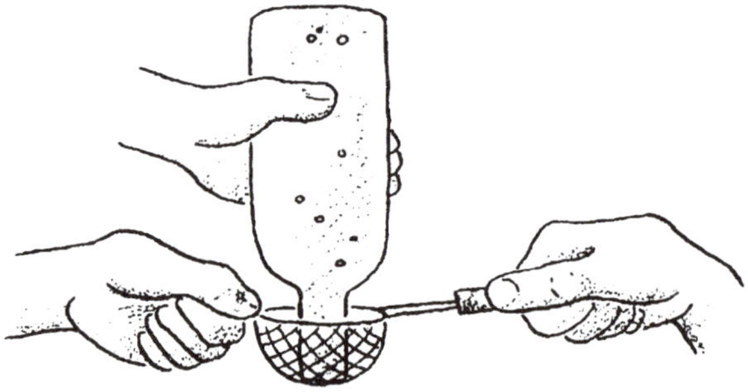

¿Por qué? La tensión superficial acude en tu socorro. También ayuda el hecho de que la botella esté llena hasta los topes, porque de ese modo no hay aire en su interior que intente expulsar el agua. La única dirección en la que la presión del aire empuja es contra el agua que puede intentar colarse a través de la malla o el colador.

141 El halcón y los gorriones

NECESITARÁS
Un plato sopero
Agua
Polvos de talco
Una pastilla de jabón

Los halcones tienen la costumbre de lanzarse contra las bandadas de gorriones para dispersarlos. Averiguarás por qué le hemos puesto este nombre a este experimento cuando lo practiques.

¿Qué hacer? Coloca el plato en una mesa y llénalo de agua casi hasta el borde. Cuando el agua entre en reposo, espolvorea sobre su superficie un pellizco de polvos de talco, lo que puedas coger entre el dedo índice y el pulgar.

El talco flotará en la superficie del agua.

Las partículas del polvo de talco son los «gorriones».

Frota la pastilla de jabón con el dedo índice. Toca la superficie del agua con la punta del dedo. Tu dedo ejercerá el papel del «halcón».

¿Qué ocurre? En el instante en el que toques con el dedo enjabonado el agua, los polvos de talco, los «gorriones», se dispersarán.

¿Por qué? El jabón rompe la tensión superficial del agua. El agua de los bordes del plato se aparta, llevándose con ella los polvos de talco.

Una balanza como jamás habías imaginado

142

NECESITARÁS
Un cuenco grande
Un molde de horno
Agua
Una manzana o una naranja
Un vaso medidor

¿Crees que un cuenco lleno de agua puede usarse como balanza? Pon en práctica este experimento y lo descubrirás.

¿Qué hacer? Coloca el cuenco en el molde de horno. Llena el cuenco hasta el borde con agua. Pon la manzana o la naranja en el cuenco de agua.

¿Qué ocurre? El agua se desborda y cae en el molde. Con mucho cuidado, levanta el cuenco de agua y sácalo del molde. Vierte el agua del molde en el vaso medidor. Comprueba en la raya de medición del vaso cuántos mililitros de agua hay. Esta medida te da el peso de la pieza de fruta.

¿Por qué? El agua que se ha desbordado es la que la fruta ha desplazado. La cantidad de agua que desplaza un objeto flotante equivale al peso del objeto.

143 La gran evasión acuática

NECESITARÁS
Un vaso
Agua
Un cuenco
2 servilletas de papel

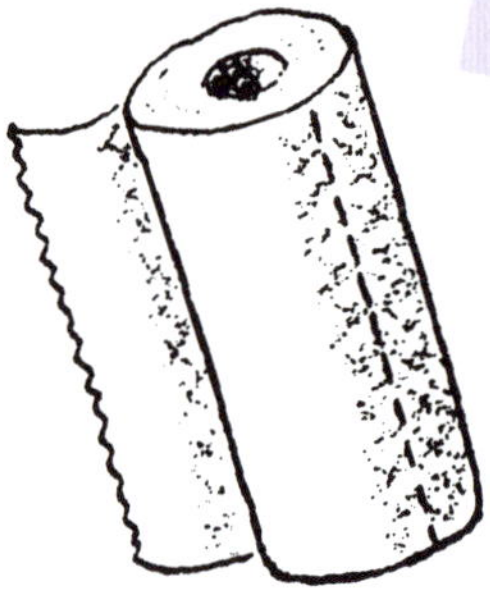

Siempre se ha dicho que el agua no sube la montaña. Este experimento te da las claves para llevar la contraria a este dicho popular. Por si acaso hay alguna filtración, lo mejor es que lo pongas en práctica en el fregadero.

¿Qué hacer? Llena el vaso de agua prácticamente hasta el borde. Sitúalo junto al cuenco.

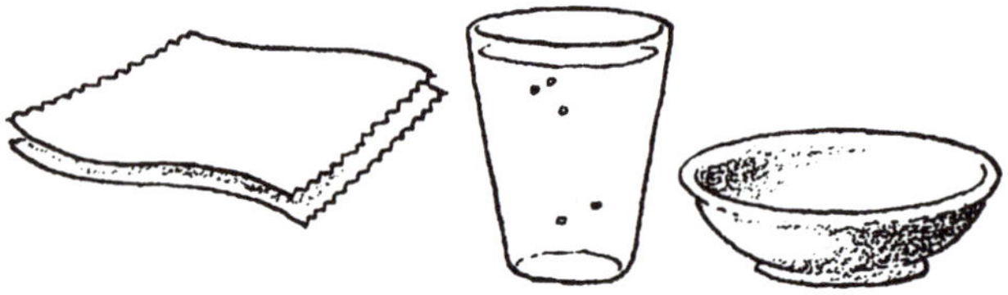

El plan es conseguir que el agua suba y salte por encima del borde del vaso y caiga en el cuenco. Para conseguirlo, necesitarás una mecha por la que el agua pueda trepar. Una mecha es un rollo de papel o tela bien apretado capaz de absorber el agua. Del mismo modo que la mecha de una vela hace subir la cera derretida hasta la llama, tu mecha transportará el agua a lo largo de toda su longitud.

Enrolla las servilletas de papel para hacer la mecha, apretándolas bien. Dobla la mecha por la mitad. Luego introduce uno de sus extremos en el vaso y asegúrate de que el cabo opuesto llegue al cuenco:

¿Qué ocurre? Transcurrido aproximadamente un minuto, comprobarás que la mecha empieza a empaparse, a medida que el agua viaja a través de ella. Al cabo de unos minutos, empezarán a caer gotas de agua en el fondo del cuenco.

El agua no fluirá del vaso al cuenco. En su lugar, podríamos decir que el vaso rezuma. Este experimento lleva su tiempo. Comprueba otra vez el resultado al cabo de un rato para ver cómo avanza.

Cuando el nivel de agua del cuenco sea igual al del agua que queda en el vaso, el agua dejará de moverse. Si en lugar del cuenco utilizaras un recipiente de más altura, la mayoría del agua saldría del vaso.

¿Por qué? Entre las fibras de la servilleta de papel hay miles, quizá millones de espacios diminutos. El agua se introduce en estos orificios y avanza a lo largo del material enrollado. Este movimiento se conoce como acción capilar. La humedad se desplaza de las raíces de las plantas al tronco, las hojas y las flores aplicando este mismo método.

144

Lento pero seguro

NECESITARÁS

Una lata vacía
2 o 3 cajas de cereales vacías o trozos de cartón
Tijeras
Agua
Jabón para lavavajillas
Una madera de 60 cm de largo o un montón de revistas viejas

¿Es posible que una lata repleta de trozos de cartón levante una madera pesada?

¿Qué hacer? Lava la lata vacía con agua y jabón. Ten mucho cuidado de no cortarte con los bordes mellados que haya dejado el abrelatas.

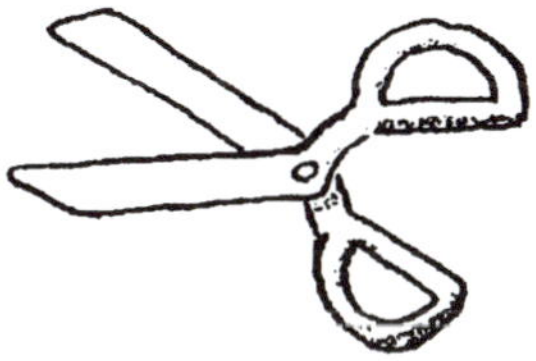

Corta suficientes cuadrados de cartón de las cajas de cereales y apílalos unos sobre otros en el interior de la lata. No te esmeres en cortar todos los cartones del tamaño exacto de la lata. Es mejor y más rápido cortarlos un poco más pequeños, como se ve en la ilustración:

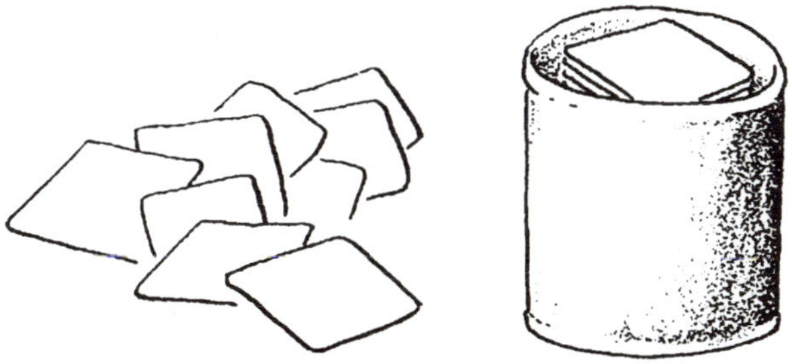

Cuando la pila de cartones llegue hasta el borde de la lata, rellénala con agua. Añade un chorrito de lavavajillas o de detergente en polvo. Transcurrido un minuto, más o menos, comprobarás que el nivel del agua ha descendido en casi 2,5 cm. Esto ocurre porque el agua está filtrándose en los huecos del cartón. Añade agua de nuevo hasta el borde de la lata.

Presiona los cartones hacia abajo. Probablemente podrás meter unos cuantos más.

Ahora coloca la madera sobre la lata, como se indica en esta ilustración:

¿Qué ocurre? En un breve lapso de tiempo, la madera empieza a elevarse. Cuando deje de subir, retírala y vuelve a hacer presión sobre los cartones para meterlos en la lata de nuevo. Te puede resultar un poco difícil, ¡pero no es imposible!

¿Por qué? La acción de la capilaridad hace que el agua empape los trozos de cartón. Cuando cada uno de los cartones se llena de agua se vuelve un poco más grueso de lo que era. Y ese aumento de grosor provoca la acción elevadora que levanta la madera.

145 El caso de las toallitas menguantes

NECESITARÁS
Un vaso
Agua
6 toallitas faciales
un lápiz

¿Es cierto que las toallitas faciales se hacen cada vez más pequeñas? Este experimento intenta resolver el misterioso enigma de las toallitas menguantes.

¿Qué hacer? Llena el vaso con agua hasta aproximadamente 1 cm del borde.

Rasga las servilletas en tiras de unos 3,75 cm de ancho. Las líneas de puntos de la ilustración te indican cómo cortarlas. No te preocupes si no las cortas rectas.

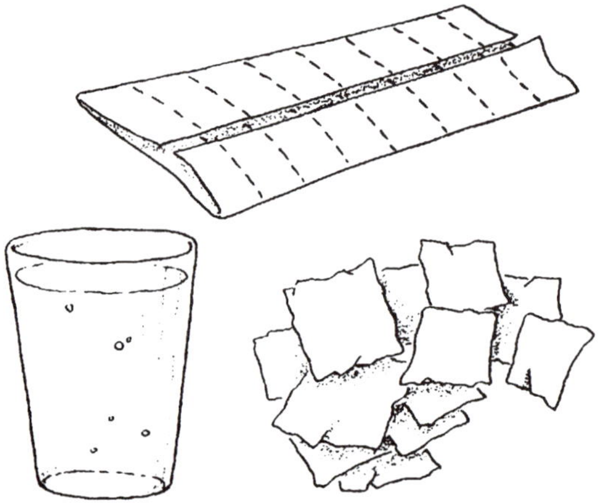

A continuación, introduce las tiras de toallita en el vaso de agua, de una en una. Utiliza el lápiz para hundirlas y mantenerlas en el fondo.

¿Qué ocurre? Percibirás que de vez en cuando fluyen unas burbujitas de agua a la superficie. Esto ocurre porque ha quedado aire atrapado entre las toallitas al hundirlas en el vaso.

Al hundir las toallitas con el lápiz, liberas ese aire atrapado. De este modo se crea más espacio dentro del vaso y puedes seguir embutiendo toallitas.

¿Por qué? Los productos con un alto grado de absorción, como las toallitas faciales, contienen una cantidad muy pequeña de material sólido. En su gran mayoría están formados por aire. Cuando ese aire sale de las toallitas, apenas queda materia. Por esta razón puedes meter tantas toallitas en el vaso de agua. Por cierto, pasa lo mismo si realizas este experimento con discos de algodón.

146 La misteriosa cerilla móvil

NECESITARÁS
Una cerilla de madera
Una moneda
Agua
Una cuchara

¿Por qué una cerilla de madera empieza a moverse de repente?

¿Qué hacer? Dobla la cerilla por la mitad, procurando no romperla en dos piezas (deja que la sostengan junta unas cuantas fibras o astillas de madera). Coloca la moneda de modo que sus bordes descansen sobre la cerilla.

Coge unas gotitas de agua con la cuchara. Vierte una gota sobre la cerilla en el punto que indica la flecha:

Verter aquí

¿Qué ocurre? Casi instantáneamente, las dos mitades de la cerilla se separan ligeramente y la moneda acaba por caer en la mesa o, al menos, se desliza de una de las mitades.

¿Por qué? El agua hace que las fibras de la madera se hinchen y, como resultado, la cerilla se mueve ligeramente.

Si quieres realizar este experimento para impresionar a tus amigos, coloca la cerilla encima de la boca de una botella. Asegúrate de que el cuello de la botella sea lo suficientemente grande como para que la moneda caiga dentro al moverse la cerilla.

147 Botón efervescente

Si alguna vez has querido ver cómo un botón sube y baja dentro de un vaso lleno de líquido, ésta es tu oportunidad.

NECESITARÁS
Un botón que no supere los 18 mm de diámetro
Un vaso
Una bebida gaseosa

¿Qué hacer? Llena el vaso con la bebida gaseosa hasta aproximadamente 12,5 mm del borde. (Tal vez lo mejor sea utilizar gaseosa, porque te resultará más fácil ver a través de ella.)

Echa el botón al vaso. Si se queda flotando sobre la gaseosa, dale un ligero golpecito con el dedo para enviarlo al fondo.

¿Qué ocurre? Empiezan a formarse burbujitas a su alrededor.

De repente, el botón sube a la superficie. Dale otro golpecito para librarlo de las burbujas de gas y volverá a hundirse. Este vaivén se prolongará hasta que la bebida se desbrave, es decir, hasta que se quede sin gas. Si quieres, puedes introducir varios botones en el vaso, de modo que unos suban y otros bajen.

¿Por qué? Las burbujas de gas son dióxido de carbono o gas carbónico, que es lo que hace que las bebidas sean «gaseosas». Cuando las burbujas se enganchan al botón, le otorgan la fuerza suficiente para ascender; es la llamada flotabilidad.

148 El milagroso intercambio entre el aceite y el agua

NECESITARÁS

2 vasos pequeños del mismo tamaño
Una caja de cereales vacía
Tijeras
Agua
Aceite comestible
Una chapa del horno

¿Eres capaz de hacer un intercambio entre el aceite y el agua de dos vasos diferentes sin verter el contenido de uno en otro? Pide ayuda a un amigo para poner a prueba este experimento.

¿Qué hacer? Empieza con dos vasos del mismo tamaño. Los vasos para beber agua son ideales.

Recorta un cuadrado de la caja de cereales de unos 10 cm de lado, lo suficientemente grande para que, al colocarlo sobre el borde de uno de los vasos, sobresalga por todos los lados.

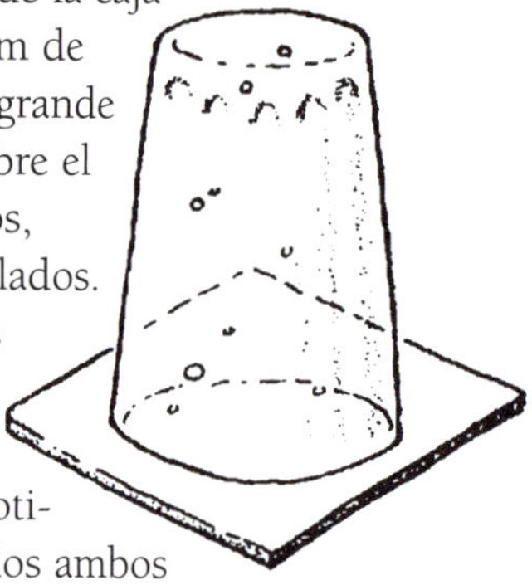

Llena a ras uno de los vasos con agua. Llena el otro hasta el borde de aceite comestible. Por motivos de seguridad, colócalos ambos sobre una bandeja o una chapa del horno.

Coloca el cartón sobre el borde del vaso de agua. Sostén el cartón firmemente en su sitio y dale la vuelta al vaso, de modo que quede como en la ilustración superior.

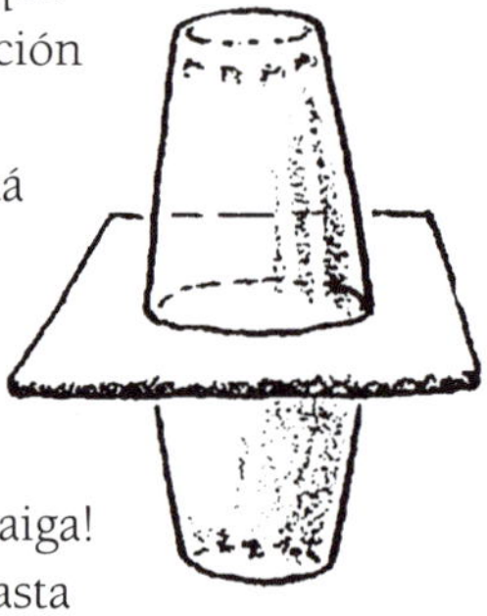

Coloca el vaso que está boca abajo (sin mover el cartón) sobre el vaso lleno de aceite. ¡Ten cuidado: no dejes que el cartón se deslice y se caiga!

Sostén ambos vasos hasta que se aguanten bien y luego desliza lentamente el cartón hacia uno de los lados. En este punto es donde tu amigo entra en acción. Necesitarás una mano adicional para que los vasos no se muevan. Desliza el cartón hasta que su borde coincida exactamente con el borde de los vasos, como en esta ilustración:

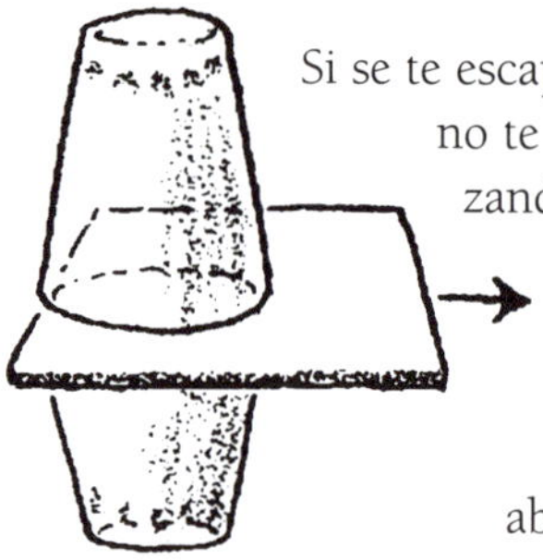

Si se te escapa alguna gota de agua, no te preocupes. Sigue deslizando el cartón poco a poco, hasta que quede un pequeño espacio entre el agua del vaso de arriba y el aceite del vaso de abajo.

¿Qué ocurre? Unas cuantas burbujas de aceite suben al vaso de agua. Forman una pequeña forma cóncava, como una cúpula, en la base del vaso de agua (que se encuentra arriba del todo, claro está).

Retira el cartón un poquito más y, en un instante, observarás cómo el aceite empieza a subir como un torbellino al vaso de agua. Paralelamente, el agua se desliza al vaso inferior para ocupar el espacio dejado por el aceite.

En menos de un minuto, el vaso de arriba estará lleno de aceite y el de abajo, lleno de agua.

¿Por qué? El agua pesa más que el aceite, lo cual hace que descienda y fuerza al aceite, más ligero, a subir al vaso de arriba. Por eso el agua y el aceite no se mezclan y el aceite flota encima del agua.

LA CIENCIA PUEDE SER UNA FUENTE DE CALOR

La luz forma parte de nuestra vida cotidiana. El sol brilla. Accionamos un interruptor y se ilumina una bombilla. Y es también la luz la que nos permite ver nuestro reflejo en los espejos.

La luz viaja en forma de rayos que se desplazan en línea recta a gran velocidad. ¡Al hablar de la velocidad de la luz estamos hablando de un rayo de luz que viaja a través del espacio a 297.000 km por segundo! Para hacerte una idea de lo que significa esa velocidad, piensa que el Sol se encuentra a 148.800.000 km de la Tierra. La luz viaja del Sol a la Tierra en sólo ocho minutos.

Aunque los rayos de luz viajan en línea recta, pueden curvarse, en lo que se denomina refracción o reflexión. Cuando un rayo de luz penetra en el agua o atraviesa un cristal, se curva formando un ángulo recto. Y cuando sale del cristal o del agua, vuelve a desplazarse en línea recta. Sin embargo, el ángulo en el que reemprende su viaje es distinto al que viajaba antes de entrar en contacto con el agua o con el cristal.

Nuestra principal fuente de luz es el sol, pero también podemos crear luz por medios artificiales, por ejemplo, con electricidad.

Conviene recordar que la luz está relacionada con el calor. Es el inmenso calor del sol lo que hace que despida luz. Una hoguera también despide luz. Y, si acercas la mano a una bombilla (¡sin tocarla nunca!), comprobarás que también desprende calor.

El calor también puede producir luz. Por ejemplo, el calentamiento de un filamento en el interior de una bombilla eléctrica crea la luz artificial que ilumina nuestras casas y calles. Si se les aplica un calor suficiente, las cosas cambian. Las hortalizas, por ejemplo, se vuelven más tiernas al cocinarlas. Y una estancia se caldea cuando se enciende la chimenea o la calefacción. El hielo se derrite y el agua hierve si se calienta lo suficiente. El aire y muchos otros materiales se expanden al calentarse. Y es esa expansión del aire la que hace que algunos de los experimentos de este capítulo funcionen.

149

Cómo romper rayos de sol

NECESITARÁS
Un molde de horno
Agua
Un espejo pequeño
Un papel blanco

Los rayos solares se pueden romper o separar. Y cuando se hace, un rayo de luz muestra súbitamente un arco iris de colores. En un día soleado, puedes llevar a cabo este experimento en sólo un par de minutos.

¿Qué hacer? Vierte aproximadamente 2,5 cm de agua en el molde de horno. Ahora necesitas un espejo pequeño.

Pon el molde con el agua en un sitio donde el sol le dé de lleno, ya sea dentro de casa o en el exterior.

Apoya el espejo, inclinado, contra un borde del molde, como en la ilustración siguiente:

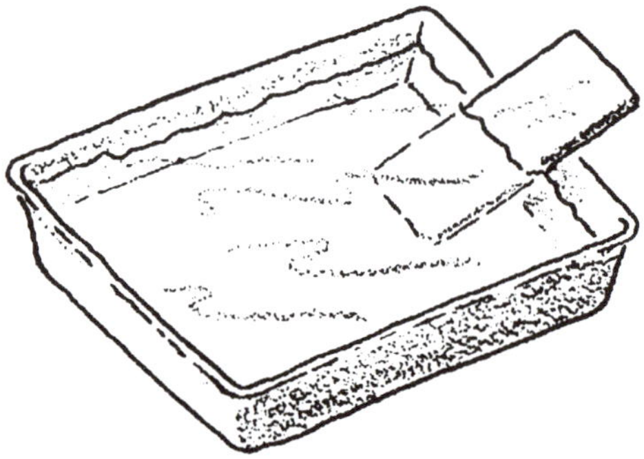

Dirige los rayos que se reflejan en el espejo contra el papel o una pared blanca. Si estás en el exterior, probablemente tendrás que usar el papel como pantalla de visualización.

¿Qué ocurre? Verás un arco iris de colores en el techo, la pared o el papel que uses como pantalla. El espectro de colores empieza con el rojo y acaba con el violeta.

¿Por qué? El agua hace que los rayos solares que se reflejan en el espejo se curven. Cuando los rayos se curvan, cada uno de los colores que contienen se curva en un ángulo distinto. Y esto causa el efecto arco iris.

Todos los colores que vemos habitualmente –el rojo, el naranja, el verde, el azul y el violeta– están contenidos en la luz solar. El color de los objetos que vemos depende de los rayos que se reflejan en ellos.

Tu cabeza al revés

NECESITARÁS
Una cuchara o un cucharón relucientes

150

¿Puede una cuchara darle la vuelta a tu cabeza? Este experimento es ideal para entretener a los más pequeños.

¿Qué hacer? La parte cóncava de la cuchara funciona como un espejo muy interesante. Lo único que debes hacer es asegurarte de usar una cuchara reluciente, cuanto más grande, mejor. Sosténla delante de ti de modo que veas tu imagen reflejada en ella.

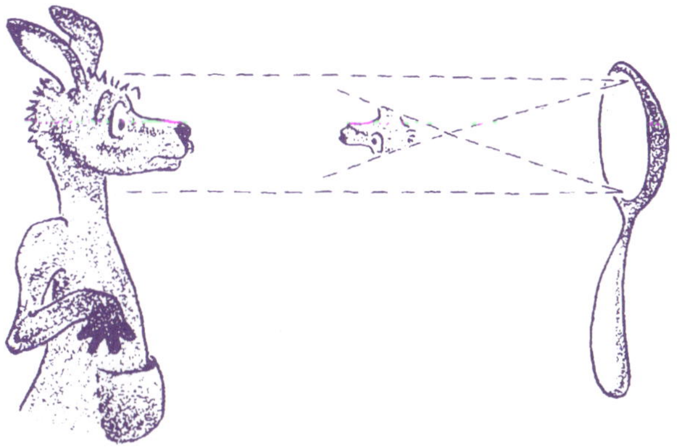

¿Qué ocurre? Al mirar en el fondo de la cuchara, verás que tu cabeza está boca abajo. Inclina la cuchara para que refleje otros objetos, y comprobarás que todos ellos aparecen del revés en su reflejo.

¿Por qué? Los rayos luminosos se propagan en línea recta y también se reflejan en línea recta. Pero, cuando la luz rebota en una superficie curva, los rayos salen tomando un ángulo distinto. La ilustración superior te muestra qué ocurre con los rayos de luz al topar con una cuchara. La imagen reflejada aparece invertida debido al ángulo de los rayos de luz reflejados.

151

El misterioso caso del reflejo desvanecido

En este experimento verás tu reflejo y, un instante después, éste se habrá esfumado.

NECESITARÁS:
25 cm de papel de aluminio
Tijeras

¿Qué hacer? Corta con las tijeras un trozo de papel de aluminio. No lo rasgues y evita que se arrugue.

Observa tu reflejo en el lado brillante del papel. No será perfecto, pero te verás con claridad.

Ahora arruga el papel ligeramente, sin hacer una bola, porque luego tienes que abrirlo y estirarlo.

Alisa el papel de tal modo que quede como en la ilustración:

Vuelve a observar tu reflejo.

¿Qué ocurre? Independientemente del lado del papel por el que te mires, no verás tu reflejo. Se ha desvanecido.

¿Por qué? Recuerda que los rayos luminosos rebotan en una superficie y se reflejan en línea recta. Una vez que la superficie lisa del papel de aluminio se transforma en una masa de pliegues y arrugas, la luz reflejada rebota en todas las direcciones.

Dado que los rayos reflejados parten en multitud de ángulos distintos, tu imagen no se forma tal como había hecho sobre la superficie lisa.

152 Una lupa formada por una gota de agua

¡Increíble! Una minúscula gota de agua convertida en una lupa. No podrás utilizarla para leer, pero te servirá para ampliar las letras.

NECESITARÁS
Un clip
Unos alicates
Un vaso de agua
Una hoja de papel de periódico

¿Qué hacer? Endereza el clip y haz un pequeño aro en el extremo, lo más redondo posible. Para hacerlo, necesitarás unos alicates. Los clips son difíciles de moldear cuando se trata de doblar sólo un extremo. El aro debería tener unos 3 mm de diámetro o incluso ser un poquito más grande.

Sumerge el aro en el vaso de agua. Constatarás que en el interior del aro se forma una película de agua. Sacude con delicadeza el clip contra el borde del vaso. De este modo se formará una lente de agua diminuta.

A continuación, sitúa el aro sobre una letra del papel de periódico.

¿Qué ocurre? Si todo sale bien, la letra que intentas leer se ampliará varias veces, como en la ilustración de la derecha.

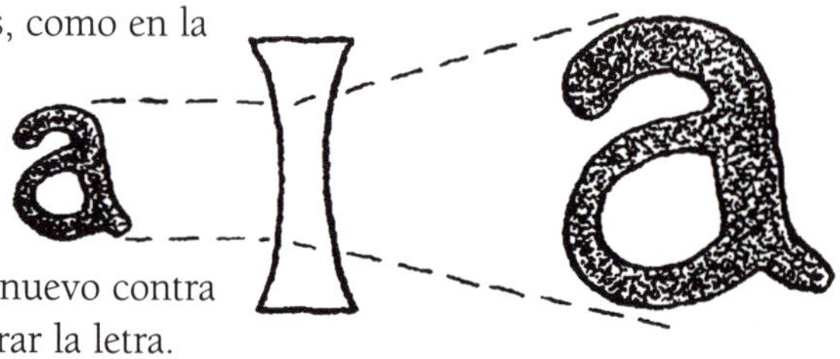

Si la letra parece aún más pequeña de lo habitual, el agua ha formado un tipo erróneo de lente. Sacude el clip de nuevo contra el borde del vaso y vuelve a mirar la letra.

Si el aro se queda sin agua, no te inquietes. Basta con que vuelvas a sumergirlo en el vaso y formes una nueva lente de agua.

¿Por qué? El dibujo superior te muestra cómo la luz entra en la lente que acabas de hacer y sale a través de ésta. Recuerda que una lente tiene la propiedad de curvar los rayos de luz, pero que éstos siempre entran y salen de la lente en línea recta.

153

El grifo del agua caliente siempre gotea

NECESITARÁS
2 vasos de papel
Alfileres
2 vasitos de vidrio
Agua
Cubitos de hielo

Los grifos que gotean malgastan agua.
Y lo peor es que, a menudo, el grifo
que no ajusta bien es el del agua caliente.

¿Qué hacer? Haz un agujerito con un alfiler justo en el centro de la base de cada uno de los vasos de papel. Luego colócalos sobre los vasos de vidrio, como en la ilustración.

Llena un vaso con agua fría hasta la mitad. Añádele un par de cubitos de hielo para asegurarte de que está verdaderamente fría.

Llena el otro vaso hasta la mitad con agua caliente del grifo.

Ahora siéntate y observa las gotitas que se cuelan por los agujeritos que has hecho con el alfiler en cada uno de los vasos.

¿Qué ocurre? Si los agujeros son del mismo tamaño, verás que el agua caliente empieza a gotear antes que el agua fría. De hecho, si el agua fría está lo suficientemente fría, es posible que no tenga ninguna pérdida.

¿Por qué? Las moléculas del agua caliente se mueven a una velocidad muy superior a las del agua fría. Y cuanto más rápidamente se desplazan, más fácil les resulta deslizarse las unas contra las otras. Por eso es más probable que tenga fugas el agua caliente que el agua fría.

154 Fuente submarina

NECESITARÁS
Una cacerola
Agua (fría y caliente)
Una botella de cristal pequeña
Canicas o tuercas
Tinta, colorante alimentario o acuarelas

¿Qué ocurre cuando de repente aparece agua templada debajo de una masa de agua fría?

¿Qué hacer? Llena la cacerola con agua fría casi hasta el borde (cuanto más fría esté el agua, mejor). Si lo prefieres, en lugar de usar una cacerola, sencillamente tapa el fregadero con el tapón y llénalo con unos 12,5 cm de agua.

A continuación, llena unas tres cuartas partes de la botella pequeña con agua. Una botella de cristal funciona mejor, pero si sólo tienes una botella de plástico, también puedes usarla. Lanza en su interior un par de canicas o tuercas limpias. Éstas darán el peso necesario a la botella para que no flote al introducirla en la cacerola.

Añade unas gotas de tinta o de colorante alimentario al agua caliente. Si no tienes ni tinta ni colorante, utiliza un poco de pintura de un estuche de acuarelas.

Introduce inmediatamente la botella en el fondo de la cacerola o del fregadero.

¿Qué ocurre? El agua coloreada saldrá de la botella y cubrirá la superficie del agua fría. Será como presenciar una erupción de un volcán submarino. Cuando el agua coloreada empiece a enfriarse, comenzará a bajar y se asentará en el fondo de la cacerola.

¿Por qué? El agua caliente sale de la botella porque las moléculas de su interior se mueven a gran velocidad. Al chocar unas con otras y rebotar en todas direcciones, expanden el agua. Cuando el agua o el aire se expanden, se tornan menos densas: la misma cantidad de materia ocupa más espacio.

Esta expansión o dilatación hace que el agua o el aire calientes suban y se sitúen por encima del agua o el aire fríos. Este tipo de desplazamiento se conoce con el nombre de convección.

155 ¡Vaya modo de cortar un cubito!

Si alguna vez tienes que cortar un cubito de hielo en dos, he aquí un modo de hacerlo tan sorprendente que parece imposible.

NECESITARÁS

45 cm de alambre o cordel de nailon fino
2 trozos de madera cilíndricos, de 15 a 20 cm de largo
Un cubito de hielo
Un tachón de madera o una lata de conservas grande

¿Qué hacer? Ata los extremos del alambre o del cordel de nailon a los cilindros de madera. Puedes utilizar unos pernos o incluso un par de trozos de un palo de escoba. Unos bastones largos también te servirán.

Asegúrate de que el alambre esté bien atado a los cilindros de madera. Los usarás como asideros para no cortarte los dedos en lugar del cubito de hielo. El objeto con el que cortarás el hielo tendrá este aspecto:

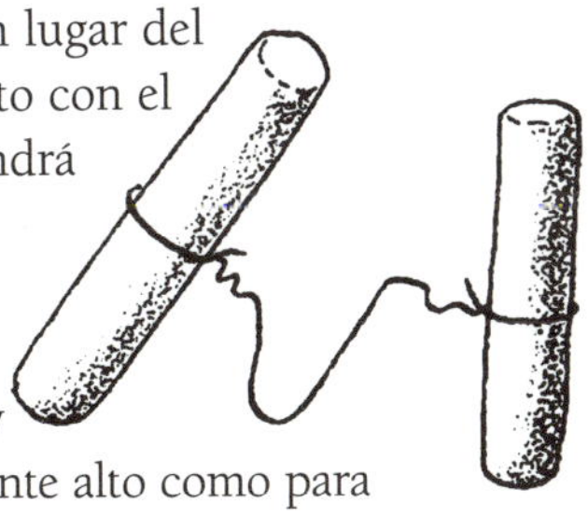

Coloca el cubito de hielo sobre algo sólido y que esté lo suficientemente alto como para que, al ponerte de pie, quedes por encima del cubito y puedas presionar hacia abajo con la herramientas de corte. Puedes utilizar unos trozos de madera, apilados unos sobre otros, o una lata de conservas.

Una vez tengas colocado el cubito sobre la madera o la lata, pon la herramienta de corte como indica el dibujo:

Agarra bien los dos asideros y empuja hacia abajo con fuerza. Desliza el alambre de un lado a otro por la superficie del cubito, como si lo estuvieras serrando, al tiempo que ejerces presión.

¿Qué ocurre? En cuestión de segundos, el alambre o el cordel empezarán a clavarse lentamente en el hielo. Cuando el alambre esté bastante clavado en el hielo, si quieres, puedes dejar de «serrar».

El alambre sigue hundiéndose en el interior del cubito aunque dejes de serrar. Y lo más sorprendente de todo es que el cubito parece congelarse de nuevo por encima del alambre a medida que desciende.

Cuando el alambre esté a punto de atravesar por completo el cubito, reduce un poco la fuerza con la que ejerces presión. De este modo evitarás que el alambre acabe de cortar el cubito con un golpe brusco.

Una vez el alambre haya atravesado el hielo por completo pensarás que tienes dos cubitos, ¿no es cierto? Pues no es así. Sigues teniendo sólo uno porque las dos partes se han vuelto a congelar juntas.

¿Por qué? La presión del alambre hace que el hielo que hay bajo él se funda. Esto ocurre porque la presión crea calor. Pero el cubito está lo bastante frío como para volverse a congelar cuando el agua fundida cubre el alambre y no existe presión.

156 Otro modo de cortar un cubito de hielo

Cuelga algo pesado en cada extremo del alambre. Luego apártate y observa cómo el alambre se abre camino y corta el hielo por sí mismo.

157 Veleta de aire caliente

He aquí un pequeño juguete que gira como una veleta por efecto del calor de tus manos.

NECESITARÁS
Una hoja de papel fina
Tijeras
Un alfiler
Un lápiz con goma

¿Qué hacer? Utiliza una hoja del papel más delgado que encuentres. Recorta un cuadrado de 7,5 cm por 7,5 cm.

Dobla el cuadrado por la mitad en diagonal y desdóblalo. La línea sólida de la ilustración te muestra cómo hacerlo. A continuación dóblalo en diagonal en el otro sentido, tal como indica la línea de puntos.

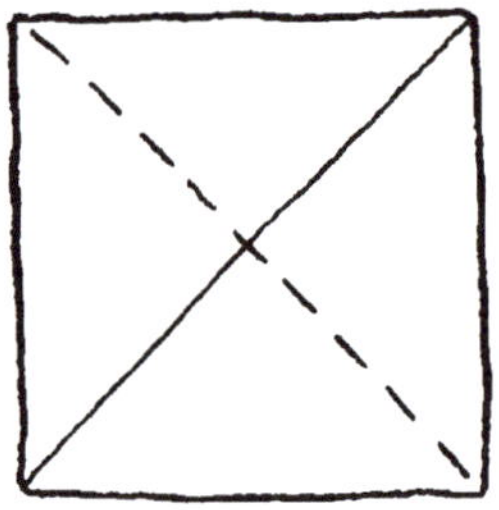

Cuando tengas hechos los dos pliegues diagonales, presiona ligeramente por dos lados opuestos del papel hacia dentro, y luego por los otros dos. Esto hace que el centro quede levantado unos 1,25 cm por encima de los lados. Las flechas de la ilustración te indican los puntos que debes empujar.

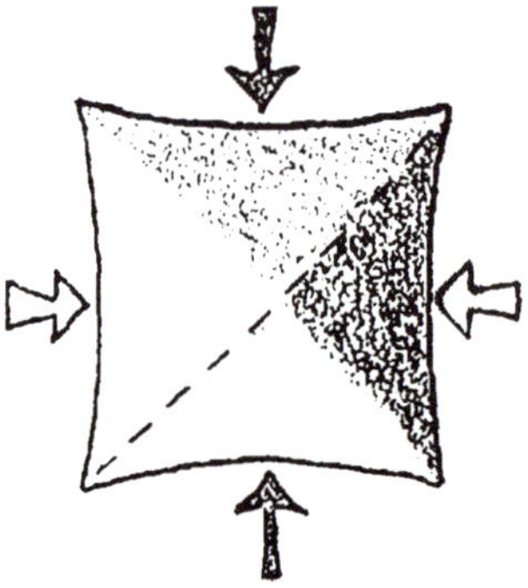

A continuación, clava el alfiler en la goma del lápiz, de modo que sobresalga unos 2,5 cm por encima de ésta. Siéntate y sostén el lápiz entre las rodillas, como se indica en la ilustración.

Coloca el cuadrado de papel sobre el lápiz, de modo que la cabeza del alfiler quede justo debajo del vértice central, el punto donde coinciden los dos pliegues.

Ahueca las manos a ambos lados del papel, a unos 2,5 cm de distancia de éste.

Permanece sentado, sin mover las manos ni las rodillas.

¿Qué ocurre? Al cabo de un minuto, la pequeña veleta de papel empezará a girar. Si ves que, al dar vueltas, una esquina del papel choca o está a punto de rozar con tus manos, aléjalas lo suficiente para permitirle girar. Pero mantén siempre las manos lo más cerca del papel que puedas.

La veleta girará lentamente. Cuanto más fino sea el papel y más calientes tengas las manos, más rápidamente girará.

¿Por qué? El calor de tus manos calienta el aire que las rodea. El aire caliente sube y ese aire ascendente hace que la veleta, colocada frágilmente en equilibrio, gire.

Lo que el viento se llevó

Estamos rodeados de aire. Lo respiramos. Y vemos flotar toda clase de partículas en él, desde polvo hasta humo, asi como otras formas de contaminación que nos afectan.

El aire se mueve constantemente. Somos conscientes de ello cuando sopla el viento. Entonces observamos cómo las nubes recorren el cielo a toda velocidad o cómo una columna de humo o vapor viaja en una u otra dirección.

Los ingenieros automovilísticos diseñan los vehículos de modo que su movimiento a través del aire sea suave y fácil. Los aviones vuelan gracias a que el aire les proporciona el «sostén» necesario para mantener el vuelo. La forma de sus alas actúa sobre la velocidad del viento y, al hacerlo, les permite despegar.

El aire también ejerce presión. Cualquiera que alguna vez haya intentado transportar un trozo de cartón cuando sopla el viento, sabrá la potencia que puede alcanzar esa presión. Y es la fuerza o la presión del aire en movimiento la que impulsa a los veleros y los hace navegar.

El aire no tiene que moverse para ejercer presión. En todo momento, el aire nos empuja desde arriba y por los flancos. Cada centímetro cuadrado de nuestro cuerpo está sometido en todo momento a una presión de aproximadamente 6,3 kilos causada por el aire.

Lo que denominamos vacío, en realidad sólo es una presión del aire menos intensa de lo normal. Cuando uno absorbe un líquido a través de una pajilla, en el interior de ésta se produce una reducción de la presión del aire. Luego, la presión normal del exterior empuja al líquido a introducirse en la pajilla.

El aire ejerce presión por todos lados. Así que, cuando un objeto como una cometa o un avión están en pleno vuelo, la presión del aire les empuja hacia arriba y por los lados, pero también hacia abajo.

Los efectos de la presión y la velocidad del aire explican por qué funcionan los experimentos siguientes.

158

El imposible papel revoloteador

NECESITARÁS

Una tira de papel de 10 cm x 1,25 cm
Una botella grande
5 cm de cinta adhesiva o celo
Tijeras

¿Crees que tendrás aire suficiente en los pulmones para hacer revolotear un papel a través de una botella?

¿Qué hacer? Dobla la tira de papel por uno de los lados cortos, a unos 2,5 cm del borde, así:

Engancha el celo al filo exterior del borde doblado y pega la tira a una mesa, de manera que quede como en la ilustración inferior.

Pon la botella sobre la mesa, entre tú y el papel. Coloca la botella unos 7,5 cm por delante de la tira de papel. Sopla directamente a la botella. Observa atentamente el papel mientras soplas, primero fuerte, luego más suave, luego rápido y luego lento.

¿Qué ocurre? Cuando soples con la intensidad suficiente, el papel empezará a temblar y revolotear, aunque estés soplando a la botella en vez de al papel.

¿Por qué? El aire en movimiento se desplaza en una trayectoria curva. El aire no siempre viaja en línea recta, como hacen los rayos de luz. Aunque tu soplido se desvía al chocar con la botella, parte del aire rodea la botella y llega a la tira de papel.

159

El papel revoloteador aún más imposible

Ve alejándote de la botella y sigue soplando para comprobar hasta desde dónde eres capaz de hacer revolotear el papel. Acerca el papel a la botella y aléjalo, y comprueba los resultados. Pero recuerda descansar un minuto entre un soplido y otro para no marearte.

160 La pelota de ping-pong obstinada

NECESITARÁS
Un embudo grande
Una pelota de ping-pong
Una hoja de papel y cinta adhesiva (si no tienes un embudo)

No todo el mundo puede hacer que una pelota de ping-pong se eleve unos centímetros soplándole.

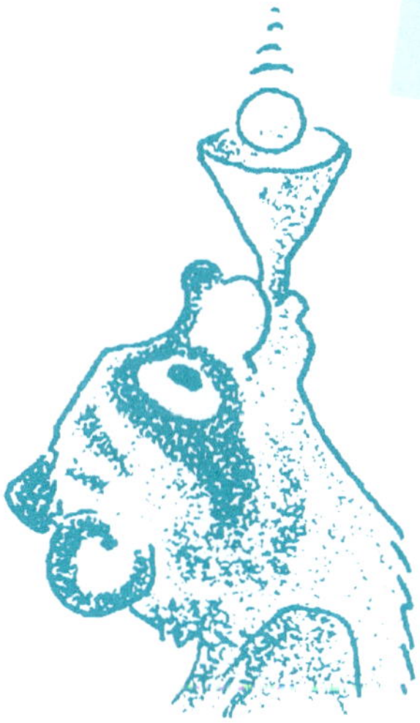

¿Qué hacer? Lava bien el embudo para asegurarte de que esté perfectamente limpio. Los únicos embudos que sirven para poner en práctica este experimento son los de cocina. Los embudos para colar aceite o gasolina que haya en el garaje no deben emplearse bajo ningún concepto.

Si no dispones de un embudo, tardarás menos de diez segundos en hacer uno con un cucurucho de papel. Arrolla una hoja de papel en forma cónica, ancha por un extremo y con una abertura de unos

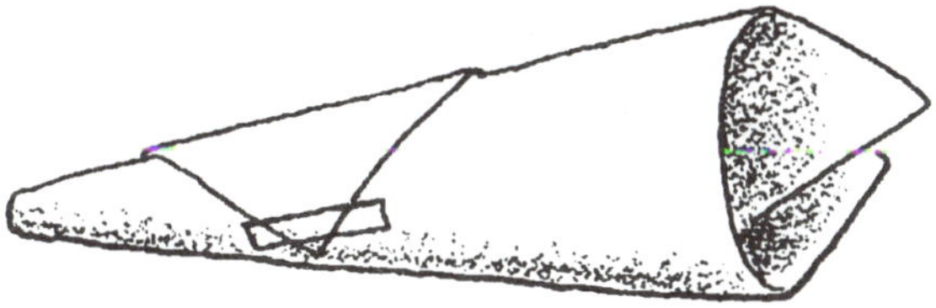

6 mm por el otro. Pega la punta de papel de manera que el cono tenga un aspecto como el de la imagen superior.

Introduce la pelota de ping-pong en el cono de papel o en el embudo. Dirige el embudo hacia arriba y sopla por la boquilla. Observa el dibujo para saber cómo hacerlo.

El objetivo es que, al soplar, la pelota salga del embudo. Sopla con fuerza y de manera continua.

¿Qué ocurre? A menos que utilices un embudo muy pequeño, te será imposible levantar la pelota a soplidos.

¿Por qué? El desplazamiento del aire alrededor de la pelota hace que ésta salte y rebote, sin sobresalir del embudo. Esto ocurre porque el aire que se desplaza a una velocidad elevada se cuela por los lados de la pelota, rodeándola, en lugar de empujarla hacia arriba. La pelota tiende a saltar (a veces incluso sobresale del borde del embudo), pero en ningún caso caerá al suelo.

NECESITARÁS

Una hoja de papel
Tijeras
Cinta adhesiva, pegamento o cola
Una pajilla de beber

El desconcertante aro de papel

161

He aquí un aro de papel que hace justo lo contrario de lo que esperas que haga.

¿Qué hacer? Recorta una tira de papel de unos 20 cm x 4 cm. Pega los dos extremos con pegamento, cola o un pedacito de celo para formar un aro, como en la ilustración. Para el siguiente paso necesitas la pajilla de beber. Si no dispones de una, basta con que enrolles media hoja de una libreta y hagas un tubito.

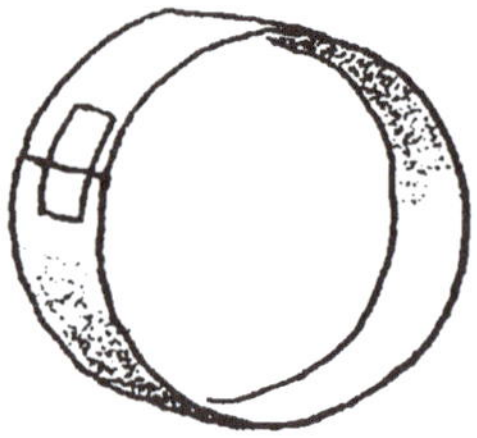

Métete en la boca la pajilla, apunta con ella al aro de papel y sopla. El aire de la pajilla dará empuje al aro y este empezará a rodar por la mesa.

A continuación, coloca el aro sobre la mesa, justo delante de ti. Apunta con la pajilla justo encima del aro, en diagonal con respecto a tu posición, como se muestra en el dibujo.

Sopla con fuerza a través de la pajilla.

¿Qué ocurre? O bien el aro permanece inmóvil o empieza a alejarse de ti. Si no se aleja para acercarse a la boquilla de la pajilla por la que sale el aire, modifica el ángulo en el que sostienes la pajilla y sopla de nuevo.

Cuando hayas encontrado el ángulo correcto y descubras la fuerza con la que necesitas soplar, podrás dejar a tus amigos anonadados haciendo que un aro de papel siga un chorro de aire en lugar de alejarse de él debido a su impulso.

¿Por qué? El aire en movimiento crea una zona de baja presión en todo su recorrido. La presión del aire normal empuja el aro de papel por los laterales y atrás y lo desplaza hacia esa zona de baja presión.

El hecho de que el aire en movimiento –o un objeto que se desplaza por el aire– provoque una zona de presión baja es uno de los factores que permite volar a lo aviones.

El aire que pasa rozando una superficie curva tiende a acelerarse. Cuanto más rápidamente se desplaza, más baja es la presión que crea. Esto te servirá de pista para imaginar cómo se crea la presión baja sobre la superficie curva de un avión para darle el «impulso» que necesita para volar.

162 Papel contra moneda

El resultado de esta carrera entre una moneda y un trozo de papel te sorprenderá.

NECESITARÁS
Una moneda de tamaño mediano
Papel
Tijeras

¿Qué hacer? Recorta un círculo de papel un poco más pequeño que la moneda. No tiene que ser perfecto, pero sí lo más redondo posible. Asegúrate de que, al colocar la moneda encima del papel, éste no sobresalga por ningún sitio.

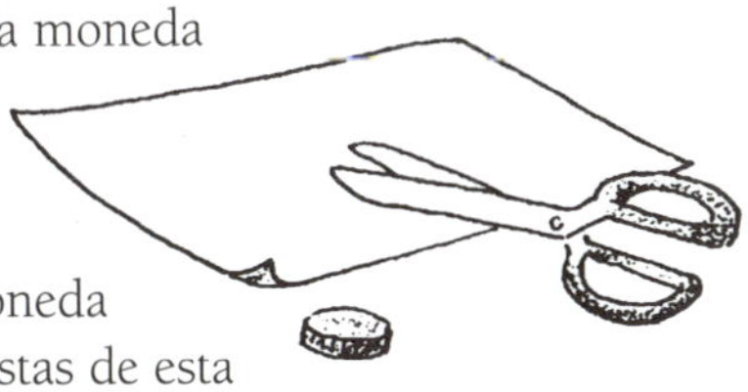

El papel y la moneda serán los protagonistas de esta carrera científica. Sostén la moneda en una mano y el papel en la otra, a unos 90 cm del suelo. Déjalos caer ambos al mismo tiempo.

¿Qué ocurre? La moneda cae en línea recta, mientras que el papel revolotea y aterriza en el suelo mucho después. Sus recorridos dibujan más o menos la trayectoria que muestra la ilustración siguiente:

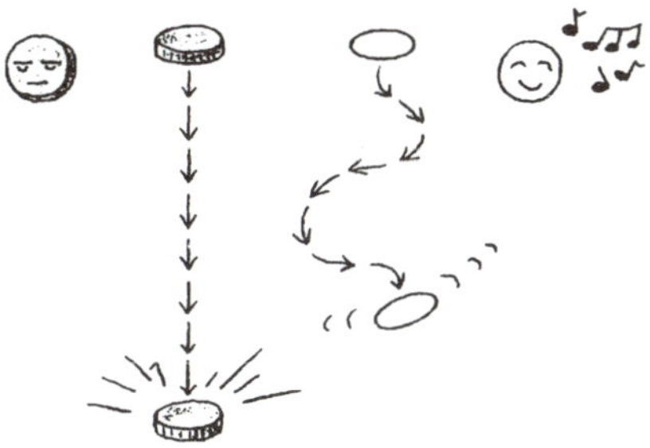

¿Por qué? La moneda es lo bastante pesada como para que su caída no se vea interrumpida cuando la fuerza de la gravedad la atrae hacia el suelo. El papel es muy ligero, pero tiene más o menos la misma superficie que la moneda. Esta combinación de superficie amplia y peso ligero hace que caiga revoloteando.

163 Papel contra moneda: la revancha

Toda carrera que se precie debe dar una segunda oportunidad al perdedor: es la revancha.

NECESITARÁS
La moneda y el papel del experimento anterior

¿Qué hacer? Sostén el papel y la moneda en la misma mano, con el papel encima, como se muestra en la ilustración:

Sostén la moneda por los bordes, sin tocar el papel. Déjalos caer.

¿Qué ocurre? La moneda y el papel caen juntos al suelo. Si penetra un poco de aire entre ambos, se separarán y el papel acabará el viaje revoloteando, en lugar de caer con la moneda. Si ocurre esto, repite el experimento hasta lograr el objetivo.

¿Por qué? El papel y la moneda caen juntos debido al aire en movimiento. Cuando un objeto se mueve rápidamente por el aire (como la moneda en su caída), atrae hacia sí parte del aire que deja a su paso.

El papel viaja «montado» en la moneda porque está atrapado en la bolsa de aire que acompaña a la moneda en su caída.

164 El asombroso experimento de la moneda voladora

NECESITARÁS
Un vaso
Una moneda pequeña

¿Conoces a alguien capaz de lograr, con tan sólo un soplido, que una moneda salte por encima de un vaso sin caer en el interior? Claro que sí: ¡tú puedes hacerlo!

¿Qué hacer? Pon el vaso sobre una mesa. Coloca la moneda en equilibrio en el borde del vaso, como en la ilustración:

Sopla con fuerza en dirección al borde de la moneda. La flecha del dibujo te indica dónde debes dirigir exactamente el chorro de aire.

Ahora coloca la moneda en equilibrio en el borde del vaso una vez más. Esta vez vas a conseguir que la moneda salte por encima de la boca del vaso y aterrice en la mesa, al otro lado del recipiente.

¿Te parece imposible? No lo es. ¡Lo conseguirás!

Sopla con fuerza. Probablemente la moneda caiga dentro del vaso en los primeros intentos.

Debes soplar exactamente en el borde de la moneda. Vuelve a comprobar la flecha de la ilustración. No soples desde arriba ni desde abajo. Y no acerques demasiado los labios. Aléjate unos centímetros y sopla directamente al canto de la moneda. Da un soplido fuerte y rápido.

¿Qué ocurre? En la primera fase del experimento, la moneda se ha caído del borde del vaso. Puede haber caído en la mesa o dentro del vaso. Pero eso era lo que esperabas que ocurriera, ¿no es cierto?

Al alinear los objetos correctamente, la moneda habrá volado por encima de la boca del vaso y habrá rozado el borde opuesto, pero la fuerza del aire en movimiento la habrá hecho continuar avanzando.

¿Por qué? La moneda es lo suficientemente ligera para que el aire en movimiento que sale de tus pulmones haga que empiece a moverse. La fricción a la que debe hacer frente es mínima, porque está colocada en equilibrio sobre el borde del vaso.

El secreto del experimento está en dirigir la moneda en la dirección correcta. La velocidad del aire se encarga del resto.

165

¿Qué ocurre con esta botella?

NECESITARÁS

Una botella grande de plástico vacía
Un embudo
Cinta adhesiva gruesa
Una jarra grande
Agua

He aquí una botella llena de agua con la «boca» abierta que, sin embargo, no es posible vaciar.

¿Qué hacer? Introduce el embudo en la boca de la botella. Con mucho cuidado, pégalo bien a la botella con cinta adhesiva, como en el dibujo:

Utiliza cinta adhesiva negra resistente o cinta aislante. Tómate tu tiempo y pega el embudo a la botella con varias tiras de cinta de unos 10 o 12 cm de longitud. Asegúrate de que adhieres el embudo a la botella de modo que quede sellado herméticamente. Tensa bien la cinta adhesiva al darle vueltas y presiónala con las manos para pegarla bien.

Coloca la botella en el fregadero. Llena la jarra con agua y empieza a rellenar la botella. Vierte el agua con la rapidez y en la cantidad necesarias para que el nivel de agua en el embudo siempre sea bastante alto. ¡Es de vital importancia! Sigue vertiendo agua hasta que ésta alcance prácticamente los bordes del embudo.

Tapa el embudo (que estará lleno de agua) con la palma de una mano, dale la vuelta rápidamente a la botella y ponla boca abajo, como se indica en la ilustración:

Mantén la mano tapando el embudo hasta que el aire del interior de la botella ascienda a lo que en realidad es la base de ésta. No dejes que entre ni una burbuja de aire en el embudo a través de tu mano.

¿Qué ocurre? El agua se queda en el interior de la botella.

¿Por qué? Al haber sellado herméticamente el espacio entre la botella y el embudo con la cinta aislante y mantener éste lleno de agua, el aire queda atrapado dentro de la botella y no tiene modo de escapar. A medida que el agua va llenando la botella, las moléculas de aire se comprimen tanto que la presión del aire dentro de la botella equivale a la presión con la que el agua las empuja.

Mientras no entre ni una gota de aire en la botella, la presión del aire en el exterior hará que el agua no se derrame.

166

Morir de sed intentando beber

NECESITARÁS
Una botella de refresco
Agua
Una pajilla de beber
Cinta adhesiva o aislante

¿Qué podría ser más molesto que introducir una pajilla de beber en una botella y no conseguir absorber ni una sola gota de líquido?

¿Qué hacer? Llena la botella de agua casi hasta el borde. Introduce la pajilla de beber en la botella.

Corta un trozo de cinta adhesiva de unos 10 cm de longitud. Enróllala con cuidado alrededor del cuello de la botella, de manera que forme un sello hermético alrededor de la pajilla. Utiliza una segunda e incluso una tercera tira de cinta para asegurarte de que no pueda entrar aire a través de la envoltura.

Intenta beber a través de la pajilla tal como harías normalmente. No apartes los labios de la pajilla tras intentar beber el agua de la botella.

¿Qué ocurre? No consigues absorber más que una gotita de agua a través de la pajilla, y es posible que ni siquiera logres eso.

¿Por qué? Al principio de este capítulo hemos mencionado que la presión del aire exterior nos permite beber a través de una pajilla. A menos que el aire pueda hacer presión y empujar hacia abajo el líquido de la botella para que suba por la pajilla, resulta imposible beber ni una gota.

Al aspirar a través de la pajilla, reduces la presión del aire en el interior de ésta. La presión exterior normalmente empuja el líquido a ascender por la pajilla. Pero, como has pegado herméticamente la boca de la botella a la pajilla, el aire exterior no puede ejercer presión y empujar el agua del interior de la botella hacia arriba y no consigues beber ni una gota a través de la pajilla.

Érase una vez una bolita de papel que no quería entrar en una botella

167

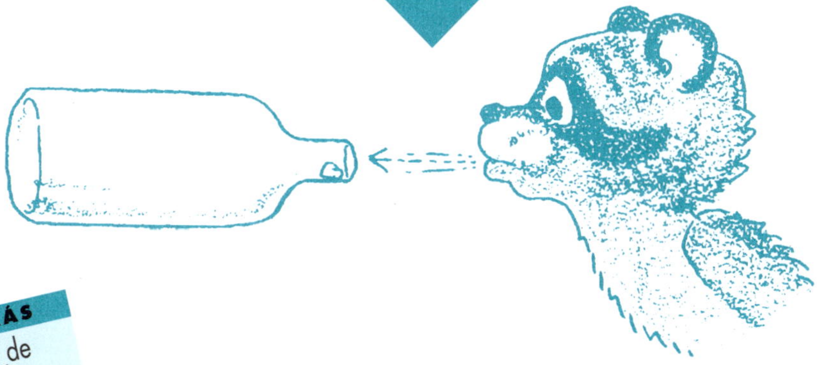

NECESITARÁS
Una botella de boca estrecha
Un trozo de papel

No hace falta hacer un gran esfuerzo para introducir una bolita de papel en una botella. Pero, entonces... ¿por qué esta bolita se resiste a entrar?

¿Qué hacer? Coloca la botella tumbada sobre una mesa.

Haz una bolita del tamaño de un guisante con el trocito de papel. Luego colócala en en el cuello de la botella, como se muestra en la ilustración.

Sopla rápidamente y con fuerza en la dirección que indica la flecha.

¿Qué ocurre? En lugar de entrar volando en la botella, la bolita de papel tiende a salir en dirección a ti.

¿Por qué? El aire, al desplazarse rápidamente, pasa rozando el papel, llega a la base de la botella y aumenta la presión del aire en el interior de ésta. El aire, al salir comprimido y a toda velocidad de la botella, arrastra el papel consigo.

168 Cómo vaciar un vaso a base de soplidos

NECESITARÁS
Agua
2 vasos del mismo tamaño
Una bandeja
Una pajilla de beber

Es muy fácil vaciar un vaso volcando el agua de su interior. Pero, como comprobarás, es mucho más divertido vaciarlo a soplidos.

¿Qué hacer? Llena el fregadero con agua suficiente para poder sumergir completamente los dos vasos tumbados, tal como se indica en la ilustración:

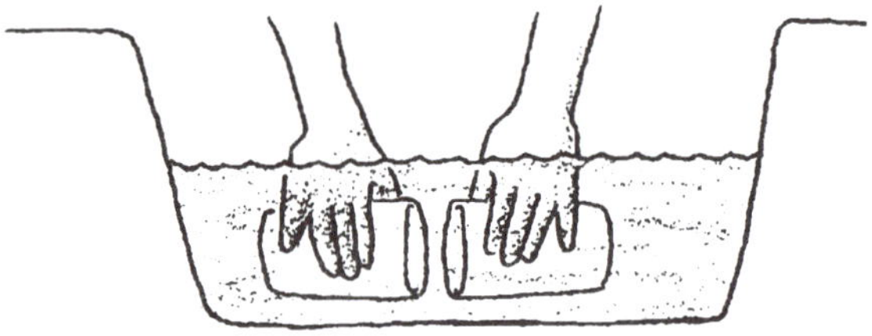

Asegúrate de que los dos vasos queden llenos de agua. Júntalos por los bordes y sostenlos con firmeza para que los bordes no se desplacen ni un milímetro al sacarlos del fregadero.

Gíralos y ponlos en la bandeja, de modo que uno de ellos quede sobre el otro, invertido, como en la ilustración:

Con mucha precaución, desliza el vaso de arriba un poquito, de modo que los bordes no coincidan del todo. Hazlo muy lentamente y no se derramará ni una gota de agua del vaso de arriba. Observa en la ilustración cómo deben quedarte los vasos:

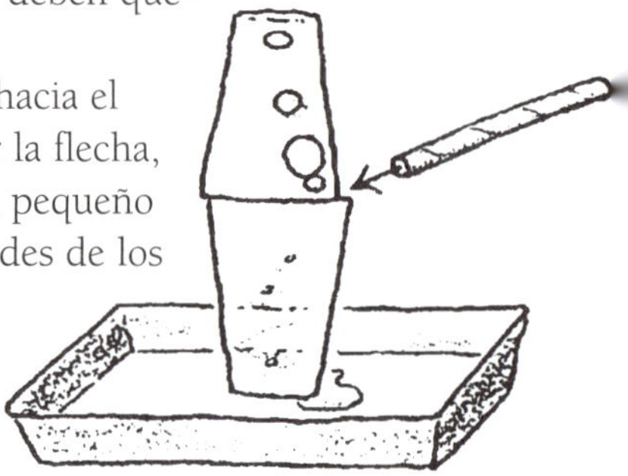

Dirige la pajilla hacia el punto indicado por la flecha, en el que queda un pequeño hueco entre los bordes de los dos vasos. Sopla a través de la pajilla, primero suavemente y luego con más fuerza.

¿Qué ocurre? Suben burbujas de aire al interior del vaso de arriba y un chorro de agua se derrama por el lateral del vaso de abajo y cae en la bandeja. Al cabo de poco tiempo, el vaso de arriba estará completamente vacío.

¿Por qué? La presión del aire en el exterior de los vasos se combina con la tensión superficial e impide que el agua del vaso superior se derrame y caiga en la bandeja al separar ligeramente los bordes de ambos vasos.

Al soplar, la presión del aire del extremo de la pajilla vence la tensión superficial y fuerza la entrada de aire entre los dos vasos. Una vez en el interior de los vasos, el aire sube, debido a que es más ligera que el agua.

169 ¿Un gran experimento o un simple truco con agua?

NECESITARÁS
Una botella de plástico
Unos alicates
Un clavo pequeño
Agua

Practica este experimento primero con el objetivo de lograr una proeza científica. Y luego decide si quieres usarlo como un simple truco.

¿Qué hacer? Empieza por perforar doce orificios en la base de la botella. Para hacerlo sólo necesitas un clavo pequeño. Sostén el clavo por la cabeza con los alicates y haz fuerza contra la base de la botella.

Una vez tengas hechos los pequeños orificios, pon la botella en el fregadero. Llena el fregadero con unos 5 cm de agua, de modo que el agua penetre bien en la botella a través de los agujeritos. Aguanta la botella con la mano para evitar que flote y se vuelque.

A continuación, llena la botella hasta arriba con agua. El agua del fregadero evita que el agua que introduces por la boca de la botella se salga por los orificios de la base. Levanta la botella por encima del agua del fregadero para asegurarte de que sale agua por los agujeritos. Cuando la botella esté completamente llena, enrosca el tapón y sácala lentamente del agua del fregadero.

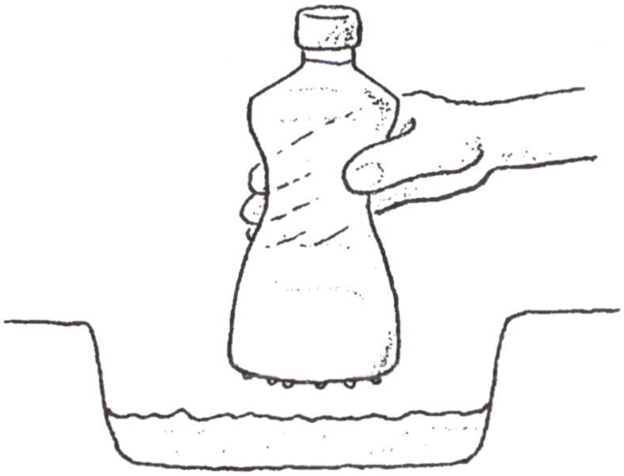

¿Qué ocurre? Es posible que se formen unas gotas alrededor de los agujeritos, pero la botella no goteará. Sosteniendo la botella aún sobre el fregadero, destápala y comprobarás que el agua sale a través de los agujeritos. Tu experimento tendrá más o menos este aspecto:

¿Por qué? Mientras el aire no pueda empujar hacia abajo el agua a través de la boca de la botella, la presión del aire exterior hará que el agua no se cuele por los agujeritos. Al destapar la botella, la presión del aire ejercerá su fuerza a través de la boca de la botella y hará salir el agua.

Puedes utilizar este experimento como broma, pero debes ponerlo en práctica siempre al aire libre. Haz ver que no puedes abrir una botella, porque has enroscado el tapón con mucha fuerza. Pídele a alguien que te ayude. Es posible que tu ayudante piense que eres un endeble, porque el tapón se desenrosca fácilmente. Tal vez incluso se ría de ti. Pero cuando destape la botella, se mojará. Al fin y al cabo, quien ríe último, ríe mejor.

DEFIENDE LA TIERRA: ES TU PLANETA

Los capítulos que siguen son una mina de información. Contienen decenas de actividades y experimentos emocionantes, y te enseñan cómo y por qué debes convertirte en un defensor de la Tierra, una persona consciente de la riqueza de nuestro planeta y que hace todo cuanto está en su mano por salvar y proteger la naturaleza, los bosques y el agua.

A través de estos experimentos descubrirás que las plantas despiden oxígeno y humedad y que la vida en la Tierra no es posible sin ellas. Aprenderás que el magnetismo y la electricidad son dos fuerzas naturales que están relacionadas entre sí. Averiguarás cómo se forman los terremotos e incluso podrás fabricar tu propio sismógrafo, el instrumento que se emplea para medir la intensidad de los temblores de tierra. También aprenderás a construir la maqueta de un glaciar, capaz de derretirse, desplazarse y dejar tras de sí un rastro de arena y rocas.

Descubrirás numerosas cosas sobre el suelo, la arena, el sol y los fósiles, y luego podrás fabricar un práctico filtro de agua, un calentador de agua solar y una especie de «volcán químico» que echa espuma, vapor y silba.

Además, al poner en práctica los experimentos que te proponemos, averiguarás qué son el ozono, los combustibles fósiles, la lluvia ácida, los bosques pluviales y el calentamiento del globo terráqueo. Incluso aprenderás a reciclar periódicos viejos para elaborar papel y crear tus propias postales caseras.

Asuntos terrenales

El planeta Tierra es una enorme bola con una corteza exterior, un manto interior y un núcleo. Viaja a través de espacio, como el Sol, las estrellas y otros astros. Además de este movimiento por el espacio, las superficies de la Tierra cambian continuamente. Tanto las cadenas montañosas como los valles profundos que hay sobre la tierra y debajo de los océanos participan de ese movimiento. Todo en la Tierra está sujeto a cambios. Imagina que la Tierra es una manzana expuesta a la luz solar. A medida que el sol la calienta y la reseca, la manzana va perdiendo agua, se encoge y se arruga.

La Tierra, como el interior de la manzana, se contrae. A medida que las partes calientes del interior de la Tierra se enfrían y encogen, la corteza exterior se ve obligada a moverse. La superficie de la manzana presenta surcos y arrugas, y de la misma manera la corteza de la Tierra forma montañas, valles y grietas llamadas fallas.

En este capítulo vamos a analizar algunas de las fuerzas que afectan a nuestro planeta. Y también vamos a prestar atención a otros asuntos terrenales.

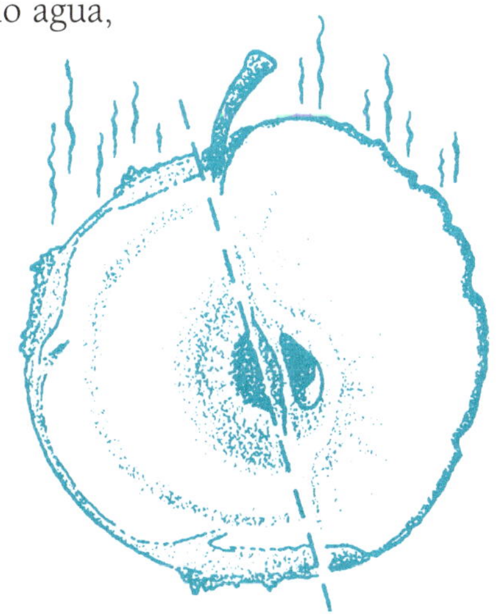

170 Terremotos: la Tierra convulsiona

NECESITARÁS
3 libros de tapa dura del mismo tamaño

Las presiones en el interior de la Tierra originan fuerzas enormes que rompen o agrietan la corteza terrestre. Estas grietas se denominan fallas, y el movimiento a lo largo de estas fallas provoca terremotos. Pero ¿cómo ocurre todo esto?

¿Qué hacer? Sostén los tres libros juntos con firmeza entre las manos y acércatelos al pecho con el lomo hacia arriba. Estira uno de los dedos por debajo y empuja con él hacia arriba el libro del medio, de manera que se deslice entre los dos exteriores. Repite la operación varias veces, hasta que el libro se desplace con suavidad.

A continuación, sostén firmemente los libros alejados de tu cuerpo, apretándolos bien unos contra otros. Comprobarás que tienes que aplicar mucha fuerza para que no se resbalen. Afloja un poco las manos para que el libro central se deslice.

Por último, sostén los libros bien alineados y colócalos sobre una mesa. Presiona con las manos los dos libros exteriores y deslízalos hacia delante y hacia atrás.

¿Qué ocurre? Los distintos movimientos de los libros son parecidos a los desplazamientos de las fallas, que suben y bajan constantemente.

¿Por qué? En las dos primeras partes de este experimento, cuando sostenías los libros cerca del pecho y luego lejos del cuerpo, has ilustrado los movimientos de inclinación de las fallas, las dislocaciones o desplazamientos como resultado de los cuales éstas se reposicionan. El libro del medio que has forzado a subir (falla inversa) y el que ha caído (falla normal) constituyen buenos ejemplos de este tipo de dislocación. Los libros que han permanecido en la mesa y que has desplazado deslizándolos los unos contra los otros ilustran la acción de otro tipo de falla, las fallas de desgarre o en cizalla. En este caso, los movimientos son horizontales y las fallas o bien se mueven en sentido opuesto o bien en paralelo.

Fabrica tu propio sismógrafo

171

NECESITARÁS
Tijeras
Una caja de zapatos con tapa
Un objeto pesado
Cinta aislante
Un portaminas con goma
Contrapesos, como clavos o tuercas
Arcilla
2 clips para papel
Cordel
2 hojas de papel

¡De verdad! Con un simple portaminas con goma puedes fabricar un sismógrafo, el instrumento que utilizan los sismólogos (los científicos que estudian los terremotos) para registrar la fuerza y la intensidad de los temblores de tierra. (Deberás solicitar la ayuda de un adulto.)

¿Qué hacer? Haz con mucho cuidado un pequeño corte cerca de uno de los bordes de la tapa de la caja de zapatos, en el punto central. Pon la caja de pie, sobre un lado corto, y coloca algún objeto de peso en su interior para que no se mueva. Pega la tapa con cinta adhesiva a la parte superior de la caja, formando una L invertida. (No importa si la caja mira hacia adentro o hacia afuera de la L.)

A continuación, pega los contrapesos cerca de la punta del portaminas, pero con cuidado de no taparla. Puedes recubrir los contrapesos pegados con celo con un poco de arcilla para evitar que se deslicen. Los contrapesos deben ser lo bastante pesados para que el portaminas que hará de sismógrafo establezca un buen contacto con el papel y trace líneas lo bastante oscuras como para poder analizarlas con claridad.

Acto seguido, endereza un extremo de un clip para papel y clávalo con firmeza en la goma del portaminas. Ata el cordel al cabo aún doblado del clip. Ata un segundo clip al cabo opuesto del cordel. Enrolla el cordel alrededor del clip como atarías la cuerda de una cometa alrededor de un palo.

Inserta el clip de arriba a través del corte que has hecho antes en la tapa y ajusta el portaminas para que toque la mesa con la punta, sin quedar demasiado recto, de manera que se arrastre al moverse. Estira del resto del cordel a través del pasador y anúdalo para sotener el portaminas de pie en su sitio.

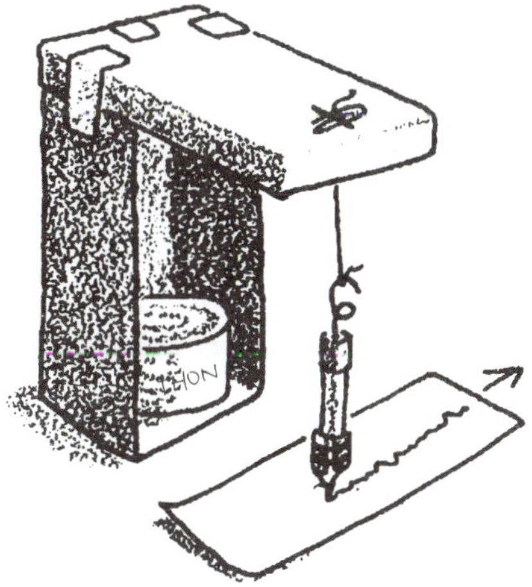

A continuación, corta las hojas de papel en tres tiras. Estas tiras te servirán para registrar los «temblores de tierra».

Coloca una tira de papel en perpendicular a la caja, bajo el corte de la tapa y tira lentamente del papel hacia la izquierda. Observa si la línea que se va dibujando en el papel es recta o no.

Pídele a alguien que dé un puñetazo en la mesa o que la sacuda mientras estiras de las tiras de papel bajo el portaminas de registro. El sismógrafo registra los movimientos dibujando una línea con altibajos. Compara los resultados de las diferentes tiras de papel. ¿Difieren las líneas trazadas? ¿Cómo indican los efectos de una falla de inclinación frente a una falla de desgarre? (Consulta el experimento anterior.)

172 Puedes mover montañas

NECESITARÁS
Arcilla
Un periódico

¿Alguna vez te has preguntado cómo se forman las montañas? Una de las causas guarda relación con las enormes presiones procedentes del centro de la Tierra, que hacen que aparezcan pliegues y ondulaciones en su superficie. Puedes reproducir una versión de estas fuerzas y sus efectos de una manera muy sencilla. Lo único que necesitas es un trozo de arcilla… y mucha imaginación.

¿Qué hacer? Extiende varias hojas de papel de periódico sobre una mesa. Coloca el trozo de arcilla encima y haz un churro con él haciéndolo rodar adelante y atrás con los dedos. Cuando tengas un rodillo de unos 20 cm de longitud, extiéndelo sobre las hojas de periódico y presiónalo hacia dentro con los dedos por ambos extremos, intentando que adopte la forma de montañas y valles. Una vez lo hayas hecho, vuelve a amasarlo con los dedos para darle forma de churro y aplica distintas fuerzas sobre él. Inténtalo plegar de maneras diferentes.

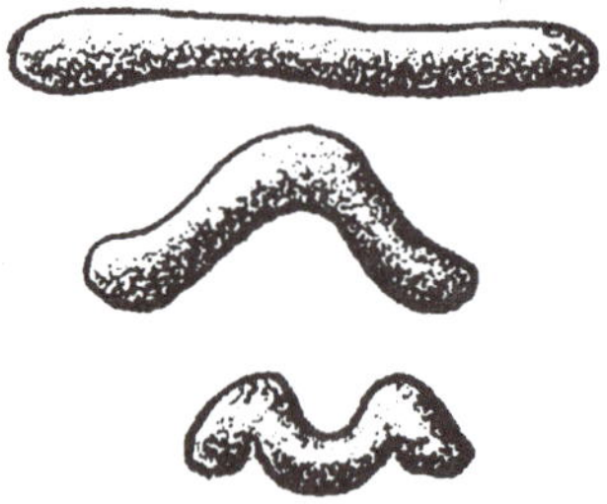

¿Qué ocurre? Ante la presión de fuerzas externas, el churro demuestra cómo se forman los valles y las montañas.

¿Por qué? Grandes fragmentos de corteza terrestre rotos, llamados placas, flotan en la capa situada bajo la superficie de la Tierra, el manto. El aspecto de esta capa es similar al de láminas de hielo resquebrajado flotando sobre agua.

Cuando dos de estas placas se encuentran, colisionan o resbalan (la ciencia de las placas tectónicas), se producen unas presiones de una fuerza colosal. Estas fuerzas son capaces de plegar, levantar y resquebrajar la superficie de la Tierra para formar cadenas montañosas.

Al presionar el churro de arcilla por los lados hacia adentro, han surgido formas ondulantes similares a montañas y valles. La forma de la montaña, simular a una V invertida, se denomina formación anticlinal. Si la arcilla crea una forma ondulada como de S tumbada con una depresión en el centro (como en la ilustración inferior de la izquierda), se trata de una formación sinclinal. Los montes Apalaches de Norteamérica son un ejemplo de montañas formadas por movimientos tectónicos que han provocado pliegues en la corteza terrestre.

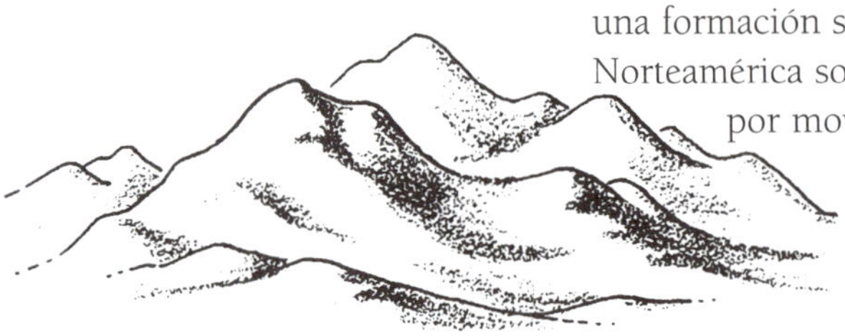

173 Tsunami: la ola devastadora

NECESITARÁS
Un molde de horno hondo
Agua
2 tacos de madera

«Tsunami» es el término japonés que designa las grandes olas oceánicas. Un tsunami es una enorme ola solitaria provocada por un terremoto marino o maremoto que arrasa bajo sus aguas todo cuanto encuentra a su paso.

En esta actividad, crearás las condiciones que originarán tu propio tsunami. Así, entenderás mejor cómo se forman estos seísmos y cuáles son los cambios que provocan estas olas solitarias de gran potencia destructiva. Se trata de un experimento excelente para practicar en un caluroso día de verano, ya que es probable que te mojes. Así que, para prevenir, vístete con ropa vieja o ves con mucho cuidado.

¿Qué hacer? Llena el molde de agua y coloca los tacos de madera en el fondo, de modo que queden completamente sumergidos. El objetivo de este experimento es comprimir el agua entre los dos tacos de madera de una forma rápida.

Para hacerlo, sostén con firmeza los tacos entre las manos y házlos chocar. Vuélvelo a hacer, una y otra vez. Continúa comprimiendo el agua entre los tacos hasta que te resulte imposible juntarlos.

¿Qué ocurre? El movimiento de los dos tacos de madera al acercarse a toda velocidad debajo del agua provoca que suban chorros de agua a la superficie, donde forman olas que rompen al chocar contra las paredes del molde.

¿Por qué? En este experimento, la acción de los tacos de madera y el agua simula las condiciones que, en las profundidades oceánicas, producen ondas sísmicas del mar y tsunamis. Las fuerzas volcánicas y los grandes terremotos que sacuden el suelo oceánico provocan la compresión de grandes cantidades de agua y las empujan hacia arriba. En la superficie se forman grandes paredes de agua que amenazan las ciudades costeras. Estas grandes olas pueden alcanzar alturas de 15 a 30 metros. Debido a que se forman de manera repentina y sin previo aviso, son sumamente peligrosas y suelen acabar con la vida de muchas personas.

174 ¡Una foto! Sonreíd...

NECESITARÁS

Una caja de zapatos con tapa
Pintura de témpera negra (puedes adquirirla en papelerías o tiendas especializadas)
Un pincel
Tijeras
Un trozo de papel de calco o papel parafinado cortado en un rectángulo 7 cm x 12 cm
Cinta adhesiva

La energía de la luz solar es tan importante que sin ella no existiría vida sobre la Tierra. Ahora vamos a poner esa energía en práctica fabricando un sencillo pero fantástico estenoscopio. Esta especie de cámara fotográfica utiliza los rayos lumínicos de la estrella más cercana: el Sol.

¿Qué hacer? Prepara la cámara pintando una caja de zapatos y su tapa por dentro con témpera negra.

Recorta una abertura de 5 cm por 10 cm en el punto central de uno de los lados cortos de la caja de zapatos y tapa dicha abertura pegando sobre ella un trozo grande de papel de calco o parafinado. Una vez hecho esto, ya tendrás una pantalla en uno de los lados de tu estenoscopio.

En el lado opuesto a la pantalla, de nuevo en el punto central, con mucho cuidado haz un agujerito de medio centímetro con la punta de unas tijeras.

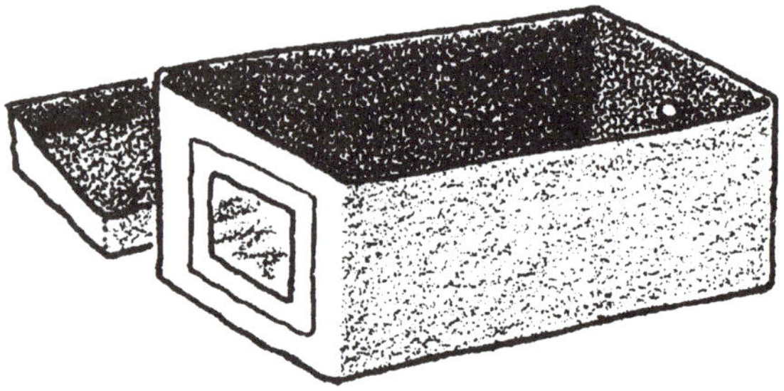

Ya tienes tu estenoscopio listo para practicar. Sácalo al aire libre, encuentra un lugar soleado y enfoca algo o a alguien (un amigo, un juguete o cualquier objeto) con tu «cámara». Apunta hacia la persona u objeto que vas a fotografiar con el lado que tiene el agujerito. Coloca la pantalla justo delante tuyo para poder observar la imagen captada.

En el experimento siguiente aprenderás a tomar imágenes perfectas.

¿Qué ocurre? Al enfocar algo o a alguien con el agujerito de tu estenoscopio, aparece una imagen clara (aunque algo borrosa) e invertida del objeto o la persona en la pantalla.

¿Por qué? La imagen o el reflejo aparece invertido en la pantalla porque la luz viaja en línea recta. Los rayos de luz procedentes de la parte superior de la imagen se reflejan en la parte inferior de la pantalla, mientras que los rayos de la parte inferior de la imagen recaen en la parte superior de la pantalla.

175 Fotos perfectas. Atención: ¡mirad el pajarito!

Para obtener una fotografía o una imagen perfecta a través de tu estenoscopio, cúbrete la cabeza con un trapo o una toalla. Debes procurar que la tela tape toda cabeza y también la pantalla, de modo que ambos estéis sumidos en la oscuridad más absoluta. No puede entrar ni una mota de luz. (Quizá este método te recuerde a los fotógrafos del pasado, que viajaban con sus enormes cámaras y trípodes a cuestas y se tapaban la cabeza con una cortinilla oscura, que iba acoplada a la cámara, para hacer las fotografías.)

A continuación, enfoca a alguien o algo (tu tema fotográfico) iluminado por la luz del sol a través de la pantalla que tienes delante de los ojos. Una casa o una persona al atardecer componen una imagen perfecta. Aleja la cámara de la cara, y desplázala arriba o abajo, más cerca o más lejos del tema, hasta que lo veas perfectamente. Tómate tu tiempo. Es posible que debas hacer varios intentos para que tus ojos se acostumbren a la oscuridad, entre luz suficiente en la cámara y encuentres un objeto que fotografiar. Pero, al final, lo conseguirás.

176

Un volcán de vapor

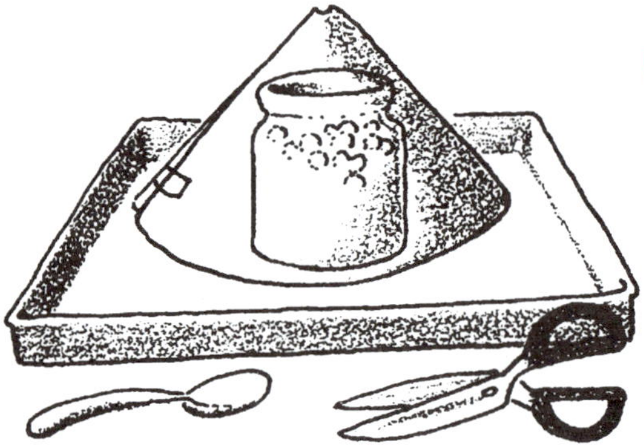

NECESITARÁS
Una tira de cartón fino de 8 cm x 20 cm
Un recipiente pequeño, vacío y limpio, como un bote de especias o un frasco de vitaminas
Tijeras
Un clip o cinta adhesiva
Una bandeja plana
½ cucharada sopera de levadura de fermentación rápida
½ taza de agua oxigenada
Una cuchara metálica

En este experimento construirás un volcán aplicando nociones de las ciencias de la Tierra y la química. Ponlo en práctica en cualquier fiesta y comprobarás que produce una «erupción» de asombro entre los invitados. Se trata de una actividad sencilla para la que no necesitas demasiados materiales. ¿A qué esperas? ¡Manos a la obra! (Precaución: desecha las soluciones químicas y lava bien los recipientes cuando hayas terminado.)

¿Qué hacer? Forma con la tira de cartón un cono bajo el cual quepa el frasco pequeño. Cierra el cono con un trocito de cinta adhesiva o con el clip. Recorta los bordes para que se mantenga de pie sobre la bandeja. Coloca el frasco o el bote de especias en la bandeja y prepárate para la acción.

El frasco debe ser lo suficientemente grande para contener toda el agua oxigenada y lo suficientemente pequeño para caber debajo del cono de cartón o sobrepasar ligeramente la abertura superior de éste. Una vez hayas colocado el cono sobre el frasco, vierte dentro de éste el agua oxigenada y, luego, la levadura de fermentación rápida. Remueve bien la mezcla. (Resulta más fácil hacerlo si colocas el cono sobre el frasco después de remover, pero debes actuar con mucha rapidez.) Para obtener los mejores resultados, sigue removiendo la mezcla hasta el final del experimento.

¿Qué ocurre? La mezcla de agua oxigenada y levadura genera espuma, vapor y un silbido que parecen emanar del «volcán» de cartón.

¿Por qué? Los ingredientes mezclados en el frasco colocado bajo el cono producen una reacción química (un cambio) denominada exotérmica porque, además de producir espuma, vapor y silbidos, despide calor. Si tocas el borde y las paredes del frasco o la cucharilla con la que has removido la mezcla, notarás ese calor.

En un volcán real, las rocas fundidas por el calor procedentes del centro de la Tierra, el magma, erupcionan o salen despedidas a través de fisuras o grietas. Estas rocas en movimiento, conocidas con el nombre de lava, a veces salen por aberturas de las paredes del volcán y otras a modo de potentes chorros de vapor, humo, ceniza y roca por la boca de éste. Aunque tu maqueta es pequeña y sencilla, te ayudará a hacerte una idea de qué ocurre para que un volcán de verdad entre en erupción.

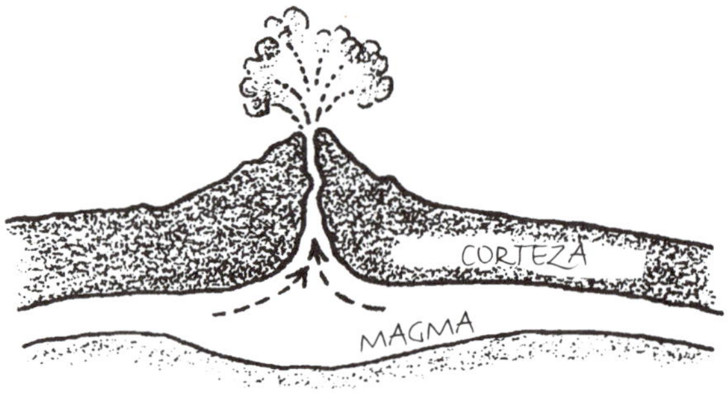

177 Un alambre muy divertido

NECESITARÁS
Una percha de alambre
Una vela

Las rocas que se encuentran en el interior de la Tierra pueden experimentar cambios a causa de las presiones y los plegamientos subterráneos. La presión provoca calor. Practica este experimento para averiguar a qué nos referimos. (Necesitarás la ayuda de un adulto.)

¿Qué hacer? Pídele a un adulto que deshaga el gancho de la percha o que lo corte. Sostén la percha con ambas manos y dobla un trozo hacia arriba y hacia abajo en el mismo punto, entre 30 y 50 veces. Rápidamente, coloca el fragmento doblado sobre la vela. No toques el alambre.

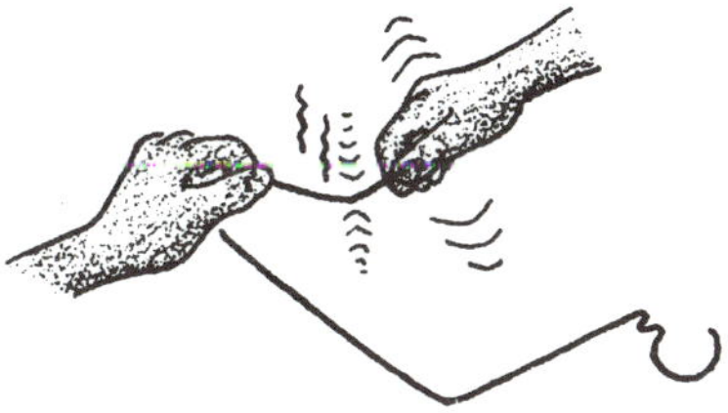

¿Qué ocurre?
El alambre se ha calentado. Al colocarlo sobre la vela, ese calor hace que parte de la cera se funda y quede marcada con muescas o hendiduras.

¿Por qué? En lo más profundo de la Tierra se producen unas rocas llamadas metamórficas a causa de los movimientos incesantes de la materia, que originan calor y acarrean una modificación de la composición de estas rocas. El mármol y el cuarzo son ejemplos de rocas metamórficas.

En este experimento, al doblar de forma rápida y seguida el alambre, has provocado un calor que ha cambiado o derretido parcialmente la cera, del mismo modo que la presión y el calor del centro de la Tierra derrite y modifica las rocas.

Un experimento destructivo 178

NECESITARÁS
Una tiza
½ taza de vinagre blanco
Un tarro pequeño

Las grutas de piedra caliza se crean por efecto de la lluvia ácida, que a lo largo de miles de años ha disuelto la roca blanda.

¿Qué hacer? Introduce la tiza en el tarro, añade el vinagre y aguarda cinco minutos.

¿Qué ocurre? La tiza se disuelve en el vinagre.

¿Por qué? La tiza que se utiliza en las escuelas es un tipo de piedra caliza o carbonato cálcico. Está formada por pequeños trozos de conchas marinas y calcita mineral, y es similar a las rocas blandas de las grutas de piedra caliza. Estas grutas se han formado a medida que la roca ha ido disolviéndose por efecto de los ácidos presentes en el agua de lluvia, del mismo modo que la tiza se ha disuelto en el vinagre, que es ácido acético.

179 Choque de conchas

NECESITARÁS

Unas conchitas marinas
2 tarros pequeños
½ taza de vinagre blanco
½ taza de agua
Papel de periódico
Una cuchara de metal

Sustituye la tiza por unas cuantas conchas marinas, otra forma de carbonato cálcico y piedra caliza, y comprobarás lo pronto que se disuelven en el vinagre.

¿Qué hacer? Pon varias conchas marinas en un tarro con vinagre y otras tantas en el otro tarro, lleno de agua (para observar la diferencia). Deja las conchas reposar en ambos tarros durante cuatro días.

Saca las conchas de los tarros, colócalas sobre papel de periódico en la encimera de la cocina o una mesa de trabajo e intenta romperlas con la cuchara.

¿Qué ocurre? Las conchas que hayan pasado los cuatro días dentro del agua siguen siendo tan duras como antes, mientras que las que han permanecido en remojo en el vinagre se rompen o deshacen con facilidad. Además, estarán cubiertas de una sustancia blanquecina similar a la tiza (el carbonato cálcico).

¿Por qué? Las conchas que han permanecido en el agua son las muestras de control que debes comparar con las sumergidas en vinagre. Recuerda que el agua de la lluvia tiene ácido, al igual que el vinagre. Y el ácido disuelve el carbonato cálcico, ya tenga éste forma de roca de una cueva, de tiza o de concha. En algunas zonas del mundo, la lluvia es tan ácida como el vinagre.

180 ¿Nieve o hielo?

Esta sencilla actividad te ayudará a entender cómo se forman los grandes glaciares.

Los glaciares se crean cuando la nieve se compacta o comprime.

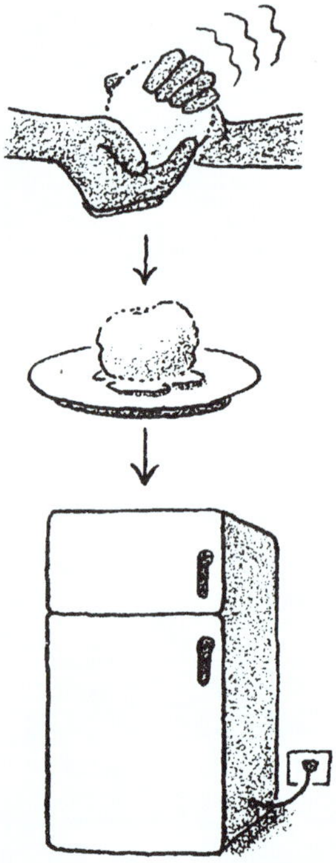

En invierno, cuando se produzca una nevada, sal a la calle y coge un poco de nieve. En otras épocas del año, pídele a un adulto que te pique un poco de hielo en una trituradora o un robot de cocina. El objetivo es averiguar cómo funcionan los glaciares.

Compacta la nieve o el hielo picado hasta hacer una bola bien prieta (fíjate en lo sólida que es). Deja que se derrita un poco y luego métela en el congelador durante aproximadamente 30 minutos. Cuando saques el trozo de nieve, se habrá convertido en una bola de hielo.

Piensa en toda la nieve que cae en las montañas, día tras día, y que comprime la nieve vieja que hay debajo de ella. Imagina lo que le ocurre a esa nieve y te harás una idea de cómo se forman los grandes glaciares de la Tierra.

◆ 181

El deshielo de un glaciar

NECESITARÁS

Un vaso pequeño o un tarro de yogur vacío y limpio
Arena
Gravilla
Agua
Una tabla de madera, para hacer una rampa
Un martillo
Una goma elástica gruesa
Un clavo
Un reloj

Puedes aprender muchas cosas sobre los glaciares haciendo la maqueta de uno de estos fenómenos naturales. Realiza este experimento al aire libre. Puedes necesitar la ayuda de un adulto.

¿Qué hacer? Introduce en el fondo del vaso una capa de 2,5 cm de arena y gravilla. Añade 5 cm de agua. Guarda el vaso en el congelador. Cuando el agua se haya congelado y esté sólida, repite el proceso, añadiendo de nuevo arena, gravilla y agua, y luego congelando. Llena el vaso a ras del borde.

A continuación, fija con cuidado un clavo en el punto central de un extremo de la tabla. Apoya la tabla por dicho extremo sobre un objeto inmóvil, creando una especie de rampa o cuesta.

Extrae tu glaciar del congelador. Coloca el vaso bajo el grifo y caliéntalo por los lados con agua templada, la justa para que el glaciar se deslice del vaso al dar unos golpecitos en éste. Con la cara de la arena boca abajo, coloca el glaciar en la zona superior de la rampa y sujétalo con una goma por la parte central. Engancha la goma al clavo y observa cuánto tiempo tarda el glaciar en derretirse, desplazarse y dejar tras de sí depósitos de arena y grava.

¿Qué ocurre? Según sea el clima, el glaciar empezará a derretirse de inmediato, incluso en los días más fríos. Los depósitos de gravilla y arena formarán una especie de terrones. Algunos de ellos se deslizarán por la tabla y otros se depositarán sobre

ila madera dibujando formas extrañas; son las llamadas morrenas o materia glaciar.

¿Por qué? Los glaciares son enormes masas que se deslizan por las laderas de las montañas y los valles creando barrancos en la roca y la tierra. Pueden encontrarse depósitos formados por los movimientos de los glaciares en lugares como el Ártico, la Antártida, Finlandia y Groenlandia.

Estas masas gigantes de hielo no se desplazarían de no ser por las enormes presiones que ejercen. La fuerza de esas presiones provoca períodos de calentamiento y deshielo. Después, el hielo vuelve a congelarse, pero antes se ha producido un deshielo suficiente para originar deslizamientos.

En su avance, los glaciares se rompen y arrastran toneladas de rocas y suelo, que depositan en otro lugar. Las inusuales formaciones rocosas que dejan a su paso se llaman morrenas. Como en la vida real, tu glaciar en miniatura demuestra cómo y por qué estos depósitos tienen un aspecto tan extraño e irregular.

Los astros

Mientras que la superficie de la Tierra, la corteza terrestre, experimenta cambios constantes y nuestro planeta continúa moviéndose por el espacio, el tiempo y las estaciones del año siguen ciclos constantes, día tras día, año tras año.

Las lecturas sobre la Tierra y su posición en el sistema solar son muy interesantes, pero todavía lo es más poner en práctica algunos experimentos que te ayuden a comprender el tiempo y el espacio, y por qué las cosas ocurren como ocurren.

Así que, reúne tus materiales y prepárate para realizar algunos experimentos sencillos y muy interesantes. En definitiva, prepárate para pasarlo en grande.

182 Fabrica un reloj de sol

NECESITARÁS
Un palo de escoba
Un lápiz
Papel
Piedras u otros objetos pequeños

Fabrica un sencillo reloj de sol y observa la sombra que arroja el palo central, su aguja (llamada gnomon), al ir girando para marcar las horas. El ángulo de las sombras proyectadas por el sol cambiará a medida que la Tierra vaya rotando, o girando, y el día dé paso a la noche. Así que, quédate junto al reloj y observa atentamente cómo cambian las sombras y pasan las horas. ¡Sin duda, será un tiempo bien empleado!

Este experimento, claro está, sólo puede practicarse en días soleados.

¿Qué hacer? Encuentra un lugar soleado en el jardín o en un parque cerca de casa y clava el palo en la tierra. A la siguiente hora en punto, anota la hora del día en un trozo de papel y coloca una piedra o marcador en el punto en el que la sombra se proyecta sobre el suelo. Una hora más tarde, anota la hora y marca la sombra con otra piedra o marcador. Continúa señalando las horas hasta que hayas completado y calibrado tu reloj de sol.

¿Qué ocurre? La sombra del palo (gnomon) proyectada cambiará de ángulo y longitud a medida que el Sol recorra el cielo de este a oeste.

¿Por qué? Aunque el Sol parece moverse de este a oeste, en realidad es la Tierra la que se mueve o gira alrededor del Sol. Además de orbitar o describir círculos en torno al Sol, la Tierra también gira sobre su propio eje, como una peonza. Este movimiento giratorio en relación con la posición del Sol, llamado rotación, es el que permite determinar la hora y alternar el día y la noche. La sombra del gnomon proyectada por el sol en una hora concreta de un día se situará en el mismo punto a la misma hora el día siguiente, y el siguiente…

Por la mañana, la sombra será más alargada y estrecha y apuntará en dirección al oeste. A mediodía, cuando el Sol parezca estar en su punto más elevado, la sombra será corta y apuntará al norte en el hemisferio norte y al sur en el hemisferio sur. Por la tarde, la sombra se dirigirá hacia el oeste.

183 El tiempo en tus manos

NECESITARÁS
Arcilla para modelar
2 lápices
Papel

Es importante probar y comprobar todos los experimentos para asegurarte de que los resultados se adecuan a tus hipótesis, o adivinanzas científicas, sobre lo que ocurrirá. Si no actúas con cautela, otras causas o variables pueden influir en los resultados que obtengas.

Para asegurarte de que las sombras siempre inciden sobre los mismos puntos, vuelve a realizar el experimento anterior, pero esta vez usa la sombra de un lápiz (utilizado como gnomon) para compararla con la sombra proyectada por el palo. Estarás realizando un experimento «controlado», consistente en observar simultáneamente la sombra del lápiz y la del palo.

¿Qué hacer? Para hacer una base, aplasta la arcilla y modélala con forma de disco de unos 5 cm de diámetro. Clava la punta del lápiz en la arcilla. De este modo, tendrás un sencillo gnomon de mano. Coloca el gnomon junto al palo, alineándolos y ajustándolos de modo que ambos proyecten sombras exactamente en la misma dirección. Anota la posición exacta en la que colocas el gnomon de mano junto al palo de escoba y colócalo en esa misma posición cada vez que vayas a efectuar una lectura o comprobar la veracidad de este experimento. (Por ejemplo: coloca la base de arcilla del reloj de sol manual justo al lado del punto en el que está clavado el palo de escoba y alinea las sombras de ambos gnomons en paralelo, es decir, una al lado de la otra.)

¿Hay una sombra alineada con la otra o ambas están en la misma posición? Haz una marca en la base del gnomon de mano clavando el lápiz con el que escribes en el punto exacto que marca la sombra. Continúa comparando la sombra del gnomon manual con la del palo clavado en el suelo. Marca la posición de la sombra de ambos con piedras o muescas en la arcilla cada hora. ¿Qué similitudes y diferencias hay? ¿Cambian las sombras de posición de la misma manera? ¿Se alargan o se acortan? Y si es así, ¿en qué momento del día tiene lugar?

Máquina del tiempo solar

184

NECESITARÁS
Un cartón cuadrado de 10 cm x 10 cm
Un reloj de pulsera o de pared
Tijeras
Cinta adhesiva
Trozos de papel
Un lápiz

El Sol sirve para medir el tiempo. Compruébalo practicando este experimento en un día soleado.

¿Qué hacer? Recorta un agujero de 2 cm por 2 cm en el centro del cartón cuadrado. Pega el cartón con cinta adhesiva a una ventana orientada al sur, de tal manera que el haz de luz que atraviese el agujero caiga sobre un trozo de suelo en el que no haya nada. Coloca un trozo de papel en el punto preciso en el que el rayo del sol toca el suelo.

Dibuja un círculo alrededor de la mancha del rayo de sol y anota al lado la hora exacta. Observa el avance del rayo de sol. Cada treinta minutos, coloca un trozo de papel en el punto en el que incide el haz de luz y anota las horas exactas al lado.

¿Qué ocurre? El rayo de sol avanza de izquierda a derecha y cambia de posición a medida que pasa el tiempo.

¿Por qué? La Tierra rota o gira sobre sí misma, de oeste a este, cada 24 horas, al tiempo que orbita alrededor del Sol. Esta rotación de la Tierra hace que el haz de luz pase de un papel al siguiente a medida que la parte de la Tierra en la que vives avanza del amanecer al atardecer.

185

Variaciones estacionales

¿Iluminará el rayo de sol el mismo punto a las 8 de la mañana de un día de verano que a las 8 de la mañana de uno de invierno?

Si te gustan los experimentos a largo plazo, los que se desarrollan con el tiempo, y en tu casa hay una estancia desocupada con una ventana orientada al sur, prueba éste. Una habitación deshabitada con mucho espacio libre en el suelo sería el lugar ideal para ponerlo en práctica.

Repite el experimento anterior, pero utilizando cuadrados de papel de 10 cm x 10 cm.

Pégalos al suelo con cinta adhesiva, sobre los puntos iluminados por el rayo de sol, a las mismas horas de diferentes épocas del año. Anota las horas y fechas. Por ejemplo: 1 de octubre, a las 08h00; 22 de diciembre a las 08h00.

¿Varía la posición de los rayos de sol de una estación a otra? Anota los resultados.

186 Astrolabio casero

En el pasado, los navegantes utilizaban una brújula sencilla denominada astrolabio para determinar su posición en el mar. Puedes fabricar tu propio astrolabio y establecer tus coordenadas en la Tierra con materiales baratos y fáciles de encontrar.

NECESITARÁS
Cordel
Tijeras
Un transportador (cómpralo en una papelería)
Un peso (una tuerca, un tornillo o un clip)
Un lápiz nuevo

¿Qué hacer? Ata un trozo de cordel al centro del lado recto del transportador. El cordel debe colgar por fuera del transportador. A continuación, ata el peso al otro cabo del cordel. Junta el lado recto del transportador y el lápiz y átalos con dos hebras más cortas de cordel.

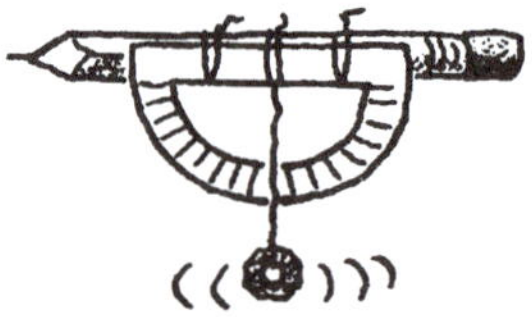

Ya puedes utilizar tu astrolabio. En una noche clara y estrellada, apunta con él hacia la Estrella Polar y céntralo. El cordel con la pesa indicará en el transportador el ángulo en el que te encuentras, o la cifra de tu latitud. Ten paciencia y comprueba varias veces tu posición para obtener una lectura precisa.

¿Qué ocurre? Al apuntar hacia la Estrella Polar, el astrolabio indica tu latitud en la Tierra. Las latitudes son una serie de líneas imaginarias trazadas sobre el globo terráqueo que indican en cifras el lugar exacto del planeta en el que se encuentran una cosa o persona.

¿Por qué?
El transportador de tu astrolabio es un semicírculo que sirve para medir ángulos. Lleva marcadas unas unidades de decenas llamadas grados. Cuando lo apuntas hacia la Estrella Polar, el cordel con el peso se alinea con el ángulo correspondiente del transportador, el cual te indica tu posición exacta en la Tierra o tu latitud.

187 Cómo encontrar la Estrella Polar

La Estrella Polar sólo se ve en el hemisferio norte del cielo. Esta estrella parece no moverse de esta región situada sobre el Polo Norte. Como si se tratara de un reloj, parece cambiar de posición de hora en hora y de estación en estación. Emite un resplandor muy leve porque está a más de 400 años luz de nosotros.

Es fácil identificar la Estrella Polar en el cielo porque se encuentra justo en frente de la constelación de la Osa Mayor, también llamada el Carro Mayor. Este nombre se debe al hecho de que si trazásemos una línea que uniera las siete estrellas que la componen (como haríamos en un juego de unir puntos), obtendríamos una forma de carro. Las estrellas más alejadas del timón, las que dibujan el carro, apuntan directamente a la Estrella Polar.

188 Cómo encontrar la Cruz del Sur

¿Las personas que viven en el hemisferio sur, es decir, en la mitad sur del planeta, ven las mismas estrellas que se observan desde el hemisferio norte?

Si vives en el hemisferio norte, no puedes ver las estrellas del cielo que hay sobre la mitad sur del mundo. Y si vives en el hemisferio sur, no puedes ver las estrellas de la mitad norte del planeta.

Pero si por casualidad vives cerca de la línea imaginaria que rodea la Tierra por el centro, llamada Ecuador, podrás contemplar las estrellas de ambas mitades del planeta.

Mientras que las personas que habitan en el hemisferio norte pueden ver la Estrella Polar, que parece estar fijada directamente sobre el Polo Norte, los astrólogos del hemisferio sur no pueden utilizarla como indicador de posición.

La Cruz del Sur, en el hemisferio sur, es una constelación (un grupo de estrellas) formada por cuatro estrellas que dibujan una cruz acompañadas por otras estrellas, dos de las cuales apuntan hacia el Polo Sur. No obstante, la Cruz del Sur no es un buen indicador del polo, ya que no siempre se muestra como una cruz y suele ser difícil de identificar. Además, el hemisferio sur no tiene una estrella «polar» que marque su ubicación en el cielo.

189 Alerta de meteoritos: ¿realidad o ficción?

Los meteoritos son pequeños pedazos de roca, fragmentos de cometas o de asteroides que orbitan a gran velocidad por el universo alrededor del Sol. Cuando un meteorito atraviesa la atmósfera terrestre, se convierte en una bola de fuego. Pon en práctica este experimento y descubrirás a qué se debe este fenómeno.

NECESITARÁS
Una botella grande de refresco llena de agua
½ comprimido efervescente

¿Qué hacer? Mete el comprimido efervescente en la botella de agua y observa qué ocurre a medida que desciende hasta el fondo.

¿Qué ocurre? El comprimido se disuelve o se rompe en pedacitos minúsculos o fragmentos que desaparecen al precipitarse hacia el fondo de la botella.

¿Por qué? El agua representa la atmósfera terrestre y el comprimido efervescente, el meteorito.

Como un meteorito, el comprimido se deshace en multitud de fragmentos al descender hacia el fondo de la botella (la superficie terrestre). A diferencia del comprimido, el meteorito viaja por el espacio a tal velocidad que la fricción de su superficie con la atmósfera terrestre hace que se caliente al rojo blanco, explosione y origine polvo cósmico.

La mayoría de los meteoritos son piedras pequeñas, pero de vez en cuando hay objetos de mayor tamaño que impactan contra la superficie terrestre.

190

Ver las estrellas

Fabrica una caja luminosa que proyecte estrellas y descubre aspectos fascinantes sobre las constelaciones, es decir, los cúmulos fijos de estrellas. Es fácil y divertido, y tanto tú como tus amigos os convertiréis en estrellas de la ciencia.

NECESITARÁS
Una caja de cartón redonda con tapa (si dispones de varias tapas, mejor)
Un clavo
Una linterna
Un lápiz

¿Qué hacer? Utiliza el clavo para perforar agujeros con forma de estrella en la tapa de la caja. Guíate por las cartas del cielo de los libros de astronomía que más te gusten u observa el cielo en una noche clara en el lugar en el que vives para decidir la disposición de las estrellas en cada tapa.

Según el tamaño de la caja y de la tapa, podrás hacer una forma grande o bien dos o tres constelaciones pequeñas en cada tapa.

Apoya el mango de la linterna en el centro del fondo de la caja y dibuja un círculo alrededor de él. Recórtalo y mete la linterna en la abertura. (O retira la tapa, mete la linterna y saca el mango por el agujero.)

Ya lo tienes todo a punto para asombrar a tus amigos con tu nueva lámpara de estrellas. Haz girar la tapa o la caja y observa cómo se mueven las constelaciones. En una estancia a oscuras, ilumina tu lámpara contra una pared o el techo y disfruta de un espectáculo semejante a una visita al planetario.

¿Qué ocurre? Tu lámpara proyecta grupos de pequeñas manchas de luz con forma de estrella sobre la pared o el techo.

¿Por qué? Ciertas constelaciones parecen viajar a la deriva por el cielo y sólo se ven en determinados momentos del año. De semana en semana, si las observamos a la misma hora cada noche, su posición ha variado y dan la impresión de alejarse siempre en dirección al oeste.

La órbita o trayectoria que la Tierra sigue alrededor del Sol y la posición que ocupa en determinadas épocas del año te permiten contemplar o no ciertas constelaciones. En invierno, las constelaciones estivales quedan ocultas por los rayos de sol, mientras que en verano, son las constelaciones invernales las que no se aprecian.

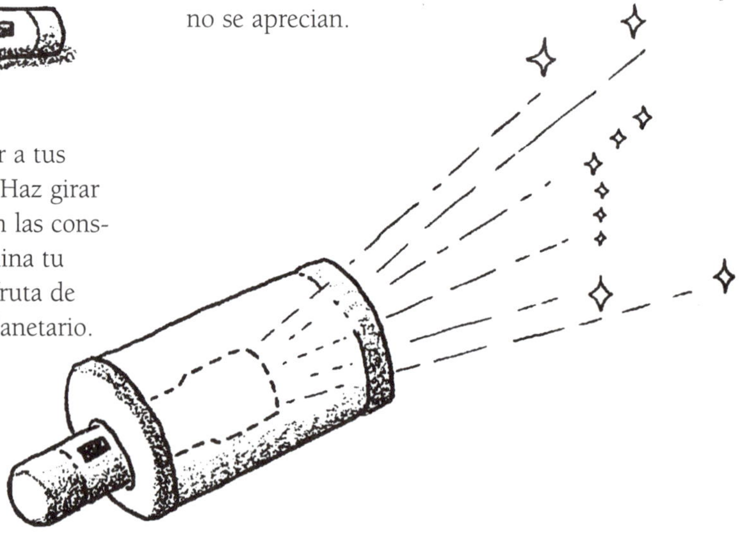

191 Paralaje

NECESITARÁS

Un lápiz

Los científicos miden las distancias que separan las distintas estrellas de la Tierra mediante cálculos matemáticos.

Hoy en día, sabemos por la ciencia que las estrellas permanecen siempre fijas en el mismo punto y que se hayan a muchos miles de kilómetros de nosotros. Pero es posible que nuestros ojos y mentes se equivoquen.

Si damos un paseo y dejamos atrás una casa, la casa no se mueve, pero la posición que ocupa sí se modifica, porque nuestro ángulo de visión varía al pasarla. Este fenómeno se conoce como paralaje. Este sencillo experimento te ayudará a entender cómo funciona.

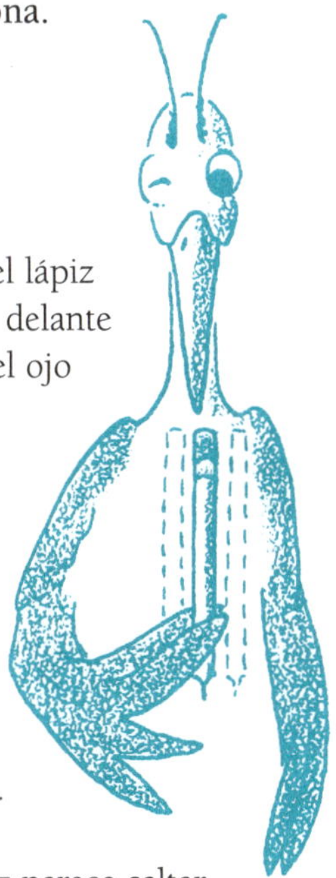

¿Qué hacer? Sostén el lápiz en vertical, bien derecho, delante de los ojos. Ahora guiña el ojo izquierdo, luego ábrelo y rápidamente guiña el ojo derecho. Vuelve a guiñar ambos ojos alternativamente. Continúa cerrando un ojo y luego el otro y observa qué ocurre con el lápiz que sostienes frente a los ojos.

¿Qué ocurre? El lápiz parece saltar, moverse a un lado y a otro. Pero ¿dónde está realmente? ¿Cómo puedes averiguarlo?

192 Imagen en movimiento

Repite el experimento del paralaje, pero esta vez, al mismo tiempo que observas el lápiz de cerca; proyecta la mirada hacia un objeto lejano, como una lámpara o una mesa del fondo de la estancia. ¿Qué ves? ¿Cambia la posición de un objeto más que la del otro?

¿Qué ocurre? Mientras que el lápiz parece cambiar de posición, o saltar de un lado a otro como hacía antes, el objeto lejano permanece quieto.

¿Por qué? En realidad, el lápiz no se desplaza, sino que cambia tu ángulo de visión. El ángulo entre el lápiz y tu ojo varía y, al hacerlo, también cambia la posición del lápiz, pero sólo con relación a tus ojos y tu cerebro. Esta diferencia de visión se denomina paralaje y es la clave para medir distancias lejanas. Cuanto más cerca está un objeto, más parecerá cambiar de posición. En cambio, los objetos situados en la lejanía permanecen quietos. Del mismo modo, el paralaje hace que las estrellas cercanas parezcan moverse y que las muy lejanas parezcan permanecer inmóviles.

Para observar el movimiento de las estrellas, los astrónomos (científicos que estudian y observan el universo, desde nuestro sistema solar hasta las galaxias más lejanas) miden las diferentes posiciones de las estrellas en dos momentos distintos del año, a medida que la Tierra orbita alrededor del Sol. De este modo pueden calcular las distancias exactas desde la Tierra.

193 Tras la pista de las estrellas

NECESITARÁS
Una hoja de papel
Un vaso medio lleno de agua

Nuestro Sol es una estrella, una bola gigantesca de gas hidrógeno situada a muchos millones de kilómetros de la Tierra. Sin embargo, es posible averiguar datos del Sol observando las longitudes de onda de la luz que emana. Pon en práctica este sencillo experimento en un lugar soleado, al aire libre.

Cuando la longitud de onda de una luz se escinde y modifica por efecto del vaso de agua, aparecen colores. La luz solar muestra muchos colores. Los astrónomos pueden afirmar qué elementos o gases componen una estrella estudiando las bandas de luz que produce, a las que denominamos espectros.

¿Qué hacer? Encuentra un lugar soleado al aire libre para poner en práctica este experimento. Extiende una hoja de papel sobre una mesa o en el suelo, en el lugar donde pretendas efectuar el experimento.

Sostén firmemente el vaso con agua con los dedos pulgar e índice sobre la hoja de papel. Debes sostener el vaso a una distancia de entre 7 y 10 cm por encima de la hoja. No lo agarres como haces normalmente, rodeándolo con toda la mano. Es importante que sostengas el vaso de modo que tu mano no tape las paredes laterales.

Mueve el vaso arriba y abajo e inclínalo levemente, dirigiendo la luz que lo atraviesa sobre el papel, hasta que aparezca una forma clara y coloreada.

¿Qué ocurre? El vaso de agua actúa como un prisma y proyecta un arco iris sobre el papel.

¿Por qué? Un vaso de agua puede comportarse como un prisma y desviar la dirección de la luz de modo que puedan apreciarse y estudiarse las bandas de colores que la componen. La luz blanca en realidad no es más que una combinación de muchos colores.

194 Vasos diversos

¿Funcionan otros tipos de vasos mejor como prismas a la hora de proyectar arco iris sobre el papel?

Prueba a realizar este experimento de nuevo, pero ahora utiliza un vaso de otro tamaño o con otra forma. ¿Qué ocurre si usas un vaso de color? ¿Sirven los vasos de vidrio coloreado para refractar o descomponer la luz en colores? ¿Funcionaría mejor un vaso lleno de agua que uno lleno sólo hasta la mitad?

Pon en práctica diversas modalidades de este experimento y anota tus observaciones y resultados. Cuando hayas acabado, descubrirás qué vaso es el idóneo para realizar este experimento.

195 Máxima concentración

NECESITARÁS
Un termómetro
Papel
Un lápiz
Una linterna
Un reloj de pulsera o de pared
Una lata u otro soporte

Las estaciones del año dependen de la inclinación de la Tierra y de la concentración de luz solar que ilumina los hemisferios norte y sur en las distintas épocas del año. Este experimento te ayudará a entender el ciclo estacional.

¿Qué hacer? Lee la temperatura que marca el termómetro y anótala. Sumerge el termómetro bajo un chorro de agua templada o fría para que el marcador descienda al punto que desees y te resulte más fácil anotar y calcular temperaturas.

Apoya el termómetro, con la cara de vidrio ha cia afuera, contra la lámpara de la linterna. Déjalo en esa posición durante tres minutos justos (cronométralos con el reloj). Anota la temperatura final.

Después de la primera lectura, sostén el termómetro bajo agua fría hasta que el indicador vuelva a situarse en el mismo punto que antes de iniciar la primera medición.

Ahora apoya el termómetro contra el soporte para mentenerlo erguido y dirige el foco de la linterna hacia él desde una distancia de unos 30 cm. Una vez más, anota la temperatura del termómetro transcurridos tres minutos.

¿Qué ocurre? El termómetro apoyado contra la linterna y en contacto directo con la luz ha registrado una temperatura varios grados más elevada. No se ha apreciado ninguna variación destacable al proyectar la luz contra el termómetro desde una distancia de unos pocos centímetros.

¿Por qué? La concentración de la luz en las distintas zonas de la Tierra en una cierta época del año es similar a la concentración de la luz en el experimento.

Cuanto mayor sea la distancia recorrida por la luz, más baja será la temperatura. En nuestro experimento, el termómetro situado a 30 cm de la fuente lumínica no se ha visto afectado en absoluto, o bien ha registrado una leve variación de temperatura.

El hemisferio norte, la parte superior de la Tierra, se inclina alejándose del Sol en diciembre y recibe una luz más difusa, mientras que el hemisferio norte, la mitad inferior de la Tierra, se inclina hacia el Sol en ese mismo momento y recibe una luz más fuerte y concentrada. Esto explica que en diciembre sea invierno en Nueva York y verano en Sídney, Australia.

Lecciones sobre las plantas

Sin plantas, no podríamos vivir. Piensa en los siguientes hechos.

Las plantas, los seres humanos y los animales hacen que la atmósfera terrestre conserve su equilibrio.

Las plantas, a través de la fotosíntesis, fabrican su propio alimento, absorbiendo dióxido de carbono y expulsando oxígeno.

Los animales y los seres humanos necesitan oxígeno y, al respirar, liberan dióxido de carbono.

Los animales y los seres humanos obtienen los azúcares y los almidones vitales de las plantas que ingieren.

Cada día, las plantas liberan millones de toneladas de agua en el aire mediante un proceso denominado transpiración.

Algunos científicos creen que la deforestación (tala de árboles) y un incremento de la respiración animal y humana pueden aumentar el dióxido de carbono presente en la atmósfera y provocar un mayor calentamiento del planeta.

Los experimentos de este capítulo te ayudarán a resolver las dudas que tengas sobre plantas, y, lo que es más importante aún, te demostrarán por qué estos seres vivos son esenciales para nuestra vida.

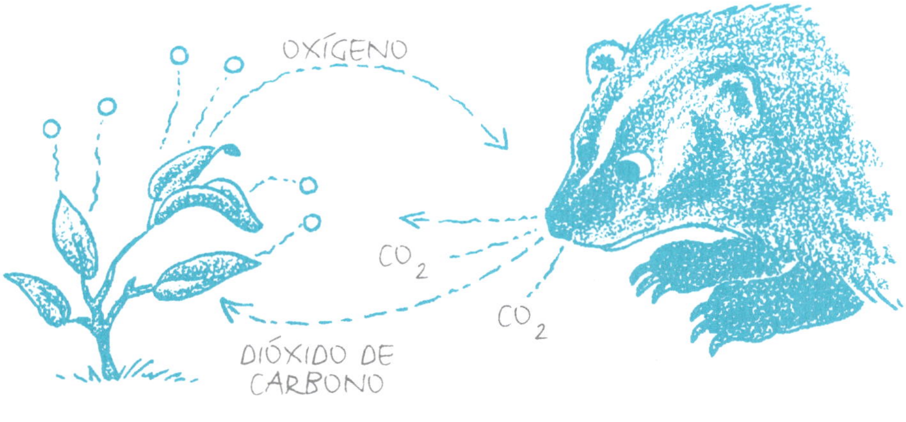

196 Hojas de oxígeno

NECESITARÁS
Un tarro transparente de boca ancha
Agua
Una hoja
Una lupa

¿Hojas de oxígeno? ¡Exacto! ¿Te suena extraño? Prueba este experimento y despejarás tus dudas. Además, aprenderás dos palabras importantes para el mundo vegetal: estoma y fotosíntesis.

¿Qué hacer? Llena el tarro con agua y sumerge la hoja en su interior. Coloca el tarro en un lugar soleado, en el exterior, o en el alféizar de una ventana. Déjalo al sol durante al menos una hora, o hasta que al tocarlo lo notes caliente. Entonces, con la lupa, observa qué sucede en su interior.

¿Qué ocurre? Miles de burbujas diminutas aparecen en la superficie de la hoja y en el interior del tarro.

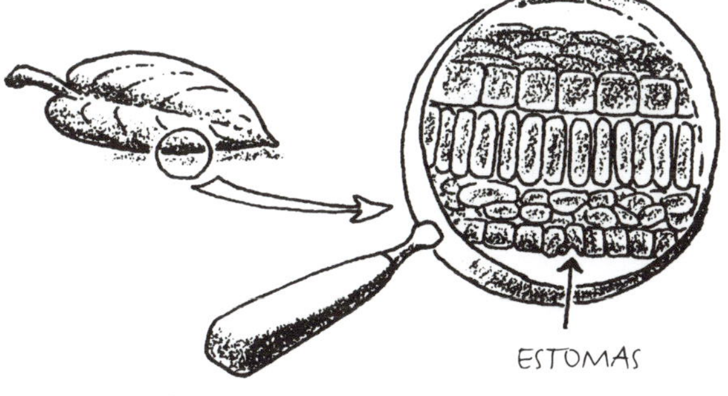

¿Por qué? Las burbujas las forma el oxígeno que despide la hoja.

Una planta necesita ciertos elementos y luz solar para fabricar sus alimentos. Este proceso se denomina fotosíntesis. «Foto» significa 'luz' y «síntesis» significa 'combinación'. Cuando la planta combina agua, aire, clorofila (la sustancia responsable de que las plantas tengan color verde) y luz solar de una manera precisa, pueden fabricar su propia comida. Si falta alguno de estos elementos, una planta no puede vivir.

El dióxido de carbono, un gas, penetra por los diminutos agujeros que hay en el reverso de la hoja, llamados estomas. La planta combina la luz solar y la clorofila con el agua y el dióxido de carbono para convertir estos elementos en el alimento que necesita. Esta sustancia es en realidad una forma de azúcar que acaba por convertirse en almidón. El oxígeno se libera como residuo. Ahora ya sabes por qué se formaban burbujitas en el recipiente y en la hoja.

197 No tiene vuelta de hoja

Observa ahora qué sucede al practicar el mismo experimento pero colocando el tarro en la oscuridad.

¿Importará el hecho de que la hoja haya recibido rayos de sol antes de realizar este experimento? Prueba a introducir una hoja de una planta de exterior en un tarro de agua. En un segundo recipiente con agua, pon una hoja de una planta de interior que viva a la sombra. Coloca ambos tarros al sol, al aire libre. ¿Aprecias alguna diferencia?

Ahora prueba el experimento en el interior. ¿Aparecen burbujas en las hojas o en los tarros?

Recuerda anotar escrupulosamente tus observaciones y los resultados de tus experimentos.

198 Fototropismo: la paciencia es la madre de las ciencias

Las plantas siempre crecen en dirección al sol y hacia arriba, incluso si las tumbas de lado.

NECESITARÁS

2 trozos cuadrados de plástico de unos 8 cm de lado (recórtalos de un recipiente de plástico)
Una servilleta de papel
Una planta de tamaño medio con hojas grandes, algunos tallos y un buen sistema de raíces
2 gomas elásticas
Un recipiente hondo pequeño o una bandeja de alimentos congelados)
Agua
Un lápiz
Papel
Tijeras

¿Qué hacer? Coge los dos cuadrados de plástico. Dobla la servilleta para que quepa en uno y pon sobre ella las raíces de la planta.

Coloca el segundo cuadrado de plástico encima, como si fuera un sándwich, asegurándote de que los tallos y las hojas de la planta queden fuera del «emparedado» de plástico. Ajusta las gomas alrededor de los cuadrados de plástico para mantenerlo todo en su sitio.

Llena de agua el recipiente pequeño. Introduce el «sándwich de planta» en el recipiente, tumbado sobre uno de los lados, y colócalo todo en una ventana orientada al sur soleada. Deberás esperar al menos cuatro días para comprobar los resultados. Asegúrate de que en el fondo del recipiente haya siempre unos 2,5 cm de agua. Dibuja cada día la posición de la planta. Y sé paciente.

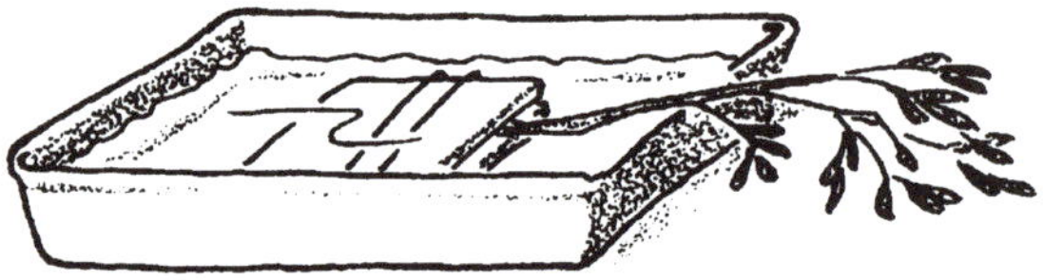

¿Qué ocurre? Las hojas y los tallos de la planta empezarán a levantarse, en dirección al sol, aunque hayas colocado la planta tumbada.

¿Por qué? Los tallos y las hojas de una planta siempre crecen en dirección al sol, sea cual sea su posición inicial, tanto si están tumbados como si están boca abajo. Se doblarán, moverán y girarán para poder subir hacia la luz. Este proceso se conoce como fototropismo.

199 Secar botellas por dentro

Algunos experimentos precisan el uso de botellas perfectamente secas. Pero ¿cómo se puede secar una botella por dentro? Lo único que tienes que hacer es embutir en ella una o dos hojas de papel de cocina y usar un destornillador largo, una vara o cualquier objeto alargado y fino que te permita mover el papel absorbente para secar las paredes y el fondo de la botella, y retirarlo una vez hayas acabado el secado.

200 Sudor o transpiración

NECESITARÁS

- Un trozo de arcilla (del tamaño de una pelota de golf)
- 2 botellitas de refresco o agua transparentes
- Un clavo o un lápiz
- Una hoja entera, con el tallo, previamente expuesta al sol
- Una lupa

Las personas sudan y las plantas transpiran. Una planta libera agua a través de sus estomas, los agujeros diminutos que hay en el reverso de cada hoja. Ahora verás cómo sucede.

¿Qué hacer? Amasa la arcilla entre las manos hasta formar un tubo de unos 4 cm que sirva como tapón. El tapón tendrá que entrar 2 cm en el interior del cuello de cada una de las botellas para sostenerlas en vertical, una de ellas colocada boca abajo sobre la otra.

Con un clavo o un lápiz, haz un agujero en el tapón de arcilla y atraviésalo con el tallo de la hoja, con cuidado de no romperlo ni dañar la hoja. A continuación, aprieta con suavidad la arcilla para que el tallo quede bien sujeto en el tapón. Llena una botella con agua y tápala con el tapón que tiene la hoja. (El tapón debe sobresalir de la boca de la botella y el tallo de la hoja debe tocar el agua.)

Seca las gotitas de humedad que hayan podido formarse en el tapón y asegúrate de que éste no está en contacto con el agua (de lo contrario, la humedad podría entrar en la botella de arriba y anular el experimento).

Con precaución, dale la vuelta a la segunda botella, desliza la hoja a través de su boca y encájala en el tapón de arcilla. Presiona éste para asegurarte de que no pueda entrar aire.

Al cabo de una hora, observa con la lupa tu experimento muy de cerca.

¿Qué ocurre? Un rastro ligero pero apreciable de humedad (zonas con gotitas de agua y vapor) ha aparecido en el vidrio del interior de la botella «seca» que has colocado boca abajo.

¿Por qué? La transpiración de las plantas es prácticamente idéntica al sudor de las personas. Una planta segrega vapor por los agujeros o poros llamados estomas. Las plantas suelen absorber demasiada agua de la tierra a través de sus raíces y se deshacen de la que no necesitan a través de estos agujeritos.

El agua que circula por el mundo es siempre la misma, no se pierde ni una gota. Las aguas de la Tierra se reciclan de forma natural a través de la lluvia, las nubes, los lagos, los ríos, los océanos y, sobre todo, la transpiración de las plantas.

Aunque no lo veamos, las plantas generan litros de agua a diario. Sus hojas liberan toneladas de vapor en el aire cada día. Nunca pensamos en este proceso natural, pero sin él no podríamos vivir en este planeta.

201 De hoja en hoja

En el experimento 200, has usado una hoja ancha que has metido en una botella y has visto cómo se formaban gotitas y vapor de agua. Pero ¿crees que todos los tipos de hoja transpirarían igual?

Reúne más botellas y prueba este experimento usando distintas hojas: anchas, estrechas, pequeñas, grandes, hojas de helecho… Pon unas cuantas al sol, al aire libre, y otras en el interior de tu casa. ¿Se forma más cantidad de agua en a botella de arriba, menos, la misma? ¿Cuál es tu hipótesis?

Repetir el experimento sin usar la hoja te puede servir de control para comprobar que otros objetos no producen gotas de agua.

202 Comida para pájaros

El alpiste y las semillas, como las de los rabanitos o las cebollas, germinan si se colocan sobre una esponja bañada en agua.

NECESITARÁS
Una esponja
Un plato o un recipiente poco profundo
Agua
Semillas
Una lupa

¿Qué hacer? Pon la esponja en el recipiente con agua suficiente para empaparla. La esponja debe sobresalir por encima de la superficie del agua. Deberás añadir agua al recipiente de vez en cuando para mantener la esponja húmeda, ya que el agua se evapora.

Esparce por encima unas cuantas semillas y dales unos golpecitos con la mano para introducirlas ligeramente dentro de la esponja. Coloca el recipiente con las semillas bañadas en agua en un lugar soleado, como el alféizar de una ventana. Comprueba el estado de las semillas al cabo de dos o tres días, para ver si se han resquebrajado y han empezado a germinar. Necesitarás la lupa para verlas. Las plántulas habrán germinado por completo al cabo de unos cinco o siete días.

¿Por qué? Cuando las semillas secas se colocan sobre una esponja humedecida, se hinchan hasta que se rompen y se abren. Las semillas germinan o comienzan a desarrollarse sobre la esponja. El agua reblandece el envoltorio exterior de la semilla, llamado testa. En este punto, las semillas sólo necesitan alimento, agua y aire para crecer. Las plántulas recién germinadas utilizan el contenido de las semillas para nutrirse, pero en el futuro necesitarán tierra y sol para elaborar sus propios alimentos.

203 ¿Y después?

Has descubierto una manera rápida, fácil y divertida de hacer brotar semillas, porque puedes verlas. Una vez hayan germinado, sácalas de la esponja con mucho cuidado y transplántalas a una maceta con tierra u otro material de jardinería, como vermiculita. (Lee el experimento siguiente para averiguar cómo hacerlo.)

204

Un lecho de agua

¿Pueden las plantas crecer sin tierra? Precisamente el cultivo hidropónico es la ciencia de cultivar plantas sin este elemento vital. ¿Cómo es posible? ¿Funciona de verdad? Lo descubrirás sin mancharte las manos, gracias a este importante experimento científico.

NECESITARÁS

Macetas de flores (con un agujero en la base)
Piedras o cascos de cerámica, para drenaje de las macetas
Platos hondos o un molde de horno
Un vaporizador
Semillas de flores u otras plantas
Material absorbente para plantación (vermiculita, perlita o turba en polvo)
Fertilizante en gránulos o líquido

¿Qué hacer? Coloca las piedras o los cascos de cerámica en los fondos de las macetas para tapar los agujeros y garantizar el drenaje. Rellena el resto de las zonas con material de plantación. Dispón las macetas en el molde de horno o en los platos hondos.

Con el vaporizador, humidifica bien el material absorbente (debe estar húmedo pero no mojado). Luego esparce las semillas por encima y húndelas en el material absorbente. Si tienes varios tipos de semillas, es mejor usar varias macetas, para que tengan espacio para crecer. Pon las macetas en ventanas soleadas y orientadas al sur y vigila que el material de plantación esté siempre húmedo.

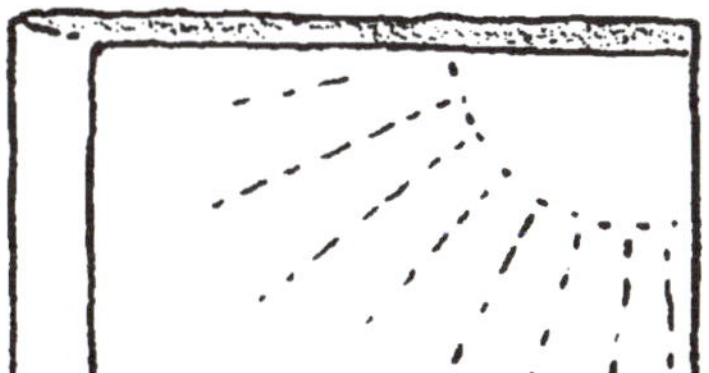

Una vez germinen o broten las plantas, riégalas con una mezcla de agua y fertilizante. (Lee las instrucciones del paquete para averiguar la dosis de fertilizante que debes diluir en el agua.) Riega las plantas cuando notes que necesitan humedad, pero ten cuidado de no inundarlas.

¿Qué ocurre? Las semillas se convierten en plántulas o plantas jóvenes sanas sin necesidad de usar tierra.

¿Por qué? Las plantas necesitan aire, agua y luz para crecer, pero no obligatoriamente tierra. Las plantas pueden crecer sin tierra sustituyendo los minerales que normalmente obtendrían del suelo por fertilizante líquido o sólido. El cultivo hidropónico, o el arte de cultivar plantas sin suelo, puede ser un nuevo método para cultivar plantas en el futuro.

205 Zumo de raíces de Filo Dendro

¿Una nueva marca de refresco? No. Filo Dendro es el apodo (el alias) que le hemos puesto al filodendro. Si tienes esta planta verde en tu casa, pon en práctica este experimento (si no, utiliza otra planta de interior). De un modo u otro, sigue nuestros consejos y obtendrás una planta en poquísimo tiempo.

NECESITARÁS

Un trozo de tallo de 8 cm de largo de filodendro u otra planta de interior

Un tarro lleno de agua

¿Qué hacer? Corta un tallo de la planta justo por debajo del punto en el que brotan las hojas, al que llamamos «nudo», como se indica en la ilustración. Poda las hojas del trozo de tallo.

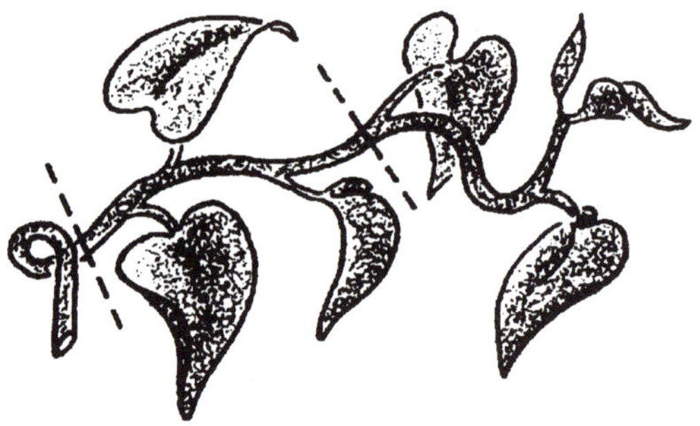

Introduce el tallo de filodendro en el tarro de agua. Asegúrate de que el agua cubre los nudos por los que las hojas estaban unidas al tallo. Ahora sólo te queda aguardar pacientemente a que el tallo eche raíces. Piensa que puede tardar varias semanas.

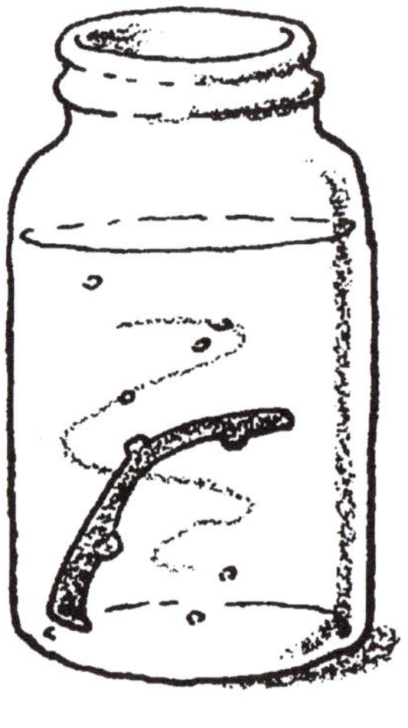

¿Qué ocurre? Largas raíces marrones con forma de filamentos surgen de las cicatrices que las hojas arrancadas han dejado en el tallo.

¿Por qué? Ciertas plantas pueden brotar de raíces, hojas o tallos. Los fragmentos o tallos de filodendro, llamados esquejes, que se introducen en el agua echan raíces por los puntos de las cicatrices o nudos que han dejado las hojas que has podado. Los geranios y otras plantas también actúan de la misma forma, de modo que si las tuyas no funcionan, no te des por vencido. Inténtalo de nuevo.

206 Tomates de invernadero

NECESITARÁS

Macetas
Mantillo
Una cuchara
Tomates frescos o una bolsita de semillas de tomates
Film transparente
Gomas elásticas
La repisa de una ventana soleada
Nota: la cantidad necesaria de materiales depende de cuántas plántulas desees cultivar.

Un invernadero es un espacio cálido y cerrado para cultivar plantas. La Tierra padece el llamado «efecto invernadero», que consiste en que los gases resultantes de la quema de combustibles fósiles actúan como tapadera del planeta e impiden que el calor se disipe en el espacio. Vamos a poner en práctica esta idea del efecto invernadero para cultivar unos brotes pequeñitos que tal vez un día se conviertan en tomates. No hay nada como catar los resultados jugosos, dulces y deliciosos de este experimento, siempre que salga bien, por supuesto.

¿Qué hacer? Llena las macetas de mantillo o tierra. Extrae con una cuchara las pepitas de los tomates frescos (o bien usa semillas de bolsa) y espárcelas de forma homogénea sobre la tierra, evitando que queden amontonadas. Luego cúbrelas con una capa fina de mantillo.

Riega bien las macetas y tápalas con un trozo de film transparente sujetado con una goma. Coloca las macetas en el alféizar de una ventana y observa cómo germinan las semillas y crecen las plántulas.

207 Semillas y plántulas

Los esquejes de plantas que hayan echado raíces, las semillas y las plántulas pueden trasplantarse a la tierra. Es un proceso muy sencillo, pero hay que respetar algunas normas

Para que las semillas germinen y las plantas crezcan, necesitan agua en una cantidad moderada, es decir, ni mucha (ya que se «ahogarían» por falta de aire) ni poca (porque sin agua se secarían y se marchitarían). Para potenciar el crecimiento también ayuda una buena iluminación y una tierra con los minerales adecuados.

En primer lugar, planta las semillas o las plántulas en macetas de barro o plástico con agujeros de drenaje en la base. (También puedes plantarlas en hueveras o cartones de leche perforados por la parte inferior varias veces.) Añade cascos de macetas rotas, gravilla o piedras para facilitar el drenaje del agua. Utiliza una buena tierra para maceta con partes iguales de turba en polvo, arena, cortezas de madera y un contenido en hierro e hidrógeno adecuado.

Los recipientes deben estar casi llenos y cada brote debe tener espacio para crecer a su antojo. En otras palabras: ¡no abarrotes las plantas! Tapa las semillas o las raíces de las plántulas con una capa fina de mantillo y comprímelas ligeramente compactando la tierra con las manos. Las plántulas deben colocarse en una ventana soleada orientada al sur y la tierra debe mantenerse húmeda. Un vaporizador o un cuentagotas te ayudarán a suministrarles la cantidad exacta de agua y a no anegarlas.

En caso necesario, solicita ayuda a un adulto hasta que aprendas cómo tratar las plántulas y obtener los resultados que esperas. ¡Buena suerte y que disfrutes de tus plantas!

Con las manos en la masa: tierra, arena, humus y barro

La próxima vez que llenes una maceta o una jardinera con tierra, piensa en las propiedades de ésta: ¿qué aspecto y qué tacto tiene, cómo huele, de qué está compuesta y qué seres viven en ella? Cuando investigues, descubrirás insectos, hojas, guijarros y rocas pequeñitas, pero eso es sólo lo que encontrarás al rascar la superficie. No verás los millones de millones de plantas microscópicas y animalitos minúsculos que también viven en la tierra y que, en realidad, son los responsables de que los suelos sean fértiles.

En este capítulo aprenderás cosas relativas a la tierra, el humus, la arena y el barro, y descubrirás cómo actúa la tierra en determinadas circunstancias. Además, podrás ensuciarte con total impunidad, sin que nadie te regañe ni te castigue por ello. Al fin y al cabo, ¡estás aprendiendo!

Preguntas clave

¿De qué está hecha la tierra? ¿Toda la tierra es igual? ¿Qué diferencia hay entre los distintos tipos de tierra? ¿Cuál es el más idóneo para las plantas? ¿Dónde puedo encontrar información sobre estas cuestiones?

Lee esta introducción y luego realiza el experimento del análisis de los distintos tipos de tierra. Al concluir, habrás obtenido más datos de los que jamás habrías imaginado.

Lo que se conoce como tierra o suelo terroso se compone de fragmentos de rocas, minerales, restos de plantas y animales muertos, así como de organismos vegetales denominados bacterias. Estos minúsculos seres unicelulares son demasiado pequeños para ser vistos, a menos que se use un buen microscopio. Se hallan por todo el suelo y desempeñan una labor muy importante.

En la tierra también están presentes pequeños animales, gusanos, oxígeno y agua. Con la ayuda de otros animales de mayor tamaño, las bacterias usan el aire y el agua para descomponer los elementos del suelo y modificar su composición química. Una vez las bacterias han cumplido su misión, los suelos pobres o estériles, que hasta ahora no eran aptos para el cultivo, se convierten en suelos fértiles ricos en nitrógeno, donde podrá vivir cualquier tipo de planta.

Los distintos tipos de suelo

Los científicos han identificado cuatro tipos distintos de suelo o tierra en función de su tacto (textura) y de su contenido. Estos tipos de tierra son: la arena, el cieno o légamo, el limo y la arcilla o barro.

La arena se compone de fragmentos de conchas, cantos rodados (o piedras erosionadas) y minerales, como el cuarzo y el basalto, una roca volcánica. Aunque todos los suelos fértiles deben tener arena, si ésta está presente en cantidades excesivas puede drenar demasiado el agua de las raíces de las plantas, secarlas y hacer que se marchiten. La arena se halla en los desiertos, playas y lechos fluviales. Los granos de arena grandes se denominan grava.

El cieno o légamo es un suelo arenoso de grano fino. Sus componentes son más pequeños que la arena pero más grandes que las partículas que forman la arcilla.

La arcilla es un suelo particularmente fino y necesario para cualquier cultivo de plantas. Sin arcilla, la tierra se desmenuza y no retiene los fertilizantes. Por otro lado, un suelo con demasiada arcilla provoca problemas de drenaje del agua y pudre las raíces de las plantas.

El mejor tipo de suelo para la mayoría de las plantas es el limo, una mezcla de arcilla, arena y cieno con suficiente humus (materia vegetal y animal descompuesta) para ser fértil.

208 Análisis de los distintos tipos de tierra

NECESITARÁS

Tarros con tapa (tantos como muestras de tierra desees comprobar)
½ cazo de cada tipo de tierra, extraída de diversos lugares y de distintas profundidades (capa superior del suelo y capa inferior del suelo o subusuelo)
Agua
Una lupa
Papel
Un lápiz

Los sedimentos, es decir, la acumulación de partículas de distintos tipos de suelo, son tan extraños como intrigantes. Agita estos tarros para analizar su composición y observa lo que ocurre. Te sorprenderá.

¿Qué hacer? Llena un tarro con ½ cazo de tierra. Añade agua. El tarro debe quedar lleno en unas tres cuartas partes. Enrosca las tapa y agítalo bien. Repite la operación con todas las muestras de tierra que desees analizar. Sé paciente. Deja reposar el tarro unas dos horas para que la tierra se deposite en la base. (Puedes sentarte a observar, pero no es imprescindible.) Transcurridas las dos horas, observa con la lupa lo que ha ocurrido con las muestras de tierra. Dibuja el aspecto de los sedimentos de cada tarro.

¿Qué ocurre? La tierra se ha depositado en la base del tarro formando bandas o capas de distintos colores. Estas capas se denominan estratos y difieren en función del tipo de suelo.

¿Por qué? En las mezclas arenosas, las partículas más pesadas se depositan primero, seguidas por los granos más claros y ligeros que forman el cieno.

En las mezclas más limosas, el tipo de suelo utilizado para la capa superior de los jardines, la grava más pesada se ha depositado en el suelo, mientras que el humus, más oscuro de color y más ligero, flota en la parte superior del tarro. Este análisis te permite determinar qué suelos son fértiles.

209 Puñados de tierra

Recoge muestras de suelo de distintos lugares cuando vayas de viaje o estés de vacaciones. Al regresar a casa, comprueba la calidad de las muestras de tierra recopiladas y descubre cuánto humus contienen y a qué tipo de suelo pertenece cada una de ellas.

210 El aire de la tierra

NECESITARÁS
Un tarro pequeño
½ taza de tierra
1 taza de agua hervida y enfriada
Una lupa

Qué hacer si no consigues averiguar la composición del suelo.

¿Qué hacer? Mete la muestra de tierra en el tarro. Vierte despacio el agua hervida y enfriada y observa atentamente qué sucede.

¿Qué ocurre? Se forman burbujas de aire que se arremolinan en la superficie de la tierra.

¿Por qué? Todos los tipos de suelo seco encierran aire en el interior y alrededor de sus partículas. Las burbujas de aire que ascienden a la superficie de la tierra están formadas por el aire que sale del suelo debido a la presión que ejerce el agua.

El agua, por su parte, también contiene aire, motivo por el cual es necesario utilizar agua hervida y enfriada para realizar este experimento. Durante la ebullición, el aire caliente del agua se evapora, lo cual permite determinar que las burbujas de aire de este experimento proceden de la tierra y no del agua.

211 Rocas burbujeantes

NECESITARÁS
Roca porosa o fragmentos de ladrillo o cerámica
Un molde de horno
Agua
Una lupa

Busca fragmentos de roca porosa (ese tipo de rocas ligeras que tienen multitud de agujeritos o cavidades) y colócalos en un molde de horno lleno de agua. Prepárate para disfrutar del espectáculo de las «rocas burbujeantes».

¿Qué hacer? Introduce las rocas en el molde y vierte agua suficiente para cubrirlas. Utiliza la lupa para observar lo que sucede.

¿Qué ocurre?

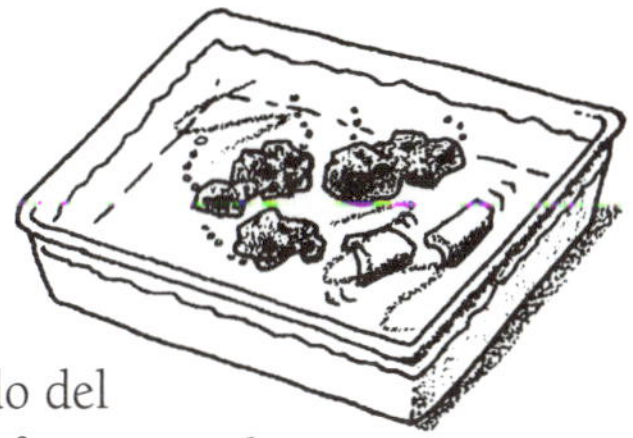

De las rocas surgen chorros de burbujas. Cuanto más porosas sean las rocas, más burbujas verás. Dependiendo del peso de las rocas y de la fuerza con la que el aire salga de ellas, es posible que se muevan ligeramente, que efectúen un suave movimiento de vaivén, que choquen entre sí o que traqueteen en el fondo del molde.

¿Por qué? Las rocas también contienen oxígeno. Las burbujas de aire escapan de las cavidades de los minerales que componen las rocas y ascienden a la superficie del agua.

212 Trampa de arena

NECESITARÁS

- Una hoja de periódico
- Un cuenco grande
- Un vaso medidor
- 1¼ tazas de maizena
- 1 taza de agua
- Una cuchara
- 2 cucharadas de café molido

Las arenas movedizas están formadas por una capa gruesa de granos de arena mezclados con agua cuya superficie parece seca y dura. Dado que tiene un aspecto sólido, hace pensar que puede caminarse por encima de ella, sin embargo, hacerlo puede resultar terriblemente peligroso, ya que en realidad esta capa no aguanta mucho peso. Se sabe de personas que han sido literalmente absorbidas por las arenas movedizas.

En este experimento vas a fabricar un tipo de arena movediza que, de forma mágica y sorprendente, aguantará el peso de tu mano durante un minuto; después, se romperá.

¿Qué hacer? Extiende sobre la superficie de trabajo la hoja de papel de periódico para no ensuciar. Pon encima el cuenco con agua y añádele la maizena; remuévelo todo bien con la cuchara hasta que la mezcla adquiera la consistencia de una masa. Ten presente que será algo difícil de remover y acabará pegándose a la base del cuenco. Es normal. A continuación, espolvorea por encima de forma uniforme el café molido para darle aspecto de capa seca.

Ahora empieza la diversión. Con el puño cerrado, da un golpecito suave en la superficie. Observa qué ocurre y qué tacto tiene. A continuación, clava los dedos en la mezcla.

¿Qué ocurre? Al golpear con el puño en la superficie de la masa, la sensación era la de golpear una superficie dura que, de forma mágica y misteriosa, te impedía traspasarla. Pero al intentar meter los dedos o la mano en la mezcla, has comprobado que podías tocar fácilmente el fondo del cuenco.

¿Por qué? Las moléculas de la masa se comportan en gran medida como las de la auténtica arena movediza. A diferencia de las moléculas de agua, las de la masa presentan un tamaño superior. Se hinchan y se enganchan, y consiguen transmitir la sensensación de ser un elemento sólido, en lugar de líquido. Además, el café molido otorga a la superficie de la masa un aspecto engañosamente liso y seco, tal y como ocurre en las arenas movedizas de verdad.

213 Permeabilidad

NECESITARÁS

Un clavo
Cantidades iguales de 4 muestras de tierra (arcilla, arena, tierra para maceta y limo)
4 vasos de papel o 4 envases de leche o zumo de cartón parafinado cortados por la mitad
Recipientes pequeños
Agua
Papel
Un lápiz
Un vaso medidor

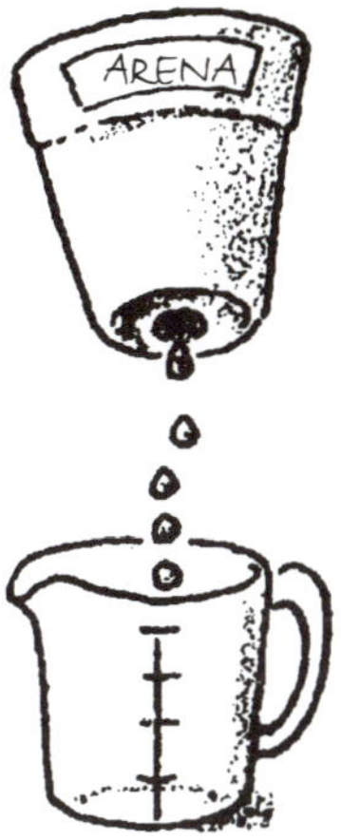

Se dice que un suelo es «permeable» cuando permite que el agua se filtre a través suyo. Pero ¿cuáles son los suelos más permeables? ¿Cuáles retienen más o menos agua, y cuáles lo hacen en la proporción exacta? Para poner en práctica este experimento, lo mejor es que busques un lugar al aire libre donde puedas ensuciar sin problemas.

¿Qué hacer? Utiliza el clavo para hacer unos seis agujeros en la base de los vasos o de las cajas. Rellena cada vaso o cartón hasta la mitad con una muestra de tierra. Vierte ½ cazo de agua en cada uno de ellos. Coloca un pequeño recipiente bajo cada vaso para recoger el agua. Vierte el agua que haya drenado un vaso en el vaso medidor. Anota el tipo de suelo que estabas analizando y qué cantidad de agua ha retenido. Repite la operación con las otras muestras de tierra y mide la cantidad de agua que drenan.

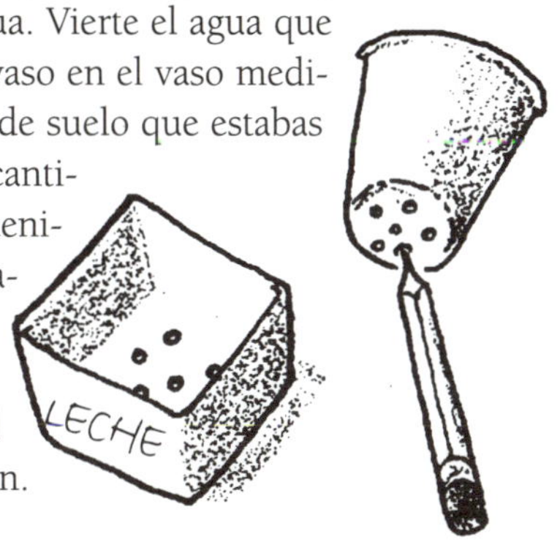

¿Qué ocurre? En el fondo de algunos recipientes habrá más tierra y agua que en otros. El agua se filtrará más rápidamente en algunas muestras de suelo que en otras.

¿Por qué? Los suelos arcillosos retienen o conservan demasiada agua, mientras que los suelos arenosos la drenan muy rápidamente. El contacto de demasiada agua con las raíces tiernas de las plantas puede hacer que se pudran, mientras que, si falta agua, las raíces se secarán y las plantas acabarán por marchitarse. Los suelos con un alto contenido en humus, o materia animal y vegetal descompuesta, son los más idóneos para el cultivo de plantas. Retienen el agua justa para que la planta crezca sana y, al mismo tiempo, estimulan las raíces. Sin embargo, algunas plantas son capaces de prosperar bien en otros tipos de suelo.

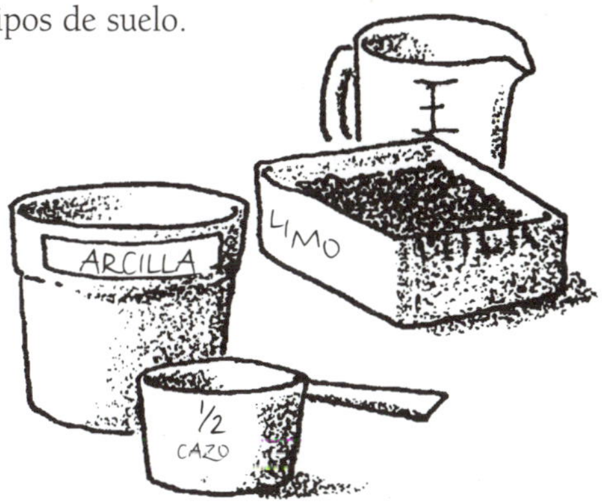

214 Una depuradora de agua casera

NECESITARÁS

Una maceta mediana o una caja de cartón parafinado poco profunda con la base agujereada
Un filtro de café o una servilleta de papel
Una botella grande con tapón
Dos bandejas o moldes hondos
Gravilla o guijarros
Arena y tierra
Un embudo
Agua

¿Alguna vez te has preguntado cómo se limpia el agua antes de que llegue a tu hogar? ¿Qué te parece la idea de fabricar un sencillo sistema de filtrado que responderá a muchas de tus preguntas? Puedes obtener información muy práctica.

Pero recuerda que, al margen de lo bien que te salga este experimento, nunca debes beber el agua filtrada. El experimento te permitirá hacerte una idea de cómo funcionan las depuradoras de agua, pero no es una depuradora de verdad, y ten en cuenta que consumir sólo unas pocas gotas de agua sin depurar puede hacer que caigas enfermo.

Es preferible realizar este experimento al aire libre, porque puede ensuciar y, además, los elementos que necesitas para ponerlo en práctica los encontrarás en la calle. Puedes comprar arena limpia o gravilla en cualquier centro de jardinería o floristería, o bien en los supermercados y grandes superficies.

¿Qué hacer? Forra la base de una maceta o cartón con el filtro o la servilleta de papel. Llena la base de la maceta con una capa de gravilla o piedrecitas de unos 5 cm de altura. Llena con arena el recipiente hasta unas tres cuartas partes de su altura. Éste será tu sistema de filtrado.

Con ayuda del embudo, vierte aproximadamente una taza de tierra en la botella y rellénala con agua. Enrosca el tapón y agítala con energía.

Vierte parte del agua fangosa de la botella en un molde o bandeja. Éste será tu recipiente de control, el cual te permitirá comparar el agua filtrada con la muestra original. Coloca el sistema de filtrado en el otro recipiente y vierte un poco de agua fangosa de la botella por encima. Observa cómo se filtra el agua y compara los resultados con los de la muestra de control. Ten paciencia: las primeras pruebas recogidas no serán tan claras como las últimas. Repite el procedimiento varias veces hasta que el agua que se filtre salga casi transparente. Sigue comparando las muestras con el agua del recipiente de control.

¿Qué ocurre? El agua que salga al principio de tu sistema de filtrado seguirá estando bastante sucia. A medida que la vayas pasando una y otra vez por tu depuradora, el agua irá saliendo cada vez más transparente. Sin embargo, aunque el agua salga cada vez más clara, siempre quedará un poso de sendimentos.

¿Por qué? Aunque poseen ciertas similitudes, tu sencillo sistema de filtrado de agua no tiene nada que ver con una depuradora o planta de tratamiento de aguas de una gran ciudad. En estas grandes depuradoras, el agua se pulveriza en el aire para liberar los gases nocivos y se añaden sustancias para reunir las partículas de suciedad y tierra suspendidas en el agua, de modo que resulte más fácil filtrarlas.

Como ocurre en tu sistema, el agua también se filtra a través de capas de arena y grava, pero se añade una capa de carbón vegetal. Después, el agua se trata con cloro. El gas cloro mata las bacterias que aún puedan quedar en el agua. Depurar el agua es una labor difícil, costosa y de vital importancia.

Ahora ya tienes algunos conocimientos sobre cómo funcionan las depuradoras de aguas y, precisamente por eso, también sabrás por qué bajo ningún concepto debes beberte el agua que has «purificado» con tu sistema de filtrado casero.

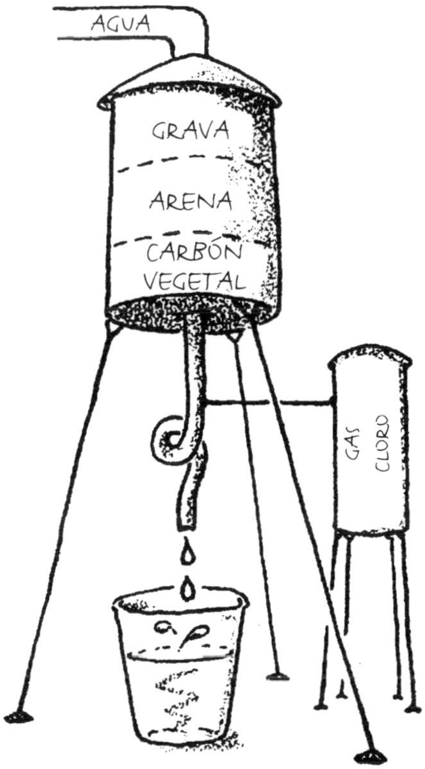

215 Arenas moldeadas

NECESITARÁS
Arena
Una bandeja metálica
Agua

El mar desgasta las costas, arrastra la arena y construye con ella nuevas formaciones. Este sencillo experimento te permitirá comprobar que la tierra sufre constantemente los efectos de la erosión (desgaste), y cómo ese proceso erosivo provoca el cambio, lento pero constante, de las formaciones que hay en la superficie terrestre.

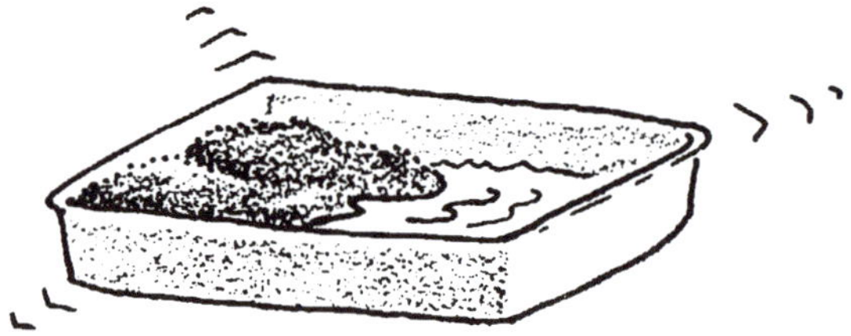

¿Qué hacer? Amontona la arena en un lado de la bandeja y aplánala dándole unos golpecitos con la mano. En el marco de este experimento, este montón de arena representará una playa u orilla. Vierte un poco de agua en el centro de la bandeja, hasta que parte de nuestra orilla quede ligeramente cubierta. Agita la bandeja, primero muy lentamente y luego de forma cada vez más rápida, hasta que se formen olas que vayan a romper contra la arena y la arrastren con su movimeinto.

¿Qué ocurre? La acción de las olas en la bandeja modifica poco a poco la forma de la orilla, arrastrando parte de la arena hasta el fondo del «mar».

¿Por qué? Todos los mares y océanos de la Tierra modifican constantemente el aspecto de las zonas con las que limitan. Algunos mares desgastan o erosionan grandes zonas rocosoas, mientras que otros arrastran arena en enormes cantidades y la depositan en otros puntos del planeta. Esta acción gradual pero constante del agua en la arena se denomina erosión.

216

Un juego sucio, o las supercajas de tierra

NECESITARÁS
Tijeras
Cartones de leche de 1 litro
Tierra para macetas o de jardín
Agua
Una bandeja honda
Una vara corta
Un vaso medidor
Papel
Un lápiz

Si te gustaba jugar con el barro cuando eras pequeño, te va a encantar este experimento. Practícalo en el exterior y vístete con ropa vieja, ya que es muy fácil que acabes ensuciándote.

¿Qué hacer? Recorta la cara opuesta al pitorro o el abrefácil de cada cartón de leche. Tumba los cartones por el lado del pitorro, como se indica en la ilustración. Rellena cada cartón abierto con la misma cantidad de tierra.

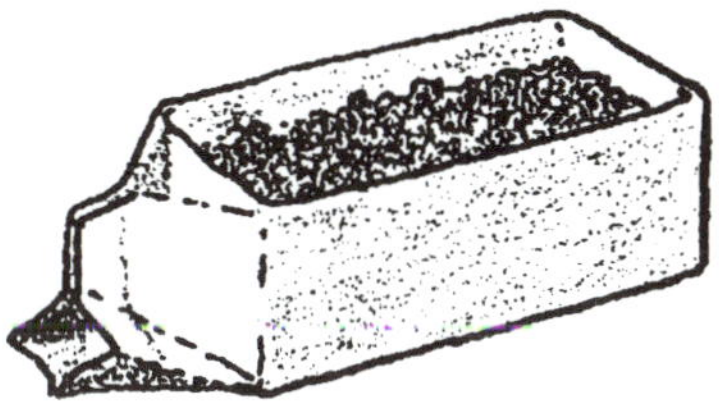

Riega la tierra de los cartones y mézclala bien. Si está demasiado mojada, añade un poco de tierra seca y vuelve a removerlo todo con las manos.

A continuación, allana la tierra fangosa de dentro de los cartones formando una especie de ladera o pendiente en dirección al pitorro. Con la mano o con la ayuda de la vara, crea formas de barrancos y cadenas montañosas en la tierra de un cartón; crea una ladera escalonada o aterrazada en el segundo cartón, y deja el tercero con una pendiente lisa.

Deja que la tierra de los cartones se seque durante unos treinta minutos. Cuando se haya secado, apoya el primer cartón contra un objeto inmóvil de modo que quede ligeramente inclinado. Coloca la bandeja debajo del pitorro del cartón.

Mide una taza de agua y viértela de forma lenta pero constante sobre la parte alta de la pendiente de arena. Aguarda unos minutos hasta que el agua penetre en la arena, se filtre y caiga en la bandeja.

Transfiere el agua de la bandeja de nuevo al vaso medidor y mide cuánta agua has recuperado. Anota el resultado.

Repite la operación con los otros dos cartones de arena. Anota si el agua sale transparente o sucia, y qué cantidad de sedimentos o partículas de tierra arrastra consigo. Anota también cuánto tiempo tarda el agua en filtrarse por la tierra de los distintos cartones y caer en la bandeja.

¿Qué ocurre? En nuestro experimento, hemos recuperado una taza de agua de los cartones con la colina escalonada y lisa, y sólo media taza del cartón con los barrancos. ¿Has obtenido tú los mismos resultados?

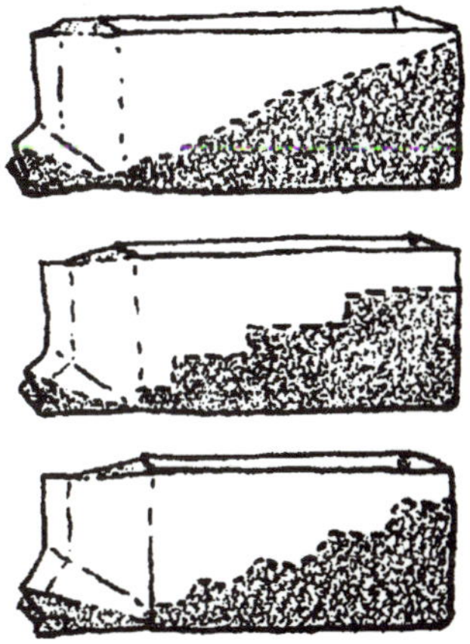

¿Por qué? Los cartones que retienen la tierra y drenan el agua son los vencedores de este experimento. La erosión del suelo, es decir, el fenómeno que arrastra la capa superficial de la tierra, puede disminuirse mediante técnicas de cultivo y conservación diseñadas para proteger y salvar los suelos. Los dos métodos vencedores de este experimento se corresponden a técnicas de cultivo según las líneas de nivel. Estas técnicas consisten en cavar surcos horizontales o hacer terrazas o barrancos y crear así planos elevados o niveles en el perfil de las laderas.

Gravedad y magnetismo: fuerzas atrayentes

Aunque la gravedad y el magnetismo son dos fuerzas terrestres distintas, ambas ejercen una fuerte acción atrayente.

La gravedad es la fuerza que atrae todos los objetos hacia el suelo, hacia el centro de nuestro planeta. Lo atrae todo, desde a ti hasta tu casa, una pelota, tu cama, el coche de tus padres, ¡todo! Tu peso sobre la tierra es simplemente la cantidad de atracción que esta fuerza ejerce sobre ti.

Los planetas, el Sol y la Luna también ejercen gravedad, pero con una fuerza mayor o menor que la de la Tierra. La gravedad del Sol obliga a la Tierra y a los demás planetas del sistema solar a orbitar alrededor de él, mientras que la gravedad de la Luna hace que las mareas de los océanos suban y bajen. El científico inglés Sir Isaac Newton descubrió este fenómeno y otras leyes de la gravedad.

Por otro lado, los imanes tienen campos o polos de fuerza donde la atracción es más fuerte. La propia Tierra, debido a que contiene hierro en su núcleo, funciona como un imán de proporciones gigantescas.

Los maravillosos experimentos que vamos a realizar en este capítulo con la gravedad y el magnetismo sin duda atraerán tu atención y te «arrancarán» de lo que sea que estés haciendo.

217 El peso de la gravedad

NECESITARÁS

Un clavo
La parte inferior de una caja de cartón parafinado
Un cordel resistente
Un clip
Una goma elástica
Una regla
Objetos para pesar (piedras, grava, arroz, tierra, arena y nubes de golosina)

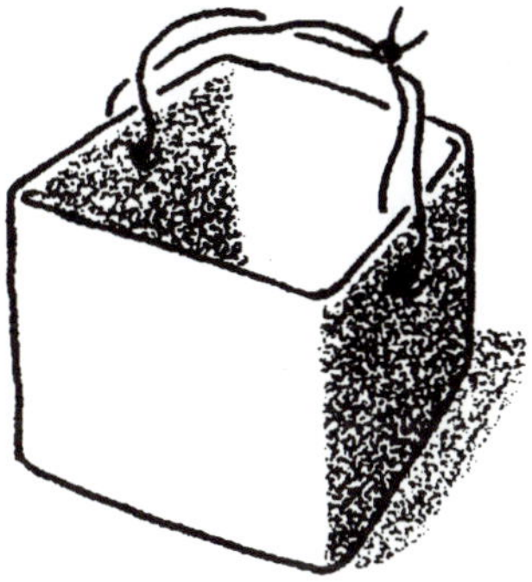

El peso no es más que la tracción que la gravedad ejerce sobre nosotros y el resto de los objetos. Este experimento te demostrará cómo funciona. Para evitar «accidentes» (la gravedad, una vez más), lo mejor es poner en práctica este experimento al aire libre. Además, no te irá mal contar con la ayuda de un amigo.

¿Qué hacer? Perfora un agujero con el clavo en un lado del cartón, a unos 2,5 cm del borde superior, y otro directamente en frente del primero, en la cara opuesta del cartón. Enhebra el hilo a través de los agujeros y átalo con un nudo formando una especie de asa. Engancha el clip en el punto central del asa y luego engancha la goma elástica al clip.

Pídele a tu ayudante que sostenga tu báscula casera de modo que la parte superior de la cesta de cartón quede nivelada con el borde superior de la regla. Introduce en la cesta algunos de los objetos que hayas pensado pesar: grava, piedras, arroz, judías secas... Ve añadiéndolos poco a poco, hasta llenar el cartón.

Observa a qué altura de la regla queda la cesta al añadir cada nuevo elemento y mide cuántos centímetros desciende la cesta cada vez que le añades un nuevo peso.

¿Qué ocurre? Tu balanza casera, rellena de objetos de distinto peso, mide la fuerza de la tracción gravitacional sobre los objetos que has ido introduciendo en la cesta. La cesta de cartón desciende cada vez más con respecto a la regla en función de la fuerza que la gravedad ejerce sobre ésta.

¿Por qué? La Tierra atrae todos los cuerpos hacia su centro. Cuanto más fuerte es la tracción que la gravedad ejerce sobre un objeto –la tracción depende de la masa o la densidad del objeto–, mayor es el peso de éste. A medida que la cesta va llenándose y la goma se alarga, la fuerza con que la gravedad atrae la cesta aumenta.

218 Risas enlatadas

NECESITARÁS
2 libros gruesos de tapa dura
Una lata vacía con tapa
Una bola de arcilla (del tamaño de una pelota de golf)
Un lápiz

Haz rodar una lata cuesta arriba y exhibe este truco ante un amigo al tiempo que aprendes algo sobre la importante fuerza que afecta a todas las personas y todos los objetos del mundo.

¿Qué hacer? Apoya el borde de un libro sobre otro para formar una especie de rampa. Introduce la bola de arcilla dentro de la lata y presiónala con fuerza para que se pegue a una de las paredes interiores. La bola debe estar centrada en la pared de la lata, en algún punto entre los dos extremos de ésta.

En el exterior de la lata, marca con el lápiz el punto exacto en el que está pegada la arcilla, para saber dónde se concentra el peso del objeto.

A continuación, tapa la lata con la tapadera de plástico y prepárate para divertirte al ver ascender una lata cuesta arriba.

Coloca la lata a los pies de la rampa y experimenta hasta que consigas hacerla trepar por ella. Luego llama a algunos amigos y asómbralos con este fantástico experimento de «magia científica».

¿Qué ocurre? Sorprendentemente, la lata asciende rodando por la rampa de libros.

¿Por qué? Todos los objetos se ven atraídos hacia el centro de la Tierra por una fuerza constante llamada gravedad. El centro de gravedad de un objeto parece ser el lugar exacto de éste en el que se concentra todo su peso. En ese punto, el objeto mantiene el equilibrio, en lugar de caer.

La bola de arcilla que has introducido en la lata es suficiente para modificar el centro de gravedad natural de la lata. Este sobrepeso conlleva un desequilibrio que permite a la gravedad tirar de la lata hacia arriba y hacerla subir por la rampa para recobrar el equilibrio.

219 Jugar a rodar

Repite el experimento anterior sobre otras superficies. ¿Qué ocurre si colocas la lata con el peso adherido en la parte superior de la rampa, en lugar de a los pies de ésta? ¿Y qué sucede si la colocas sobre una superficie plana?

Destapa la lata y observa lo que ocurre con el peso de arcilla del interior al probar estas distintas opciones. Cuando la lata no rueda, el peso se concentra en un punto. En cambio, cuando el centro de gravedad se modifica, el peso interior obliga a la lata a moverse para recobrar el equilibrio.

¿Dónde está el centro de gravedad? Pega o clava un cabo de un cordel corto a la bola de arcilla y observa atentamente.

220 Alta velocidad

NECESITARÁS
Un vaso de plástico
Una bola pequeña, por ejemplo de arcilla,
Una pelotita o una canica

Los metros urbanos y los trenes monorraíles reciben el nombre de trenes de alta velocidad. Observa la rapidez con la que una bola es capaz de salir de un vaso y descubre un aspecto importante de una fuerza terrestre.

¿Qué hacer? Mete la bola en el vaso, túmbalo y deslízalo rápidamente por encima de una mesa o un suelo duro, con la boca hacia delante. Detén el movimiento súbitamente y observa qué ocurre con la bola del interior.

¿Qué ocurre? La bola sale disparada del fondo del vaso y sigue rondando hasta topar con algo que la detiene o modifica su dirección.

¿Por qué? El físico inglés Sir Isaac Newton descubrió varias leyes naturales de la gravedad y el movimiento. Una de estas leyes se denomina inercia. La ley de la inercia dice que un objeto que se encuentra en reposo tiende a seguir en reposo, quieto, hasta que otra fuerza lo mueve o actúa sobre él. Del mismo modo, un objeto en movimiento seguirá moviéndose hasta que algo actúe sobre él y lo detenga.

La bola del fondo del vaso ha permanecido dentro de él mientras ha estado en movimiento. La inercia de esta fuerza no se ha visto superada hasta que el movimiento se ha detenido bruscamente. El parón brusco ha sido la fuerza que ha anulado la inercia de la bola dentro del recipiente en movimiento y ha hecho que empezara a rodar, hasta topar con una fuerza opuesta que la ha detenido.

221 La cobra bailarina

NECESITARÁS
Un hilo de algodón de 20 cm de largo
Un alfiler
Un imán en herradura

Este truco experimental que se efectúa con un alfiler y un imán te recordará a los hechizadores indios que hipnotizan a sus cobras con el sonido de una flauta.

¿Qué hacer? Haz un nudo en un cabo del hilo y, antes de apretarlo, enróllalo alrededor de la cabeza del alfiler.

Sostén el cabo del hilo con el alfiler atado con una mano y, con la otra, levántalo utilizando el imán. Cuando consigas que el alfiler se coloque en posición vertical, aleja poco a poco el imán para que aquel quede suspendido en el aire. Mueve el imán lentamente describiendo círculos y observa cómo el alfiler y el hilo, tu «cobra», siguen sus movimientos. A menos que estés utilizando un imán muy potente, la distancia entre éste y el alfiler será pequeña. Si la amplías, el alfiler se caerá.

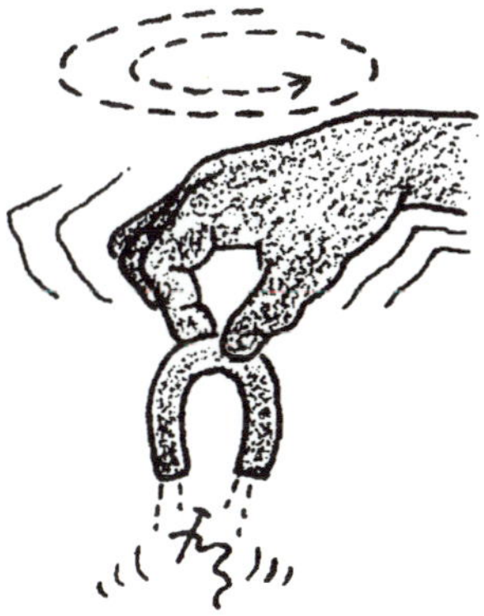

¿Qué ocurre? El alfiler y el hilo flotan en el aire ligeramente por debajo del imán y siguen su trayectoria a medida que lo mueves en círculo.

¿Por qué? El alfiler parece haber anulado la fuerza de la gravedad, flotando bajo el imán sin tocarlo. Ésta es la prueba de que la atracción del imán puede atravesar el aire y, a la distancia correcta, puede contrarrestar la fuerza de la gravedad.

222 Labores de aguja a bordo de la Santa María

NECESITARÁS
Una aguja de coser
Un imán en herradura
Un trozo pequeño de papel parafinado
Tijeras
Un cuenco lleno de agua

Cristóbal Colón y otros marineros de antaño probablemente usaron un artilugio maravilloso para encontrar su ruta a través de los mares cuando perdían la tierra de vista: una aguja imantada flotando sobre un cuenco con agua.

En la actualidad, los marineros disponen de varios dispositivos que les ayudan a navegar por los océanos. Incluso cuentan con un sistema de satélites espaciales situados alrededor de la Tierra. Pero detengámonos un momento a examinar la versión preliminar de la brújula moderna y comprobar de lo que es capaz una simple aguja.

¿Qué hacer? Imanta la aguja frotando la punta cincuenta veces con el polo norte del imán. Luego frota el extremo del ojo de la aguja con el lado sur del imán. Asegúrate de frotar la aguja contra el imán siempre en la misma dirección, del centro hacia fuera, y separa ligeramente el imán de la aguja después de cada fricción.

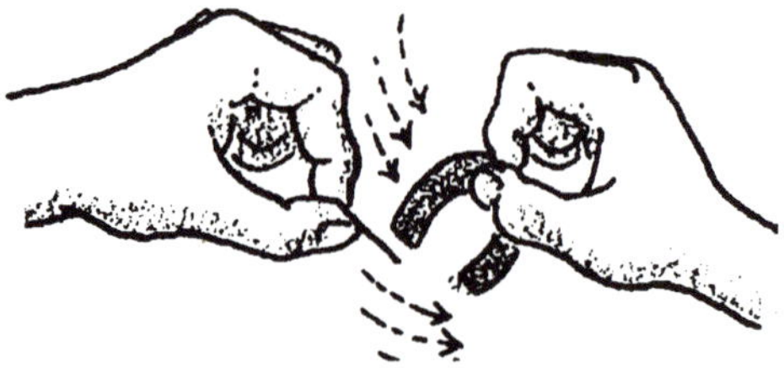

Recorta un círculo de unos 2,5 cm de diámetro de papel parafinado. Coloca el cuenco de agua sobre una mesa o la encimera de la cocina. Con mucho cuidado, clava la aguja al círculo de papel parafinado y da una puntada, tal como harías si fueras a coser una tela. Pon a flotar el papel parafinado con la aguja sobre la superficie del agua, en medio del cuenco. Intenta darle vueltas a la aguja y observa qué sucede.

¿Qué ocurre? Al detener el movimiento, la aguja señala hacia el norte y el sur, independientemente de las vueltas que le des.

¿Por qué? La aguja flotante reacciona a la fuerza magnética invisible que ejerce la Tierra y que está provocada por su núcleo, que actúa como un imán de proporciones descomunales.

223

No te atasques: controla tu aguja

¿Cómo saber si todas las agujas, al detenerse el movimiento, indican correctamente el eje norte-sur? Para descubrirlo, utiliza una brújula de control, la cual te permitirá determinar si existen otros fenómenos que puedan causar los resultados que obtienes.

Repite el experimento anterior del mismo modo, pero en lugar de usar una aguja imantada, utiliza una aguja sin imantar.

Coloca el papel parafinado en el centro del cuenco de agua y, una vez más, intenta darle vueltas a la aguja. Aguarda pacientemente hasta que la aguja deje de moverse. Haz varios intentos y compara los resultados que marca la brújula de control con la dirección que señala la aguja sin imantar.

224

Potencia tu orientación

Fabrica una brújula magnética con un aspecto distinto al habitual: sin carcasa y sin aguja.

NECESITARÁS

Un trozo grande de arcilla (para hacer un soporte)
Un lápiz muy afilado con goma
Un imán en herradura

¿Qué hacer? Forma una bola con el trozo de arcilla y aplástala para fabricar un soporte sólido y resistente. A continuación, clava el lápiz por el lado de la goma en el soporte de arcilla. Con mucho cuidado, coloca el imán en equilibrio sobre la punta del lápiz.

¿Qué ocurre? El imán se recoloca lentamente en el eje norte-sur.

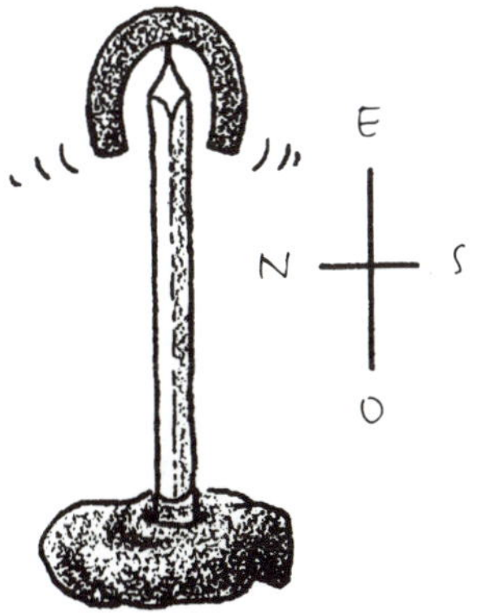

¿Por qué? La Tierra es una gran bola imantada con dos polos magnéticos, uno norte y otro sur. El imán se recoloca en la dirección norte-sur porque los metales y los líquidos magnéticos encerrados en el núcleo de la Tierra han convertido el planeta en un imán de proporciones descomunales, que atrae de forma natural todas las brújulas y los imanes. Estas enormes fuerzas magnéticas se concentran en los polos magnéticos norte y sur, que no hay que confundir con el Polo Norte y el Polo Sur de los que hablamos habitualmente, aunque sí se encuentran en la misma zona.

225 Alfileres juguetones

NECESITARÁS
2 alfileres
Un imán en herradura con los polos marcados
Papel
Un lápiz
Un hilo de algodón
2 clips de papel
Un libro pesado

Los alfileres imantados se repelen por los polos idénticos, mientras que se atraen por los polos opuestos. ¿Es eso cierto?

¿Qué hacer? Imanta uno de los alfileres colocándolo sobre una superficie lisa y frotando uno de sus extremos con el polo norte de un imán, y el extremo opuesto con el polo sur, siempre en la misma dirección y separando el imán del alfiler entre un frotamiento y el siguiente. Frótalo unas cincuenta veces. Imanta el segundo alfiler mediante la misma técnica.

Anota en qué extremo (la punta o la cabeza del alfiler) has imantado el norte y el sur. Ata dos hebras de hilo de unos 25 cm a la mitad de la barra de cada alfiler y engancha los dos clips a los cabos opuestos de los hilos. Cuelga los dos alfileres del borde de una mesa, cada uno de un hilo, separados por una distancia de unos 5 cm. Coloca los cabos atados a los clips en la mesa y aguántalos en su sitio colocando encima el libro. A continuación, intenta juntar los alfileres.

¿Qué ocurre? Las puntas de los alfileres se atraen mientras que las cabezas se repelen, o a la inversa.

¿Por qué? Los polos magnéticos idénticos se repelen mientras que los polos opuestos se atraen o tienden a juntarse.

226 El imán colgante

NECESITARÁS
Un imán recto (en forma de barra)
Una hebra larga de hilo de algodón
Papel
Un lápiz

Si prestas atención a esta barra imantada y sus movimientos, descubrirás cosas realmente asombrosas.

¿Qué hacer? Ata un cabo de una hebra larga de cordel alrededor de la parte central del imán recto. Ata o pega con cinta adhesiva el otro cabo a una lámpara, a la barra de un armario o a una lámina del respaldo de una silla de la que pueda colgar balanceándose libremente. Ajusta el imán de modo que quede perfectamente en equilibrio y no cuelgue más de un lado que del otro.

A continuación, haz girar el imán y espera tres minutos, hasta que deje de moverse. Haz un dibujo indicando en qué posición se encuentran los Polos Norte y Sur desde donde tú los ves. Repite esta operación cinco o seis veces. ¿Acaba el imán por detenerse siempre en la misma posición, con los polos alineados en la misma dirección?

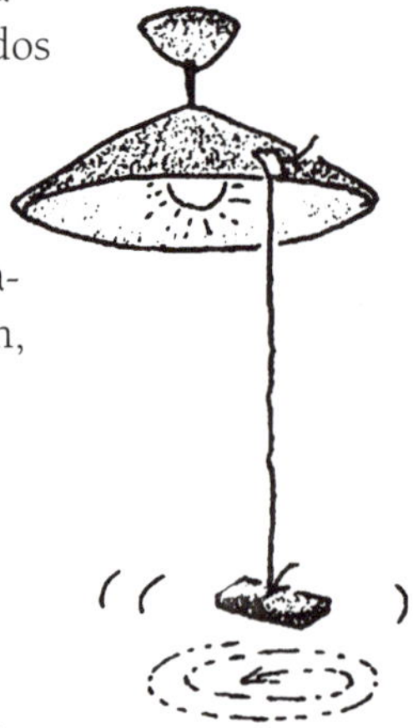

¿Qué ocurre? El imán recto debería detenerse invariablemente en la misma posición, con los polos apuntando al mismo sitio, independientemente de las veces que lo hagas girar.

¿Por qué? Colgado libremente de un hilo, tu imán recto se convierte en una brújula que se alinea con la fuerza magnética de la Tierra.

227

Monedas falsas

NECESITARÁS
3 libros grandes de tapa dura
Un imán recto
4 monedas de distinto valor, de 10, 20 y 50 céntimos, por ejemplo
3 fichas metálicas

La mayoría de máquinas de venta de alimentos, agua y refrescos, las llamadas máquinas expendedoras, rechazan las monedas falsas (como las fichas), que descubren gracias a un imán. ¿Cómo funciona este sistema «antiengaño»?

¿Qué hacer? Apila dos libros, uno sobre el otro, e inclina el tercero contra ellos, formando una especie de rampa. Sostén el imán a media altura del libro que forma la rampa con una mano. Con la otra, lanza rodando una a una las monedas por el lado del libro, de modo que pasen junto al imán.

¿Qué ocurre? Las monedas continúan su trayecto, mientras que las fichas son atraídas por la fuerza del imán, que las retiene.

¿Por qué? El imán «capta» las fichas porque están fabricadas con acero o hierro. En cambio, no atrapa las monedas de curso legal porque están acuñadas (o fabricadas) con aleaciones o mezclas de metales no magnéticas.

Muchas monedas del mundo se fabrican con una combinación de metales y cobre. Dado que los imanes no atraen el cobre, resultan de suma utilidad para descubrir las monedas falsas o fichas de hierro o acero que los ladrones intentan utilizar en las máquinas expendedoras.

228 Papel de dibujo

NECESITARÁS
2 hojas de papel
Unas tijeras viejas
Una bobina de lana de acero
Un imán recto
Una lupa

Adivina adivinanza: ¿en qué tipo de papel se puede dibujar sin utilizar un lápiz ni ser un artista? Haz este experimento y descúbrelo.

¿Qué hacer? Con unas tijeras viejas, corta la lana de acero en hilos cortos sobre una de las hojas de papel. (Ten cuidado con las esquirlas.) Pon el imán sobre la mesa y cúbrelo con la segunda hoja, de manera que quede justo en el centro. A continuación, con mucho cuidado, pon los hilos de lana de acero sobre el imán, de modo que queden distribuidos de forma uniforme. Golpea suavemente la mesa, cerca del papel cubierto de hilos de acero, y observa el movimiento de éstos. Examina de cerca las formas que han adoptado los hilos de acero con la lupa.

¿Qué ocurre? Los finos hilos de acero se ven atraídos hacia el punto en el que se encuentra el imán y se alinean alrededor de éste dibujando una forma circular.

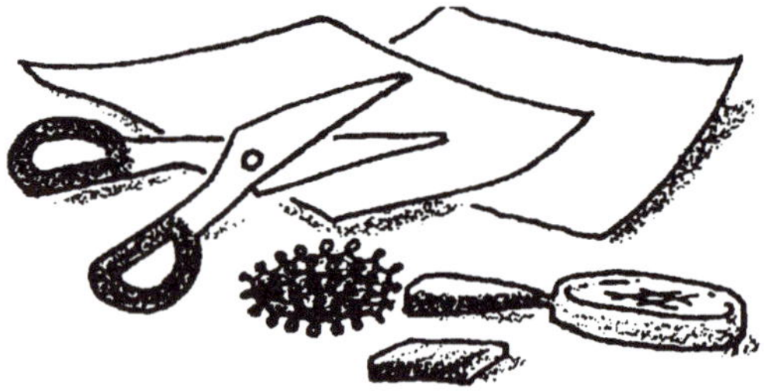

¿Por qué? Los hilos de acero forman círculos definidos alrededor del imán. Estos círculos reciben el nombre de campo de fuerza magnética. Los hilos de acero se apiñan sobre todo en los polos del imán, donde la fuerza es mayor, y luego dibujan una línea más delgada entre ellos, donde esa fuerza magnética disminuye. Se trata de la misma fuerza magnética que envuelve la Tierra. Puesto que la Tierra es un imán gigantesco, todos los objetos de acero y hierro de su superficie se comportan de este modo.

Con los fósiles viejos no se juega

En un momento u otro, todos nos hemos dejado la luz encendida al salir de una habitación o hemos encendido el aire acondicionado cuando no hacía demasiado calor, o la calefacción cuando el frío aún podía soportarse. También es habitual dejarse el grifo encendido mientras nos duchamos o nos lavamos los dientes. Y no tenemos problema en tirar las latas de aluminio, el papel y las botellas de plástico y vidrio cuando están vacías... sin pensar en lo que estamos haciendo. Pero los recursos de la tierra, las sustancias naturales que utilizamos para crear energía y hacer que la vida nos resulte más agradable, se están agotando a un ritmo trepidante. Algunos científicos predicen que los recursos del planeta se habrán agotado en menos de cincuenta años, es decir, ¡durante el curso de tu vida!

Los recursos terrestres como el carbón y el petróleo se emplean para calentar y enfriar nuestros hogares, para producir electricidad y para alimentar los motores de nuestro vehículos. Se los conoce con el nombre de combustibles fósiles, ya que son el resultado de la descomposición de plantas y animales muertos a lo largo de millones de años. Cuando estos combustibles desaparezcan, no habrá modo de reemplazarlos.

Existen otros métodos naturales de crear energía. Entre ellos figuran la extracción de aguas calientes de las profundidades de la Tierra (geotermia), la energía nuclear, las placas solares, la energía eólica (generada por molinos de viento), la energía generada por turbinas accionadas por el agua (la electricidad hidráulica) o el uso de máquinas engranadas cuyo movimiento cíclico produce energía. Sin embargo, hasta que no se consiga producir energía de forma integral y barata a partir de estas fuerzas, los combustibles fósiles no podrán ser sustituidos.

¿Qué podemos hacer nosotros para «cuidar» la Tierra? Hay muchas cosas: apagar las luces al salir de las estancias, mantener los termostatos a niveles que no supongan un derroche de energía, abrigarnos bien si hace frío y beber agua fría y llevar ropa fresquita cuando haga calor.

Además, podemos reciclar el papel, el vidrio, el aluminio, los plásticos y los metales. No desperdicies el agua: dúchate en vez de bañarte, no tires de la cadena si no es necesario, cierra el grifo mientras te cepillas los dientes. ¡Un grifo que gotee puede desperdiciar miles de litros de agua al año!

En este capítulo obtendrás información sobre conservación, combustibles fósiles y reciclaje. Incluso aprenderás a fabricar tu propio papel a partir de papel reciclado. Pero recuerda, tu esfuerzo personal, en tanto que defensor del medio ambiente, debe sumarse al de otras personas como tú para intentar salvar de verdad a nuestro planeta. No juegues con los combustibles fósiles, ¡cuida de ellos!

Calefacción doméstica

Un invernadero es una casa de cristal cerrada donde se cultivan plantas y donde el calor del sol y la humedad quedan atrapados.

Los científicos opinan que la Tierra se está convirtiendo en una especie de invernadero. El hecho de quemar carbón, petróleo y otros combustibles fósiles, usar de forma abusiva el coche para ir a todos sitios o calentar y enfriar nuestras casas con electricidad o gas, libera dióxido de carbono y otros gases nocivos en la atmósfera. Estos gases crean una especie de cúpula o tapadera sobre la atmósfera de la Tierra que atrapa en su interior el calor solar y le impide disiparse en el espacio exterior.

Cada vez que se talan árboles en las grandes zonas boscosas, como las selvas tropicales, una cantidad mayor de dióxido de carbono en forma gaseosa permanece en la atmósfera, en lugar de transformarse en oxígeno que podamos respirar. Para hacerte una idea mejor, este fenómeno es como si metiésemos a la Tierra en una enorme cacerola de cristal, donde se retiene el calor del sol provocando que el aire se vuelva cada vez más cálido y denso.

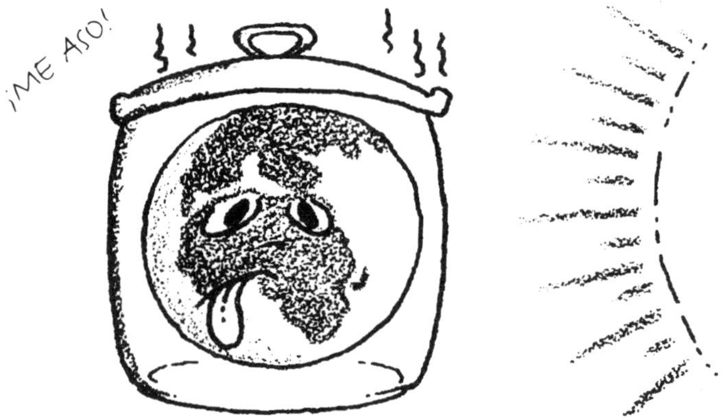

229 ¿Qué invernadero?

NECESITARÁS
Un tarro de cristal con tapa
1 cucharadita de agua
Un lugar soleado al aire libre

Es posible que nunca hayas visitado un invernadero, pero entender qué es el efecto invernadero y qué implicaciones tiene para todos es esencial.

¿Qué hacer? Vierte la cucharadita de agua en el tarro de cristal. Ciérralo bien con la tapa para que el aire no pueda salir. Deja el tarro en un lugar soleado al aire libre durante aproximadamente una hora.

¿Qué ocurre? Se forman gotitas de agua en las paredes interiores del tarro.

¿Por qué? El calor del sol calienta la atmósfera dentro del tarro y acelera el movimiento de las moléculas del agua que contiene. Como resultado, el agua se evapora en el aire, pero la humedad no tiene ningún sitio donde ir, de modo que se convierte de nuevo en gotitas, se condensa, en las paredes de vidrio frías del tarro. La tapa del tarro actúa como un invernadero y produce el llamado efecto invernadero. El dióxido de carbono que producimos los humanos y también las industrias que utilizan combustibles fósiles se comporta de un modo similar, actuando como una especie de tapa sobre la Tierra que impide que el calor acumulado se libere en el espacio exterior.

230 Invernaderos: un simple asunto de abrir y cerrar

Vuelve a realizar el experimento anterior, pero esta vez no cierres el tarro con la tapa. Prueba a realizar esta actividad con recipientes de distintos tamaños (tapados y destapados) y con distintas cantidades de agua. La acumulación de calor que provoca vapor mediante la evaporación, ¿se produce antes o después?

¿Qué diferencias observas? ¿Cómo te ayudan estos experimentos a entender lo que le está ocurriendo a la Tierra? ¿Te sugieren alguna manera de evitar que se produzca el efecto invernadero en nuestro planeta?

231 Precalentamiento

Calcular la energía calorífica atrapada en un recipiente de vidrio te permitirá saber cómo funciona el efecto invernadero y cómo nos afecta. Deberás practicar este experimento en un día soleado.

NECESITARÁS

2 termómetros
Un tarro de boca ancha con tapa
2 piedras pequeñas
2 tiras de tela o cartulina negra de 5 cm x 15 cm de longitud
Papel
Un lápiz

¿Qué hacer? Asegúrate de que los dos termómetros marquen la misma temperatura. Luego busca un lugar soleado al aire libre y deposita el tarro en el suelo, tumbado. Pon una piedra a cada lado del tarro para evitar que ruede.

Coge un trozo de cartulina negra y pon encima uno de los termómetros. Luego desliza la cartulina con el termómetro encima dentro del tarro. Enrosca la tapa, aprentándola bien, pero vigilando que el termómetro no se mueva de su sitio

Pon el segundo termómetro sobre la otra tira de cartulina junto al tarro. Anota la temperatura que marcan ambos, espera diez minutos y luevo anota otra vez la lectura de sus temperaturas.

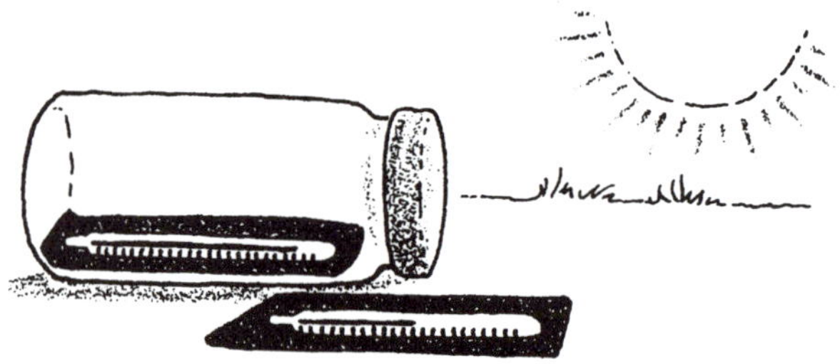

¿Qué ocurre? El termómetro situado en el interior del tarro registra una temperatura superior al que está al aire libre.

¿Por qué? Este experimento te muestra los efectos de las enormes cantidades de dióxido de carbono (CO_2) que se liberan en la atmósfera. El CO_2 funciona como el vidrio del tarro de tu experimento, atrapando el calor. Aunque la luz solar incide por igual sobre las dos cartulinas, que la absorben y producen la misma energía calorífica, el calor del tarro no puede atravesar la barrera de cristal que lo encierra.

Nosotros producimos CO_2 al respirar, pero la mayor parte del CO_2 presente en la Tierra lo generan la quema de combustibles fósiles (las columnas de humo que salen de las fábricas) y los motores de los automóviles, que producen contaminación y elevan el grado de calor en la atmósfera. El fenómeno de que el calor quede «atrapado» debido al aumento de CO_2 en la atmósfera se llama efecto invernadero.

232 Aire fresco

Repite el experimento anterior, pero esta vez no utilices las cartulinas negras. ¿Aprecias alguna diferencia? Traslada el tarro con el termómetro (sin abrirlo) al interior de tu casa y llévate también el otro termómetro.

Anota las temperaturas a medida que los termómetros van enfriándose. ¿Percibes alguna diferencia en el tiempo que tarda en enfriarse el termómetro de dentro de la botella en comparación con el que está fuera? ¿Cuál se enfría más rápidamente? ¿A qué velocidad se enfrían?

233 ¡Oh, oh! ¡Ozono!

NECESITARÁS
Un chicle de barra
Una botella de refresco pequeña
Agua muy caliente
Una lupa

Fabrica una maqueta de la capa de ozono, la fina capa de gas situada en la parte superior de la atmósfera terrestre que nos protege de los peligrosos rayos ultravioletas del Sol. Infórmate sobre los clorofluorocarburos (CFC), esas sustancias químicas que hacen la vida mucho más fácil y cómoda, pero que tantos daños provocan (destruyen las moléculas del ozono). Luego observa cómo tu maqueta de la capa de ozono se perfora, disminuye poco a poco y acaba por desaparecer.

¿Qué hacer? Masca el chicle bien y, cuando esté blando, sácatelo de la boca. Aplástalo y dale forma de círculo con los dedos: necesitas un tapón liso y plano para tapar la botella herméticamente. A continuación, llena la botella hasta arriba con agua del grifo muy caliente. Tapa la botella con el chicle, pegándolo bien para que no quede ningún agujerito y asegúrate de que el agua entra levemente en contacto con el chicle. Observa atentamente lo que sucede con la lupa.

¿Qué ocurre? El tapón de chicle, al entrar en contacto con el agua caliente, pierde la elasticidad o la capacidad de estirarse y empiezan a formarse agujeros. Finalmente, el tapón acaba por romperse.

¿Por qué? En tu maqueta de capa de ozono, la botella representa la Tierra y el chicle la capa de ozono. El agua caliente que entra en contacto con el chicle desempeña el papel de los CFC, las sustancias químicas que destruyen las moléculas de ozono.

Los CFC se encuentran en los líquidos refrigerantes de los aparatos de aire acondicionado y los congeladores, y en los envases de plástico (espuma sólida) de algunos restaurantes de comida rápida. Estas sustancias se liberan en la atmósfera en forma de gas cloro, que acaba por destruir el ozono.

234 Aporta tu granito de arena

¿Cómo puedes ayudar a reducir la cantidad de CFC que se libera en la atmósfera terrestre? Evidentemente, tú solo no puedes salvar la capa de ozono, pero es posible hacerlo si todos aportamos nuestro granito de arena. Primero, empieza por comprar menos productos que contengan CFC, reduce el uso del aire acondicionado y recuérdales a los demás sus responsabilidades para con la Madre Naturaleza. Sólo si todos sumamos esfuerzos podremos salvar la Tierra.

Repite el experimento del ozono, pero en lugar de llenar la botella hasta arriba, llénala hasta la mitad. ¿Muestra el tapón de chicle síntomas de rasgarse? ¿Aprecias alguna diferencia? Habrás comprobado que liberar menos CFC (o dejar de liberarlos por completo) puede significar un gran cambio para la capa de ozono de la Tierra.

235 Un auténtico sistema solar

NECESITARÁS

265 cm de tubo neumático para acuario (lo encontrarás en tiendas de mascotas o especializadas en peces)
Una goma elástica
Un tarro pequeño de boca grande
Papel de aluminio
Un molde de horno
Una botella grande de refresco
Agua

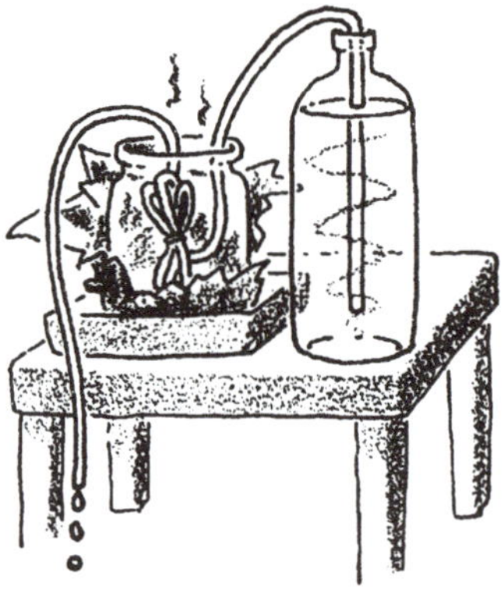

No nos referimos al Sol, a la Luna y a los planetas, sino a un calentador de agua solar. En las zonas más calurosas del mundo es habitual ver paneles o placas solares sobre los tejados de las casas y edificios. Estas placas captan los rayos del sol y utilizan la energía de éstos para calentar el agua.

Es el momento de fabricar tu propio captador solar para calentar agua. Este experimento fácil y divertido no requiere el uso de material caro. Debes practicarlo al aire libre, en un día soleado y en un lugar donde los rayos solares caigan directamente sobre tu calentador solar. La mejor hora del día para llevarlo a cabo es entre las 13h00 y las 14h00, cuando el Sol se encuentra en su punto álgido. Es importante precalentar la botella colectora dejándola al sol entre 30 y 60 minutos antes de empezar el experimento.

¿Qué hacer? Dobla el tubo de plástico sobre sí mismo, como un acordeón, dejando unos 50 cm de tubo suelto por cada extremo. Sujeta el tubo doblado por la parte central con la goma elástica y luego introdúcelo en el tarro. Tapa el tarro con papel de aluminio, dejando sólo espacio para que sobresalgan los dos trozos de tubo recto. Pon el tarro dentro del molde y colócalo en una mesa al aire libre para que se precaliente durante aproximadamente una hora.

Para completar este experimento, llena la botella de refresco con agua del grifo fría, ponla en la mesa junto a tu calentador solar e introduce en su interior uno de los extremos sin doblar del tubo. Deja que el otro extremo cuelgue de la mesa.

A continuación, para que el agua de la botella fluya a través del tubo y salga por el extremo opuesto, aspira del tubo que cuelga de la mesa como si intentaras beber con una pajilla. Al hacerlo, el agua empezará a salir de la botella, pasará por el calentador y empezará a salir por el tubo que cuelga de la mesa. El agua que salga por este tubo lo hará con un goteo lento pero constante.

¿Qué ocurre? El agua que gotea lentamente desde el tubo al suelo estará un poco más caliente que el agua de la botella.

¿Por qué? Tu calentador solar es una versión en miniatura de las grandes placas solares que se instalan en los tejados de los edificios. Igual como ocurre con los grandes colectores, tu maqueta en miniatura capta la energía solar y calienta el agua que discurre a través del tubo. El agua saldrá más o menos caliente dependiendo de diversos factores: la época del año, la hora del día, la temperatura exterior, la ubicación del calentador, la velocidad a la que el agua transite por el sistema y el tiempo que hayas dejado precalentar el sistema antes de que el agua empiece a fluir.

236

El efecto sifón

NECESITARÁS
Un calentador solar (experimento 235)
Una botella grande
Agua

¿Qué temperatura se registra bajo la tapa de aluminio que cierra el tarro? Es el momento de saberlo. En el experimento anterior, en realidad, habrás creado dos artilugios: un calentador solar y un sifón, es decir, un dispositivo utilizado para traspasar líquidos de un punto elevado a otro inferior. Los sifones funcionan gracias a una importante fuerza terrestre: ¡la gravedad!

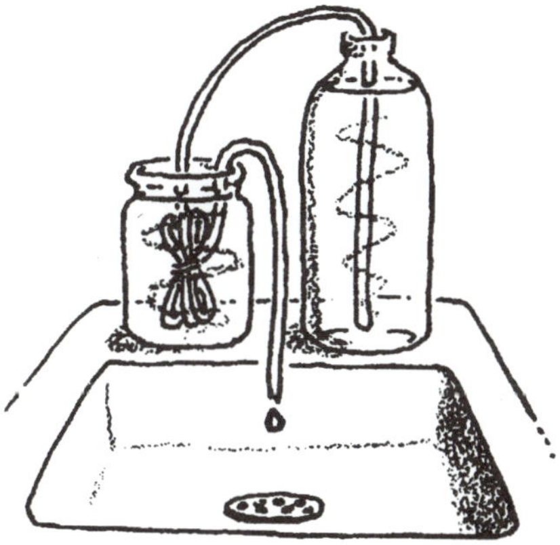

¿Qué hacer? Retira la tapa de aluminio de la botella del calentador. Deja el tubo tal cual está, rellena el tarro con agua del grifo muy caliente y llena la botella de refresco con agua del grifo muy fría.

Coloca la botella de refresco grande junto a la botella del calentador en el fregadero o una mesita al aire libre. Introduce un extremo del tubo suelto en la botella que has llenado de agua fría. El otro extremo debe quedar colgando en el fregadero o en dirección al suelo. Como en el experimento anterior, aspira del tubo suelto como si intentaras beber con una pajilla para que el agua empiece a circular.

¿Qué observas? ¿Está el agua que gotea más caliente que el agua que salía de tu calentador solar? ¿Qué aspectos o variables pueden haber influido en la temperatura del agua que sale del sistema?

¿Se te ocurre algún aparato de tu casa que funcione de forma parecida a este invento? ¿Cómo crees que funciona el calentador de agua o la caldera?

Curiosidades fósiles

Hace cientos de millones de años, plantas de gran tamaño, como los musgos y los helechos, que crecían junto a los pantanos murieron y quedaron sepultadas formando varias capas, que se convirtieron en turba o materia vegetal en descomposición. Este proceso continuó a lo largo de los siglos hasta que se formaron grandes lechos o capas de plantas en descomposición que luego quedaron cubiertos por capas de barro, rocas y sedimentos. Aplastadas bajo un peso enorme, las capas vegetales sufrieron una modificación química provocada por el calor natural y la presión y se transformaron en lechos de carbón, o bien se convirtieron en gas natural, principalmente compuesto por gas de los pantanos, el llamado gas metano.

El petróleo crudo se formó también de una forma similar, mediante la modificación química de los restos de pequeñas plantas y animales marinos provocada por los efectos del calor y la presión. Esta compresión transformó la materia de las plantas y los animales marinos muertos en petróleo. En gran medida, este cambio químico tuvo lugar bajo los mares más antiguos, algunos de los cuales ya no existen en la actualidad.

237 Análisis con especias

Puedes realizar un test de ácido base para medir el pH (o el grado de acidez) de un producto. En este test se vierten líquidos sobre tiras de papel reactivo y los cambios de color que se producen se comparan con una tabla de pH para determinar el grado de acidez o alcalinidad de una sustancia.

La escala del pH consiste en una relación de números y colores. El número 1 indica que una sustancia es muy ácida, mientras que el 14 indica que es muy alcalina (una base) y neutraliza la acidez. Siguiendo esta lógica, el número 7 designa un pH neutro.

Ahora elabora tu propio papel reactivo utilizando una especia llamada cúrcuma o azafrán de las Indias. La solución con cúrcuma mancha, así que conviene que protejas la superficie sobre la que vas a trabajar con papel de periódico. Luego, en una taza pequeña, elabora la pasta de cúrcuma como sigue: vierte una cucharada de cúrcuma y cinco cucharadas de agua caliente del grifo en la taza y remuévelo todo bien hasta obtener una pasta de textura homogénea.

Recorta una cartulina blanca (o papel de cocina grueso) en tiras y sumérgelas en la pasta. Empápalas bien. La pasta te manchará los dedos, pero no hace daño. Extiende las tiras de color amarillo dorado sobre el papel de periódico para que se sequen.

Cuando estén secas, moja una de ellas en vinagre, otra en agua jabonosa, otra en bicarbonato disuelto en agua, otra en zumo de limón y otra en agua con detergente. Si la solución es muy ácida, la tira se volverá amarilla; si es alcalina, se volverá de color marrón rojizo. También puedes usar los papeles reactivos para analizar el agua del grifo de tu casa, el agua de ríos y lagos, y el suelo.

Después de realizar tus comprobaciones, deja secar los papeles reactivos y etiquétalos, anotando en qué sustancias los has sumergido.

La lluvia asesina

¿Es responsable la lluvia ácida de la destrucción paulatina de los bosques del planeta? Quizá no directamente, pero la mayoría de los científicos coincide en señalar que cualquier situación que afecte a los árboles y las plantas es importante para su salud y nuestra supervivencia.

La lluvia ácida se compone de ácido nítrico y ácido sulfúrico, y fomenta la formación de metales venenosos, como el mercurio, que puede afectar negativamente a plantas y animales. Además, la lluvia ácida contamina los minerales del suelo, que las plantas utilizan para nutrirse, y destruye los vegetales que forman parte de nuestra alimentación.

Los componentes de sulfuro y nitrógeno de la lluvia y el polvo ácidos, llamados deposiciones ácidas, también afectan a los edificios, automóviles, estatuas y otros objetos inertes (sin vida), en los que provocan graves desperfectos al cabo de los años.

Estos ácidos contaminantes se encuentran en la lluvia, la nieve, la niebla y la humedad del aire con niveles de intensidad distintos en cada parte del mundo. ¿Sabías que algunas ciudades europeas han padecido lluvias cuya acidez es la misma que tiene un zumo de limón (un pH del 2,3 en la escala)? ¿Qué pH tiene la lluvia que cae sobre tu ciudad o pueblo? Lee con atención y pon en práctica el experimento 237.

238 Fabrica tu propio papel

NECESITARÁS

Papel de aluminio
Tijeras
Un lápiz
Papel de periódico
Un tarro grande con tapa
Agua caliente del grifo
Una cuchara o una espátula de madera
Un molde de horno metálico
3 cucharadas de maizena
Rotuladores, lápices de colores y pinturas para decorar

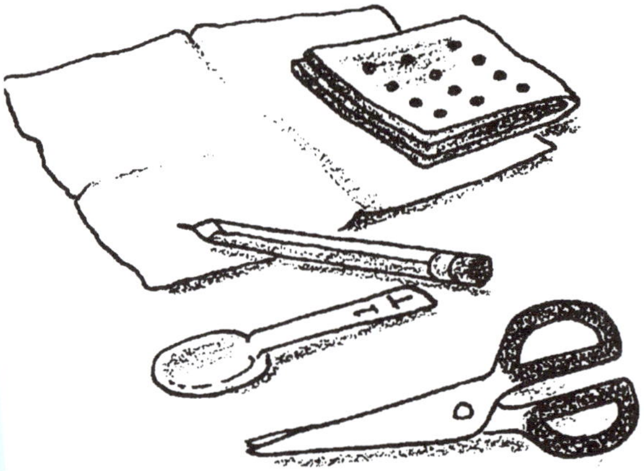

Generalmente, el papel se fabrica a partir de diminutas astillas de madera y agua que se procesan para producir una pasta. Dicha pasta se extiende sobre una pantalla denominada marco y se deja secar.

Ha llegado el momento de que fabriques tu propio papel. Comprobarás que es muy sencillo, y ni siquiera tendrás que usar la batidora para cortar y mezclar la pasta.

Con esta «receta» obtendrás cuatro hojas cuadradas de 15 cm de lado. Pero ten en cuenta que se trata de una actividad que ensucia mucho, así que lo mejor es que elabores la mezcla en la encimera de la cocina o en una mesa fácil de limpiar. Además, deberás tener paciencia, ya que elaborar papel es un proceso lento. Este experimento te llevará todo un día.

¿Qué hacer? Corta cuatro láminas de papel de aluminio y dóblalas formando cuatro cuadrados de 15 cm de lado. Estas hojas te servirán para fabricar un tamiz, o un marco sencillo, sobre el que extender y dejar secar la pasta de papel. Con un lápiz, haz agujeros en los cuadrados de aluminio, a una distancia de 1 cm entre ellos y en filas verticales.

A continuación, recorta varias hojas de periódico en largas y delgadas tiras y luego rásgalas o córtalas en pedacitos aún más pequeños. Necesitarás llenar aproximadamente una taza y media de papel hecho trizas.

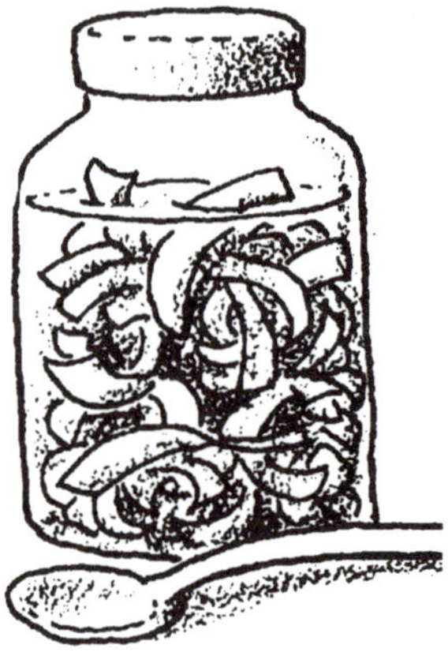

Mete los pedacitos de papel en el tarro y llénalo con agua caliente del grifo hasta cubrir unas tres cuartas partes. Enrosca la tapa y deja reposar la mezcla alrededor de tres horas. Agita el tarro de vez en cuando y remueve los trozos de papel con la cuchara o la espátula de madera para romperlos. Cuanto más remuevas el papel y más pequeños sean los trozos en que se deshace, más pulposa, cremosa y homogénea te saldrá la pasta. Añade más agua caliente cuando el papel haya absorbido la que había.

Cuando la mezcla tenga una textura pastosa y cremosa, viértela en el mode. Añade un poco más de agua en caso necesario. Remueve otra vez la mezcla con la cuchara para asegurarte de que no quedan grumos ni cúmulos de papel. A continuación, disuelve tres cucharadas de maizena en media taza de agua caliente. Vierte la solución en la pasta de papel y remuévela bien.

Lo más recomendable es que lleves a cabo esta última fase del experimento fuera de casa, en un lugar que sea fácil de limpiar. Deposita el molde de horno con la mezcla aplanada sobre una mesa o sobre el suelo y pon encima uno de los cuadrados de papel de aluminio.

Con la palma de las manos, haz presión sobre el papel de aluminio hasta que la mezcla acabe por cubrirlo. Saca el papel de aluminio con cuidado y deposítalo en la mesa. Aplánalo con las manos para exprimir toda el agua que pueda contener. Repite la operación con las otras tres láminas de aluminio.

Extiende unas cuantas hojas de papel de periódico en un lugar soleado y pon a secar los cuadrados de aluminio cubiertos de pasta de papel. Ve haciendo presión de vez en cuando sobre ellos para que expulsen toda el agua que aún puedan contener. Mientras lo haces, tapa cualquier agujerito que veas.

Al cabo de 3 horas, separa con cuidado el papel de la base de aluminio y recorta los bordes para que te queden unas hojas bien pulidas.

Con unos lápices, rotuladores, tizas o pinturas, dibuja esta postal casera tan especial de papel reciclado y regálasela a alguien que conozcas. Seguro que quienquiera que la reciba sabrá apreciar el valor de una tarjeta de alguien tan joven como tú que ya demuestra interés por proteger el medio ambiente.

¿Y ahora? Tu papel reciclado tiene el aspecto y el tacto del cartón gris de las hueveras. Pero ¿qué aspecto y tacto tendría si lo elaboraras con otros tipos de papel, en lugar de periódico?

Recopila folios blancos usados y recíclalos como has hecho con las hojas de periódico. ¿Aprecias alguna diferencia de textura, tacto o color en el papel?

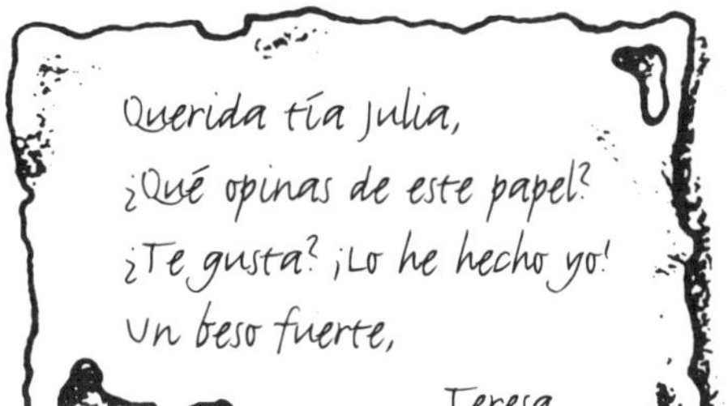

El clima

¿Por qué el Polo Norte es más frío que el Ecuador? ¿Por qué se pone el Sol? ¿Qué provoca los relámpagos y los truenos? Mediante los experimentos de los cuatro capítulos que siguen desentrañarás todos estos misteiros y otros enigmas sobre el clima y el tiempo. El clima es el tiempo que normalmente hace en una región durante una época de larga duración. El tiempo, en cambio, tiene que ver más con los cambios diarios que se producen en la parte inferior de la atmósfera, esa especie de océano de aire que rodea la Tierra.

Tanto el clima como el tiempo son resultado de la interacción de la Tierra con el Sol. Ambos tienen que ver con el calor, los vientos y las precipitaciones. Los experimentos de los capítulos siguientes te permitirán averiguar cómo y por qué.

También descubrirás por qué algunas zonas y algunas épocas del año son más cálidas que otras. Quizá te sorprenda saber que ese calor no lo provoca una mayor cercanía al Sol. Averiguarás qué origina los vientos y por qué a veces se producen huracanes tan destructivos. Aprenderás que el aire frío suele ir acompañado de «altas presiones» y buen tiempo, mientras que el aire cálido normalmente provoca «bajas presiones», fuertes vientos y, en general, mal tiempo.

Entenderás qué son la nieve, el aguanieve, el granizo, los relámpagos y los truenos. Incluso fabricarás tu propia estación meteorológica, en la que reunirás los instrumentos necesarios para registrar la temperatura, la presión del aire, la dirección y la velocidad del viento, la humedad y las precipitaciones.

Si lo prefieres, puedes empezar por el experimento que más te apetezca de cualquiera de los capítulos, pero te recomendamos que realices las actividades por el orden en que aparecen en el libro.

Hay algunos experimentos en los que es necesario utilizar una cerilla o un fogón. Están «etiquetados» con la palabra «¡FUEGO!». En estos casos es recomendable que cuentes con la ayuda y supervisión de un adulto, ya que entrañan peligro.

Algunos experimentos constituyen fantásticos trucos con los que podrás deleitar a tus amigos. Sin embargo, lo más importante de todos ellos es que te permiten experimentar con los principios científicos que rigen el clima y entender así su verdadera esencia.

Calentamiento

¿Qué es lo que calienta nuestro planeta? ¿Por qué hay sitios cálidos y sitios fríos? ¿Por qué los desiertos tropicales están cerca del Ecuador y las gélidas tundras en los polos? ¿Qué es lo que provoca las estaciones del año? ¿Y qué es el efecto invernadero?

Realiza los sencillos experimentos incluidos en este capítulo y descubre las respuestas a éstas y otras preguntas.

Los récords de temperatura sobre la Tierra

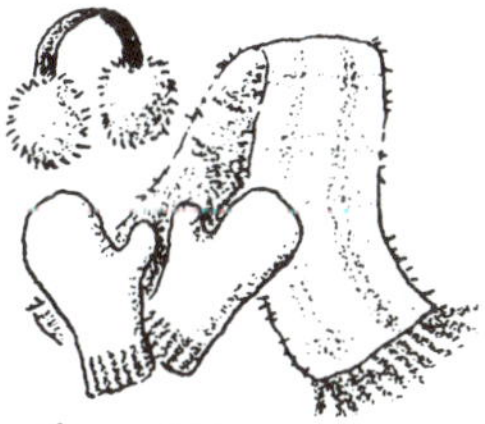

La temperatura más elevada: 57,7 °C
Lugar: Azizia, Tripolitania, Libia
Fecha: 13 de septiembre de 1922

La ola de calor más larga: 38°C
durante 162 días consecutivos
Lugar: Martin Bar, Australia Occidental
Fecha: del 31 de oct. de 1923 al 7 de abril de 1924

La temperatura anual media más elevada: 34,4°C
Lugar: Dallol, Etiopía
Fecha: 1960-1966

La ola de calor más intensa: 48,8°C
o temperaturas superiores durante 43 días consecutivos
Lugar: Valle de la Muerte, California
Fecha: del 6 de julio al 17 de agosto de 1917

La temperatura más baja: -89°C
Lugar: Vostok, Antártida
Fecha: 21 de julio de 1983

La temperatura más baja en un lugar habitado: -68°C
Lugar: Oymyakon, Siberia, Rusia
Fecha: 3 de febrero de 1933

La temperatura anual media más baja: -56,6°C
Lugar: Estación Pleasteau, Antártida

239 ¿Qué es lo que nos calienta?

NECESITARÁS
Una ventana soleada

En los espacios interiores, utilizamos carbón, petróleo, gas o electricidad para calentar e iluminar nuestros hogares y lugares de trabajo. Pero ¿qué calienta e ilumina el exterior? ¿Qué calienta la Tierra y los objetos que hay sobre su faz?

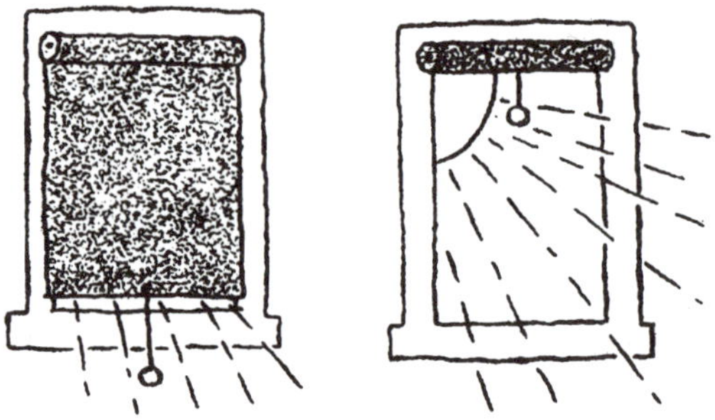

¿Qué hacer? Un día soleado, acerca la mano a una ventana con la persiana bajada o la cortina desplegada. Sube la persiana o pliega la cortina y vuelve a colocar la mano cerca del cristal.

¿Qué ocurre? Al instante notarás que la mano se te calienta.

¿Por qué? Sin tocar nada has notado el calor. Ese calor procede del Sol, una estrella situada a 149,6 millones de kilómetros de la Tierra.

Como todas las estrellas, el Sol es una enorme bola de gases muy calientes que despide calor, luz y otros tipos de energía a raudales. Sólo una parte diminuta de esa energía llega hasta nosotros, pero es suficiente para iluminar y calentar el planeta.

El Sol en detalle

El Sol es una estrella de tamaño mediano, una inmensa bola de gas caliente. Es sólo una de los millones de estrellas que componen la galaxia. Aunque la distancia entre el Sol y la Tierra varía de los 144 millones de kilómetros en invierno a los 153,6 millones de kilómetros en verano, sigue siendo la estrella más próxima a la Tierra.

El Sol posee un diámetro de 1.400.000 km, 108 veces mayor que el de la Tierra.

El Sol fabrica su propia luz y su propio calor, y abastece con ellos a la Tierra mediante un proceso similar al de una bomba de hidrógeno.

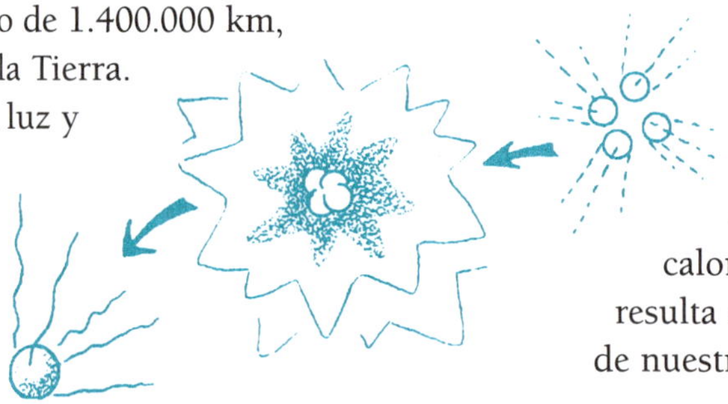

El calor extremo del Sol (que alcanza millones de grados en el centro) hace que los átomos de hidrógeno se desplacen a tal velocidad que se estrellan los unos contra los otros. Los núcleos o centros de los átomos se fusionan en grupos de cuatro y forman un átomo más pesado que se denomina helio.

El impacto de la colisión es tan potente que parte del átomo se convierte en energía. Y es precisamente esa energía la que suministra calor y luz a la Tierra, por lo que resulta ser la responsable del clima de nuestro planeta.

240 Ola de calor

NECESITARÁS
Una cinta de 20 cm de largo

¿Cómo llega el calor del Sol a la Tierra?

¿Qué hacer? Sostén la cinta por un extremo y agítala en el aire.

¿Qué ocurre? Los movimientos efectuados se propagan a todo lo largo de la cinta, como una ola.

¿Por qué? Es habitual que la energía pase de un lugar a otro en forma de ondas. Las ondas cortas transportan la luz y el calor del Sol hasta la Tierra. Las ondas más largas transportan otro tipo de energía. Cuando la energía se desplaza en forma de ondas se la denomina energía radiante.

241 ¿Por qué a veces la primavera se retrasa?

NECESITARÁS
Un molde de pastel de Pyrex
Una lámpara con la bombilla a la vista
Una taza de tierra negra
Una taza de arena clara
2 termómetros
Papel y lápiz

¿Por qué en algunos lugares la primavera llega tarde? Este experimento contestará la pregunta.

¿Qué hacer? Pon el molde de pastel bajo la bombilla. Llena la mitad del molde con la tierra oscura y la otra mitad con la arena clara. Introduce un termómetro en cada mitad.

Anota la temperatura de cada lado. Enciende la bombilla y deja reposar el plato durante 30 minutos. Luego compara las nuevas temperaturas con las de partida.

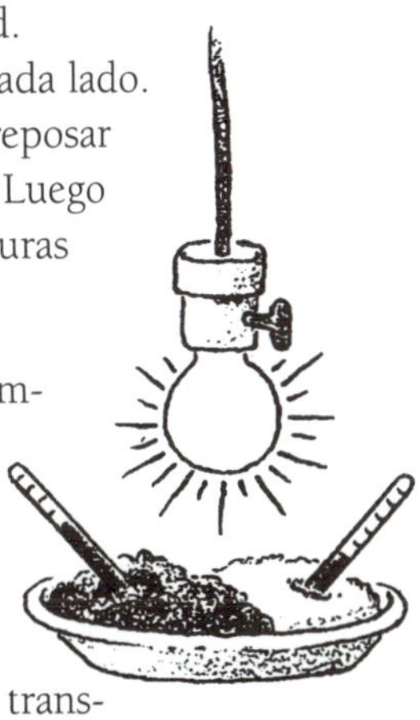

¿Qué ocurre? El lado compuesto por la tierra oscura se calienta más.

¿Por qué? En la arena clara, la energía luminosa «rebota» antes de que pueda transformarse en energía calorífica. La tierra negra, en cambio, absorbe la luz y la convierte en calor.

Esto es lo que ocurre cuando los rayos solares llegan a la Tierra. Las zonas de color oscuro absorben la luz solar y se calientan, mientras que las zonas de tonos claros «despiden» la luz del sol y conservan el frío.

La Tierra no se calienta de forma uniforme. El aire que hay alrededor de las zonas de tierra oscura se calienta más que el aire que rodea las montañas y las zonas de arenas claras, como los desiertos. Por eso la primavera llega más tarde a los países donde nieva.

242 Negro, blanco y brillante

NECESITARÁS

3 latas de conserva vacías y limpias
Pintura negra y blanca (preferentemente acrílica)
Agua templada
Un termómetro
Papel
Un lápiz
Trozos de cartón
Una bandeja
Agua fría

He aquí otra forma de descubrir cómo afecta el calor a los distintos colores y superficies.

¿Qué hacer? Pinta una de las latas de blanco, por dentro y por fuera. Luego pinta otra de negro y deja la tercera de color metálico brillante.

Llena las tres latas con agua templada, a la misma temperatura. Anota ésta.

Tapa cada lata con un trozo de cartón, ponlas en una bandeja y déjalas en un lugar frío. Anota la temperatura del agua cada 5 minutos durante un lapso tiempo de 20 minutos.

A continuación, vacía las latas, sécalas bien y llénalas con agua fría. Anota la temperatura del agua en cada lata. Tápalas con sus respectivos trozos de cartón y colócalas en la bandeja en un lugar cálido o al sol. Anota la temperatura del agua cada 5 minutos durante un lapso tiempo de 20 minutos.

¿Qué ocurre? En ambos casos, el agua de la lata negra se calienta más que el de la lata metálica.

¿Por qué? El negro absorbe mejor la luz y la transforma en calor. Las otras latas reflejan o «rebotan» la luz antes de que ésta se transforme en calor.

243 ¡Que nieve, que nieve!

NECESITARÁS

Un cuadrado de papel de aluminio y otro de tela negra

Realiza este experimento un día con nieve.

¿Qué hacer? Después de una tormenta de nieve, cuando el sol brille en el cielo, extiende el cuadrado de aluminio y el de tela negra sobre la nieve. Déjalos al sol durante una hora. Luego observa cuál se ha hundido más en la nieve.

¿Qué ocurre? El cuadrado de tela negra se habrá hundido más que el de aluminio, ya que habrá absorbido más el calor.

¿Por qué? El tejido negro habrá absorbido la luz, la habrá transformado en calor y habrá derretido la nieve. En cambio, el papel de aluminio habrá reflejado la luz antes de que ésta se transformara en calor.

244 La tierra contra el agua

NECESITARÁS

2 tazas de plástico
½ taza de agua
½ taza de tierra
Un termómetro

¿Qué se calienta más, el agua o la tierra?

¿Qué hacer? Vierte el agua en una taza de plástico y la tierra en la otra. Guarda ambas tazas en el frigorífico durante 10 minutos. Luego déjalas al sol unos 15 minutos. Mide y anota la temperatura del agua y de la tierra.

¿Qué ocurre? La tierra se calienta, mientras que el agua sigue fría.

¿Por qué? Bajo los rayos solares, la tierra se calienta más rápidamente que el agua. El hecho de que la tierra retenga el calor no se debe sólo a que tiene un color más oscuro que el agua. En el agua, el calor se extiende por toda la masa, mientras que la tierra conserva el calor en la superficie. Si cavas un agujero en una playa cuya arena esté ardiendo, descubrirás que la arena de debajo está fría. Y eso se debe a que la luz del sol no puede atravesar la superficie y, como resultado, ésta se calienta mucho.

Además, el calor específico del agua es más elevado. Esto implica que, para que su temperatura ascienda, el agua requiere más calor que una cantidad equiparable de tierra.

Éstas son las razones por las que, en un día soleado, la tierra transmite la sensación de estar más caliente que el agua.

245 El agua contra el aire

NECESITARÁS

Un vaso vacío
Un vaso lleno de agua

¿Por qué en las zonas costeras hace más calor en verano y las temperaturas de invierno son más suaves que en las regiones interiores?

¿Qué hacer? Guarda los dos vasos en el frigorífico durante 15 minutos.

¿Qué ocurre? Al tocarlos, el vaso lleno de agua parece más caliente que el vaso vacío.

¿Por qué? El vaso «vacío» en realidad está lleno de aire. Tanto el aire como el vidrio pierden su calor mucho más rápidamente que el agua. El vaso lleno de agua no permite la entrada de aire frío y el agua conserva el calor del vaso durante más tiempo.

Éste es el motivo por el que los mares y océanos del mundo ayudan a conservar el calor del sol. En invierno, los océanos se enfrían más lentamente que la tierra, de modo que una ciudad próxima a la costa presenta temperaturas más cálidas que una que esté situada en el interior.

Por otro lado, los océanos se calientan más lentamente en verano, lo cual explica que las temperaturas estivales sean más suaves en el litoral que en el interior.

246 El tiempo al sol

NECESITARÁS
Un trozo de cartulina negra

¿Por qué hace más calor en verano que en invierno? Este experimento te enseñará las razones.

¿Qué hacer? Pon la cartulina al sol durante un minuto. Tócala. Déjala al sol otros 5 minutos y vuelve a tocarla.

¿Qué ocurre? Cuanto más rato está la cartulina al sol más caliente se nota al tacto.

¿Por qué? La cantidad de calor aumenta porque la cartulina absorbe el calor y lo retiene.

Una de las razones por las que hace más calor en verano que en invierno es que el Sol brilla 15 horas al día en julio y sólo nueve horas en diciembre. En invierno, el Sol sale un poco después y se pone un poco antes. En el hemisferio sur, ocurre lo contrario: diciembre es el mes en el que más horas brilla el Sol y julio el mes en el que menos.

247 ¿Por qué hace más calor en verano?

NECESITARÁS
2 tapas de latas de conserva
Pintura negra

He aquí la prueba irrefutable de que los rayos solares directos son más cálidos que los inclinados.

¿Qué hacer? Pinta las tapas de las latas por ambas caras con pintura negra y déjalas secar.

Inclina una de las tapas, de modo que los rayos solares incidan en ella directamente. Apoya la otra tapa plana en el suelo, de tal manera que los rayos solares lleguen a ella en un ángulo oblicuo.

Deja las dos tapas al sol 10 minutos y luego tócalas.

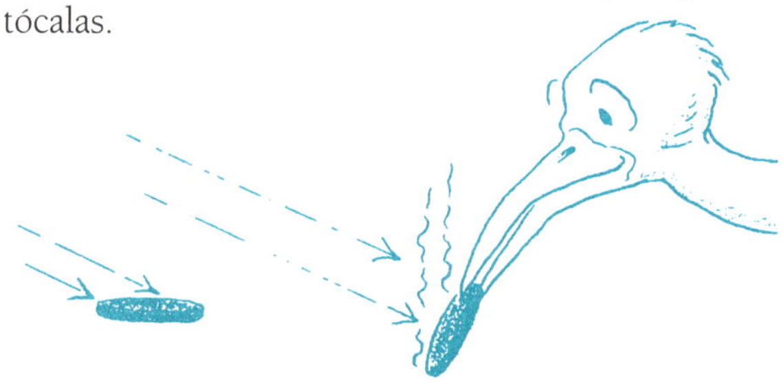

¿Qué ocurre? La tapa que recibe los rayos solares directamente se calienta mucho más que la que los recibe en un ángulo oblicuo.

¿Por qué? En verano, los rayos de sol llegan a la Tierra en una línea más recta que en invierno. Por eso la época estival es más cálida que la invernal.

248 ¿Por qué en el Ecuador hace más calor que en el Polo Norte?

NECESITARÁS
Una linterna
Una hoja de papel

Descubre por qué los rayos solares directos son más cálidos que los oblicuos.

¿Qué hacer? Enciende la linterna y enfócala hacia abajo, sobre la lámina de papel. Luego inclínala para que los rayos de luz lleguen al papel en un ángulo oblicuo, como en la ilustración de abajo.

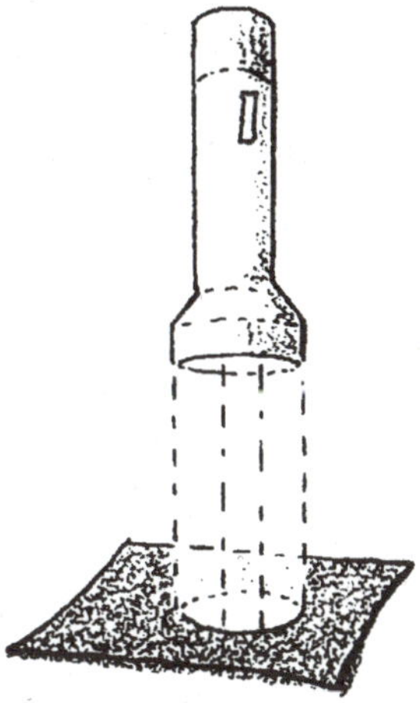

¿Qué ocurre?
Cuando enfocas la linterna recta, dibuja un círculo pequeño y perfecto de luz en el papel.

Cuando la inclinas para que los rayos toquen el papel en ángulo, crea una forma ovalada más grande.

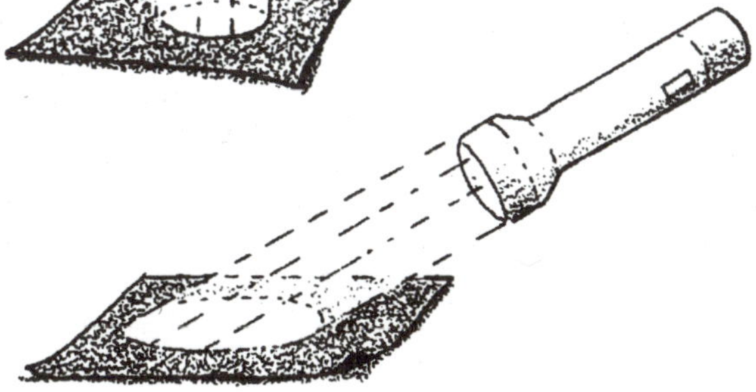

¿Por qué? Tanto el óvalo como el círculo los ha creado la misma fuente lumínica (la linterna), de modo que ambos reciben la misma cantidad de luz. Pero, dado que el óvalo es más grande, la luz que lo dibuja debe repartirse por una superficie mayor.

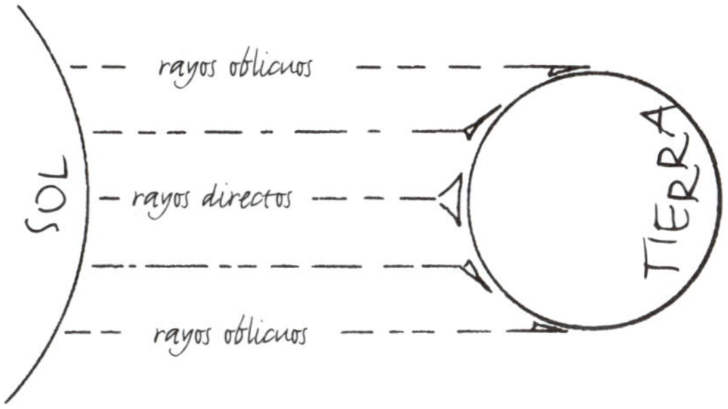

Del mismo modo, un rayo oblicuo de luz solar se difumina más sobre la superficie de la Tierra que un rayo que incide sobre ésta en línea recta. Aunque ambos rayos transportan la misma cantidad de calor solar, el calor del rayo oblicuo se esparce por una superficie mayor y es menos intenso.

Por este motivo las zonas cercanas al Ecuador, sobre las que el Sol brilla directamente, reciben dos veces y media más calor que los Polos Norte y Sur, donde el Sol siempre brilla de forma indirecta.

249 Termómetro de sombras

NECESITARÁS
Una farola, un poste o un árbol
Una cinta métrica
Un cuaderno
Un lápiz

Cuanto más alto está el Sol en el cielo, más directos y cálidos son los rayos que inciden sobre la Tierra. Una manera sencilla de medir la posición del Sol en el cielo consiste en comprobar la longitud de las sombras que proyecta.

¿Qué hacer? Busca una farola, un poste o un árbol joven para medir las sombras que proyecte. Empieza a hacerlo un día de otoño. Observa y mide la longitud de la sombra a mediodía una vez por semana.

Dibuja un diagrama en el cuaderno y anota la longitud de la sombra en cada momento, como en la ilustración. Asegúrate de indicar la fecha.

¿Qué ocurre? La sombra se alarga a medida que prosperan tus mediciones.

¿Por qué? Cuanto más alto está el Sol en el cielo a mediodía, más cortas son las sombras que proyecta; y a la inversa, cuanto más bajo está el Sol en el cielo, más largas son las sombras que proyecta.

A medida que el otoño da paso al invierno, el recorrido del Sol por el cielo parece situarse más abajo y más cercano al sur cada día. Los rayos de sol llegan a la Tierra en un ángulo cada vez más oblicuo. Como consecuencia de ello, el Sol calienta cada vez menos la Tierra. Los rayos solares son más directos en los climas cálidos y más inclinados u oblicuos en los climas fríos.

Evidentemente, si empiezas este experimento un día de invierno o primavera, en lugar de alargarse, las sombras se irán acortando a medida que el Sol alcance un punto cada vez más elevado en el cielo y sus rayos lleguen a la Tierra de forma más directa.

250 Longitud frente a altura

NECESITARÁS
- 2 lápices
- Una bobina de hilo
- Una hoja de papel blanco
- Una linterna
- Una cinta métrica

He aquí un método sencillo para observar cómo varía la longitud de una sombra cuando la fuente lumínica cambia de posición.

¿Qué hacer? Mete uno de los lápices en el agujero central de una bobina de hilo para que se sostenga en pie y colócalo sobre la hoja de papel. Baja las persianas o apaga las luces para que la estancia en la que te encuentras quede a oscuras, y sostén la linterna sobre el lápiz en distintos ángulos. Anota la longitud de cada sombra.

¿Qué ocurre? Cuando la linterna está arriba del todo, en línea recta sobre el lápiz, la sombra que proyecta éste es corta. En cambio, cuando está baja e inclinada, la sombra se alarga.

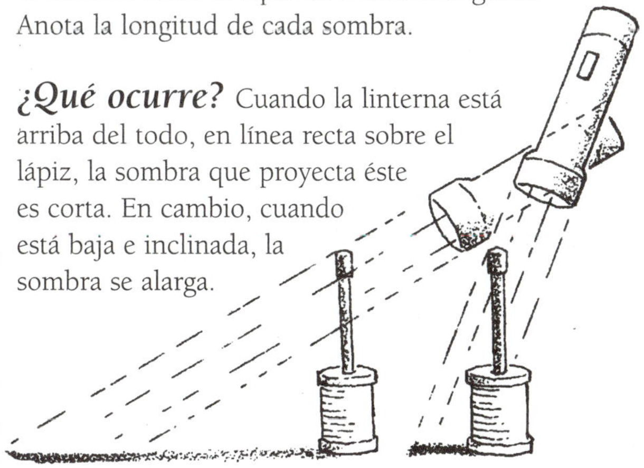

251 ¡La casa se mueve!

Una noche apacible, sal a la calle y observa cómo gira la Tierra.

¿Qué hacer? En una noche clara, dispón una silla en el exterior o bien túmbate en el suelo, de cara al sur, de modo que una esquina de tu casa quede a tu derecha. Escoge una estrella cercana al filo de la pared de tu casa y obsérvala atentamente.

¿Qué ocurre? Al cabo de 1 o 2 minutos, la estrella desaparecerá detrás de la casa.

¿Por qué? Aunque lo que parece moverse es el cielo, en realidad es la casa la que se desplaza, ya que forma parte de la Tierra, y ésta gira constantemente sobre su eje.

252 ¿Sale el Sol por la mañana?

NECESITARÁS
Una lámpara con la bombilla a la vista
Una naranja
Una aguja de punto

¿Qué causa la noche y el día? Sabemos que, a pesar de que lo que nuestros ojos parecen decirnos, el Sol no sale por la mañana ni se pone por la noche. Este experimento te permitirá visualizar lo que ocurre realmente.

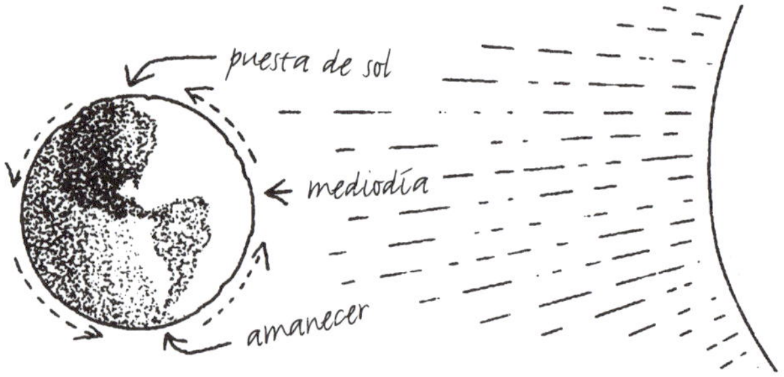

¿Qué hacer? Coloca la lámpara en el centro de una estancia a oscuras. La lámpara representa el Sol. Enciéndela. Atraviesa la naranja por el centro con la aguja de hacer punto. La naranja representa la Tierra.

Sostén la naranja por la cabeza de la aguja y hazla girar en el sentido contrario a las agujas del reloj al tiempo que das vueltas en el mismo sentido alrededor de la lámpara.

¿Qué ocurre? A medida que la naranja gira, la lámpara ilumina y calienta distintas zonas de ésta.

¿Por qué? Queda claro que es la naranja la que se mueve, y no la lámpara. Del mismo modo, el Sol no se mueve en el cielo: ni sale al amanecer ni se oculta al atardecer, sino que es la Tierra la que gira. Parte de la superficie de la Tierra se mueven en dirección al Sol y luego se aleja de éste a medida que gira sobre sí misma, en dirección al este.

Cuando nos encontramos en la zona de la Tierra que se halla a la sombra, es de noche. Y cuando, al girar la Tierra, nos hallamos en la zona iluminada por el Sol, se hace el día.

La Tierra describe un círculo completo sobre su eje cada 24 horas. Dado que la Tierra gira, el Sol parece ocultarse cuando nos alejamos de él y salir cuando volvemos a aproximarnos.

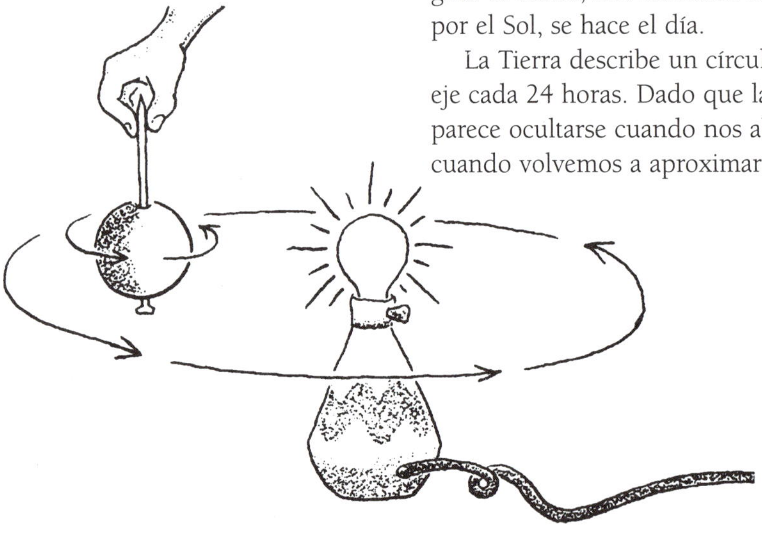

253 El péndulo de Foucault

NECESITARÁS

Una aguja de punto
Una pelota
3 m de hilo de pescar de nailon o de alambre resistente
Cinta adhesiva o celo
Un cuarto de cartulina
Un lápiz de cera

Para comprobar la rotación de la Tierra, puedes repetir un experimento que realizó por vez primera en 1851 un físico francés llamado Jean Bernard Léon Foucault. Foucault colgó un péndulo de la cúpula del Panteón, un enorme edificio público de París, con un cable de 60 metros de longitud. El péndulo describió los movimientos de la Tierra sobre la arena del suelo.

Contempla la rotación de la Tierra en el salón de tu propia casa; eso sí, con ayuda de un péndulo de tamaño más modesto. Además, no necesitas arena.

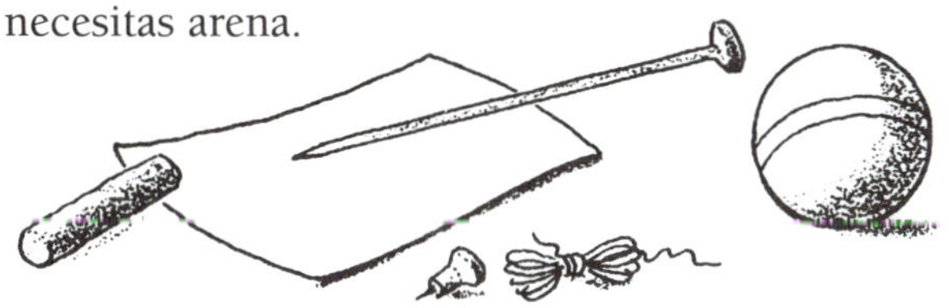

¿Qué hacer? Clava la aguja de hacer punto en el centro de la pelota y ata la cabeza de la aguja a la hebra de hilo o alambre. Pega con celo este «péndulo» al techo de la estancia, de manera que pueda oscilar sin tropezar con ningún obstáculo.

Con el lápiz de cera, traza una línea en la cartulina y pega ésta al suelo con celo, justo debajo del péndulo.

Impulsa el péndulo adelante y atrás siguiendo la línea trazada en la cartulina. Anota lo que ocurre transcurridas dos horas.

¿Qué ocurre? Aunque el péndulo sigue balanceándose en la trayectoria inicial, ya no lo hace sobre la línea de cera trazada en la cartulina.

¿Por qué? La inercia hace que el péndulo siga balanceándose en la misma trayectoria, pero ya no pasa por encima de la línea… ¡porque la estancia se ha movido! El salón de estar de tu casa se ha movido a causa de la rotación de la Tierra.

En la sede de la ONU, en Nueva York, hay un gran péndulo en balanceo constante que demuestra la rotación de la Tierra.

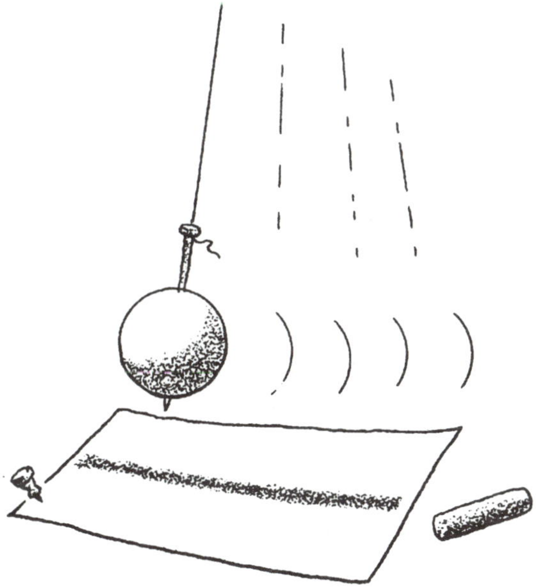

254

¿Por qué vemos el Sol después de que se ponga?

NECESITARÁS
Una botella llena de agua bien cerrada
Libros
Una lámpara con la bombilla a la vista

Quizá te hayas dado cuenta de que continuamos viendo el Sol un par de minutos después de que se haya puesto tras el horizonte, y que también lo vemos un par de minutos antes de que salga. Averigua por qué.

¿Qué hacer? Tumba la botella sobre una mesa junto a una pila de libros. Coloca la lámpara en el lado opuesto de la mesa. Apila los libros de forma que no puedas ver la luz desde el lugar en el que te encuentras. Luego coloca la botella llena de agua delante de la pila de libros, como en la ilustración de la derecha.

¿Qué ocurre? Eres capaz de ver la luz aunque se encuentre por debajo del libro más alto de la pila.

¿Por qué? El lado redondeado de la botella desempeña el papel de la atmósfera terrestre: curva los rayos de luz y transporta la imagen de la luz hasta tus ojos. Crea un espejismo, igual que los que se ven en el desierto, en el mar y en las carreteras cuando el asfalto está muy caliente. También hay espejismos en el cielo.

La luz que emite el Sol al amanecer o al ponerse atraviesa una atmósfera terrestre más gruesa que la luz del mediodía. Dicha atmósfera curva los rayos del sol, de modo que, al amanecer, cuando el Sol sale, es posible verlo en el horizonte antes de que en realidad llegue a él. Y al anochecer, cuando el Sol se pone, debido a esos mismos rayos curvos, continuamos viendo una imagen del astro rey poco después de que haya desaparecido tras el horizonte.

255 Y el mundo gira...

Durante muchos siglos se creía que el Sol giraba alrededor de la Tierra. Ahora sabemos que la Tierra no sólo gira sobre su eje (sobre sí misma), sino que también orbita alrededor del Sol. Lo único que necesitas para practicar este experimento es una silla iluminada.

¿Qué hacer? Sitúa la silla en el centro de la estancia y da vueltas alrededor de ella.

¿Qué ocurre? A medida que das vuelta alrededor de ella, la silla se alinea con distintos objetos de la estancia.

¿Por qué? Los objetos de la estancia situados detrás de la silla transmiten la impresión de moverse, aunque, en realidad, quien se mueve eres tú.

Del mismo modo, nos parece que el Sol se mueve, pero, en realidad, es la Tierra la que orbita alrededor de él y hace que tengamos esa impresión.

La Tierra completa su órbita de 965 millones de kilómetros alrededor del Sol en poco menos de 365 días, desplazándose a una velocidad de 29,76 kilómetros por segundo. Sigue una trayectoria ovalada alrededor del Sol, describiendo una elipsis. A veces se desplaza a más velocidad y otras, más lentamente. Cuanto más cerca del Sol está, mayor es la velocidad a la que viaja la Tierra.

256 El Sol en tu dormitorio

NECESITARÁS
Una tiza
Un lápiz o un pincel

He aquí otra prueba que te demostrará que la Tierra cambia de posición. Este experimento te mantendrá entretenido durante meses.

¿Qué hacer? Traza una línea con la tiza justo en el punto en el que el Sol incide en tu dormitorio, en el suelo o en la pared. Anota en un papel el lugar y la hora exacta, además del día y el mes.

Una semana después, a la misma hora del día, traza una segunda línea. Una vez más, anota el lugar y la fecha.

Repite la operación cada semana durante todo el año.

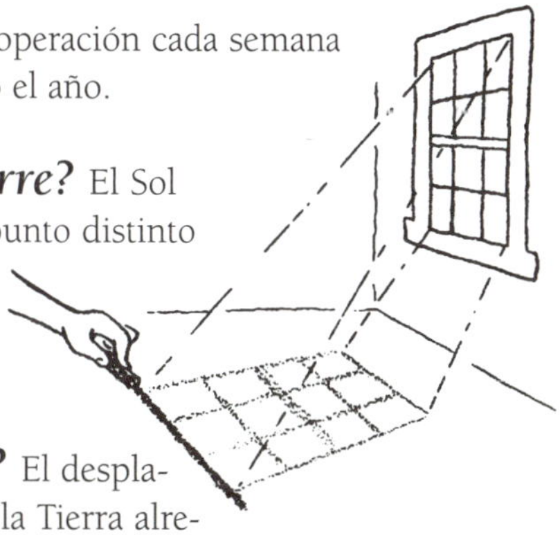

¿Qué ocurre? El Sol ilumina un punto distinto de tu dormitorio cada semana.

¿Por qué? El desplazamiento de la Tierra alrededor del Sol provoca un cambio en la ubicación de la línea de semana en semana y de mes en mes.

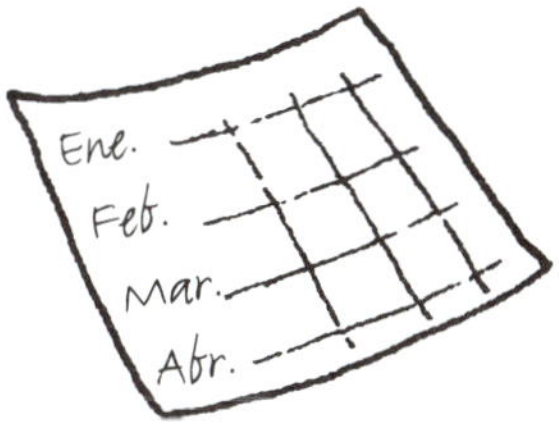

257 Las estaciones del año

Cerca del Ecuador hace calor todo el año, y en los Polos Norte y Sur siempre hace frío. Sin embargo, en la mayoría del planeta, el año tiene cuatro estaciones. ¿Por qué?

NECESITARÁS
Una naranja
Una aguja de punto
Una lámpara con la bombilla a la vista
Un trozo de cartón
un rotulador

¿Qué hacer? Atraviesa la naranja por el centro con la aguja de hacer punto. La naranja será la Tierra y la aguja su eje imaginario (observa la ilustración).

Dibuja una elipse con el rotulador (consulta el experimento siguiente) de unos 25 cm de diámetro sobre el cartón para representar la órbita ovalada de la Tierra. Marca los cuatro puntos cardinales: Norte, Sur, Este y Oeste.

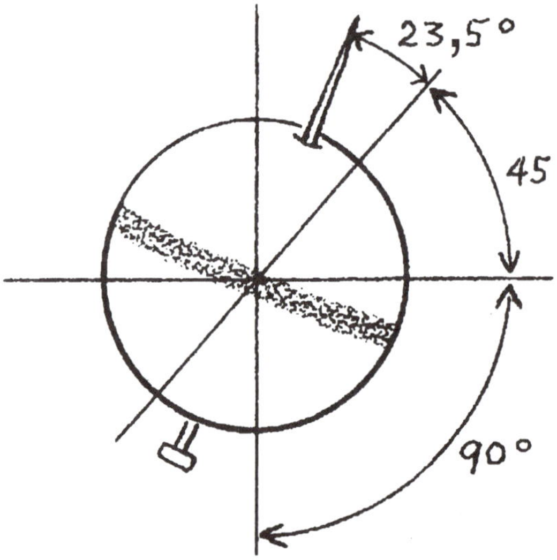

Coloca la lámpara encendida en el centro del cartón. La lámpara desempeñará el papel de Sol.

1. Sosteniendo la aguja bien recta, coloca la naranja sobre cada uno de los puntos cardinales. Observa qué parte de la naranja se ilumina en cada caso.

2. A continuación, inclina la naranja de modo que el eje quede en un ángulo de 23,5° con respecto a la vertical (observa la ilustración). Coloca de nuevo la naranja en cada punto cardinal, manteniendo la aguja

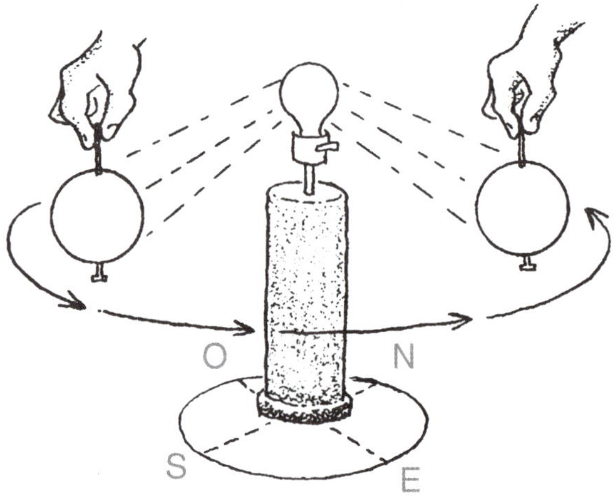

inclinada siempre en el mismo ángulo. Observa la parte de la naranja que se ilumina en cada punto cardinal y qué zona recibe los rayos directos del Sol y cuál recibe los oblicuos.

¿Qué ocurre?

1. Cuando la aguja se sostiene bien recta en la vertical, se ilumina la misma parte de la naranja, independientemente de qué posición ocupe ésta con respecto a la fuente lumínica.

2. Cuando la aguja se inclina a un ángulo de 23,5°, la cantidad de luz depende de si la naranja está inclinada hacia la luz o en sentido contrario

¿Por qué? Si el eje de la Tierra fuera vertical, como el de la naranja de la primera parte del experimento, no habría estaciones del año. Pero el eje de nuestro planeta apunta a la Estrella Polar a un ángulo de 23,5° (observa la ilustración). Ésa inclinación es la responsable de que las estaciones del año cambien a medida que la Tierra orbita alrededor del Sol.

Cuando la región del planeta en la que vivimos está inclinada hacia el Sol, disfrutamos del verano, porque recibimos los rayos solares directamente. Seis meses después, nuestra región se inclina en dirección opuesta al Sol y llega el invierno, porque recibimos los rayos oblicuos y éstos calientan menos.

En el Ecuador, los rayos del Sol siempre caen directamente sobre la Tierra, por eso no hay estaciones. En los Polos Norte y Sur, los rayos siempre inciden en ángulo oblicuo.

Como puedes constatar, las estaciones no ocurren a causa de la distancia existente entre el Sol y la Tierra.

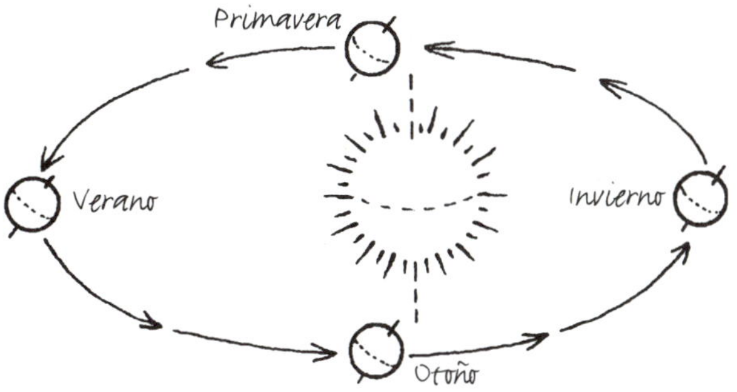

De hecho, en enero, en el hemisferio norte, la Tierra está más próxima al Sol que en junio.

258 Cómo dibujar una elipse

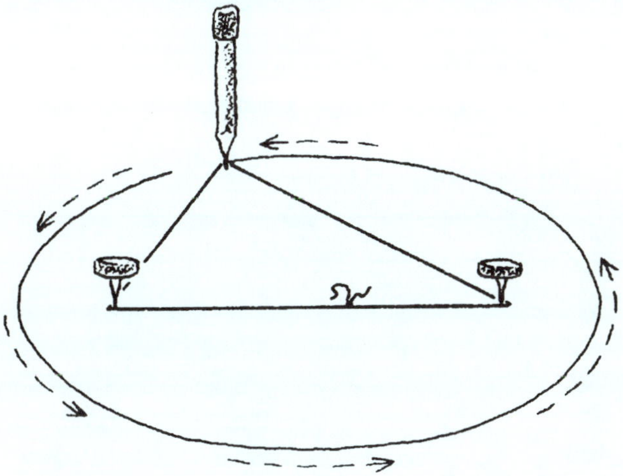

La trayectoria de la Tierra alrededor del Sol es elíptica. Hay un modo muy sencillo de dibujar una elipse.

Coloca una hoja de papel liso sobre un trozo de cartón. Clava dos chinchetas (o alfileres) sobre el papel a unos 5 cm de distancia la una de la otra. Ata con un nudo los dos cabos de un hilo de 15 cm de longitud y enróllalo alrededor de las chinchetas. Inserta un lápiz en el lazo y tensa el hilo. Manteniendo el hilo tensado en todo momento, desplaza el lápiz en círculo y dibujarás una elipse.

259 El efecto invernadero

NECESITARÁS
Una bolsa de plástico transparente
2 termómetros

La Tierra entera sufre un recalentamiento debido al efecto invernadero. Pero ¿en qué consiste este efecto? Este experimento debe ponerse en práctica en un día soleado.

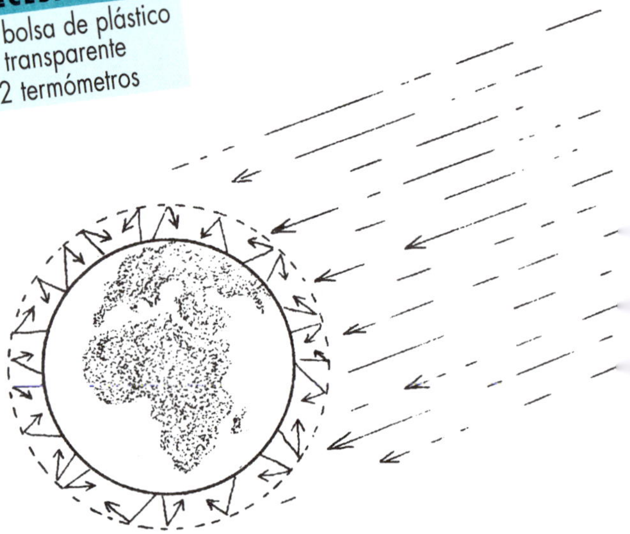

¿Qué hacer? Mete un termómetro en la bolsa de plástico. Cierra la bolsa con un nudo y colócala en el alféizar de una ventana soleada. Sitúa el segundo termómetro junto a la bolsa, en el mismo alféizar.

Transcurridos 10 minutos, observa la temperatura que marcan ambos termómetros.

¿Qué ocurre? El termómetro de la bolsa registra una temperatura varios grados superior al otro.

¿Por qué? Los rayos de sol atraviesan la bolsa con facilidad. Sin embargo, una vez dentro de ésta, se convierten en calor, y ese calor queda atrapado en la bolsa. De este modo, la temperatura en el interior de la bolsa de plástico aumenta. La bolsa se calienta como los invernaderos en los que los jardineros cutlivan sus plantas.

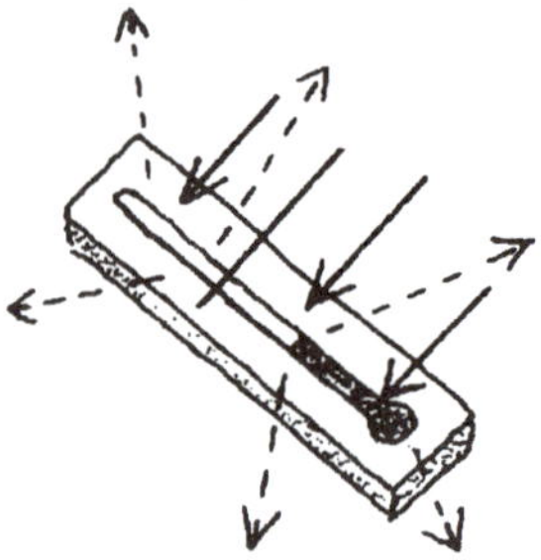

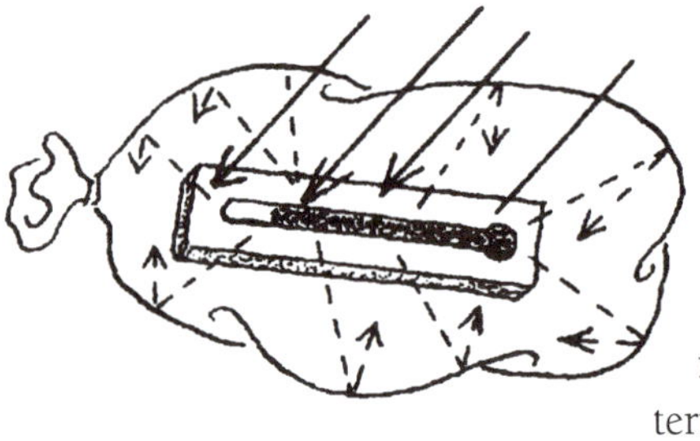

Los rayos solares atraviesan la atmósfera terrestre igual que atraviesan la bolsa de plástico. Y cuando se convierten en rayos de calor, no consiguen disiparse fácilmente. Como consecuencia, son absorbidos por la superficie de la Tierra y la calientan como si se encontrara dentro de un invernadero gigantesco.

Algunos científicos temen que el dióxido de carbono presente en el aire, producido por el uso industrial de combustibles como el petróleo y el carbón, haya aumentado el efecto invernadero. El dióxido de carbono absorbe los rayos de calor y los reenvía de nuevo a la Tierra, en lugar de permitir que escapen al espacio exterior. Estos científicos creen que esto hará aumentar de forma considerable el calor en la Tierra y provocará que el hielo de los Polos Norte y Sur empiece a derretirse. Temen que los niveles del mar crezcan e inunden zonas terrestres y, al hacerlo, cambien el clima del planeta y ocasionen otros muchos problemas.

Otros científicos, en cambio, prevén la llegada de una época fría y sugieren que la contaminación del aire bloqueará cada vez más la entrada de los rayos solares e impedirá que aumente el grado del efecto invernadero.

VIENTOS HURACANADOS Y SUAVES BRISAS

Vivimos en las profundidades de un océano de aire que llamamos «atmósfera». En su gran parte, los cambios climáticos tienen lugar en los cinco kilómetros inferiores de dicha atmósfera y, en su inmensa mayoría, están provocados por el viento, que transporta el calor solar desde las zonas cálidas hasta las frías.

El viento es simplemente aire en movimiento. Pero ¿qué es el aire? ¿Por qué se desplaza? ¿Por qué a veces es tan destructivo?

Los récords de viento en la Tierra

Velocidad máxima del viento sobre la superficie terrestre: 370 km/h
Lugar: monte Washington, New Hampshire, EE UU
Fecha: 12 de abril de 1934

Lugar más ventoso: con ráfagas de viento que alcanzan los 320 km/h
Lugar: bahía de Commonwealth, Antártida

Tornado más rápido: 457 km/h
Lugar: Wichita Falls, Texas, EE UU
Fecha: 2 de abril de 1958

El peor tornado de la historia: se cobró la vida de 792 personas
Lugar: estados centrales del sur de Estados Unidos
Fecha: 18 de marzo de 1925

Viento huracanado más rápido cerca del ojo (centro) de una tormenta: más de 118 km/h

Huracán con las ráfagas de viento más veloces: entre 280 y 288 km/h
Lugar: Central Keys y el sudoeste de la costa de Florida, EE UU
Fecha: entre el 29 de agosto y el 13 de septiembre de 1960

El peor huracán de la historia: provocó inundaciones y un millón de muertos
Lugar: Bangladesh
Fecha: 1970

260 El aire ocupa espacio

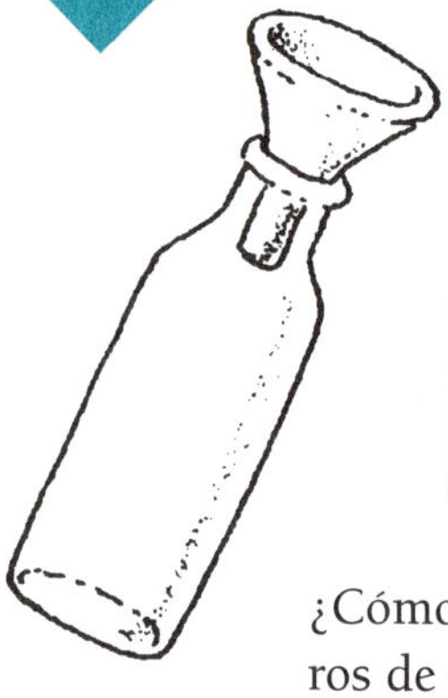

NECESITARÁS

Un embudo
Una botella vacía
Cinta aislante ancha o arcilla para modelar
Agua

¿Cómo podemos estar seguros de que realmente estamos rodeados de aire?

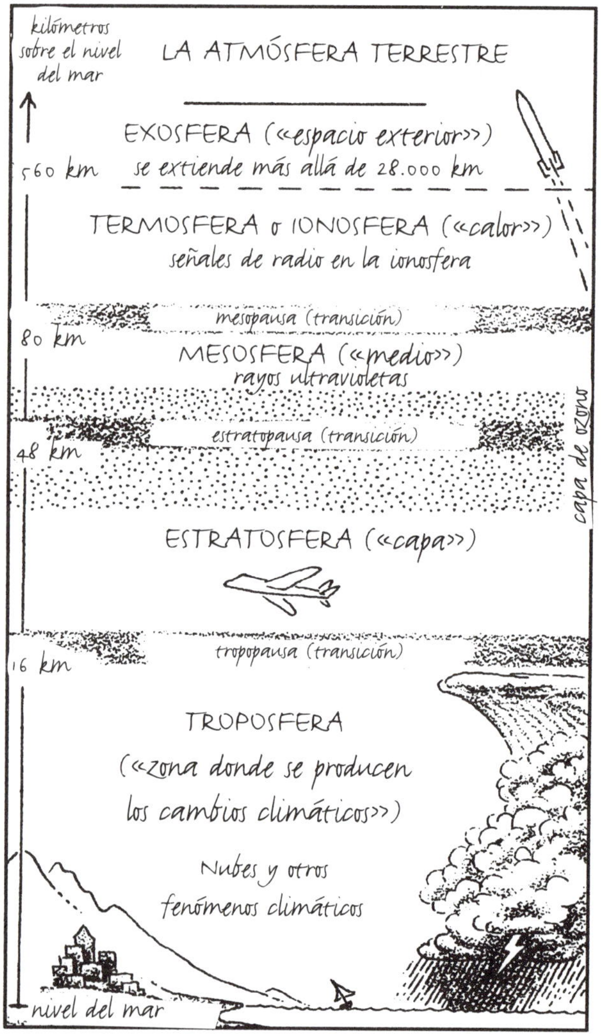

¿Qué hacer? Introduce el embudo en la boca de la botella vacía. Pégalo a la boca de la botella enrollándolo con cinta aislante o un poco de arcilla, de modo que no quede ningún hueco libre entre la botella y el embudo.

Vierte agua en el embudo.

¿Qué ocurre? El agua se queda en el embudo. No entra en la botella.

¿Por qué? La botella «vacía» en realidad está llena de aire. El aire ocupa espacio e impide que el agua entre en la botella.

Si retiras la cinta aislante o la arcilla, el resultado que obtendrás será muy distinto porque el aire tendrá la posibilidad de escapar de la botella.

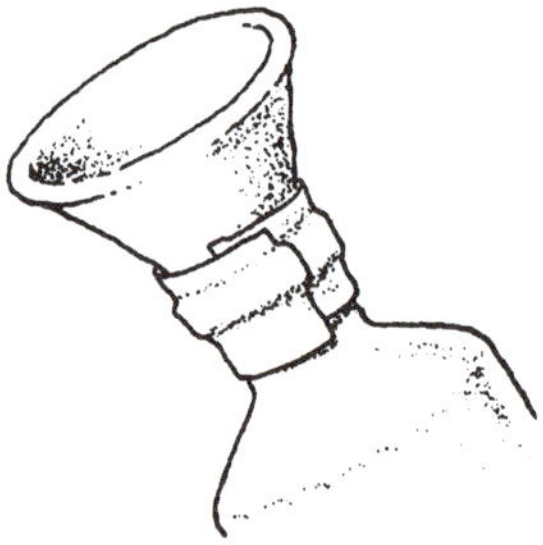

261

El aire pesa

NECESITARÁS
Una regla
Una percha
2 globos
Cinta adhesiva o celo
Cordel

El aire es una sustancia real. Simplemente, no ocupa espacio, pero sí pesa. Aquí tienes la prueba de ello.

¿Qué hacer? Ata el hilo a la parte central de la regla y cuélgala de la percha. Con cinta adhesiva, pega los globos en los dos extremos de la regla, a la misma distancia con respecto a éstos. Asegúrate de que ésta esté equilibrada.

Descuelga uno de los globos e ínflalo. Anúdalo para que no se escape el aire. Engánchalo de nuevo a la regla.

¿Qué ocurre? El globo inflado de aire hace que la regla se incline hacia su lado.

¿Por qué? El globo hinchado con aire pesa más que el desinflado. El aire pesa. De hecho, se trata de una sutancia bastante pesada. A nivel del mar, el aire pesa más de 1 kg por cm^2. En la cima de las montañas, el aire es considerablemente menos denso y pesa menos.

Un chorro de aire caliente

NECESITARÁS
Un globo
Una botella
Una cacerola con agua caliente

262

¿Por qué el aire caliente ocupa más espacio que el frío?

¿Qué hacer? Estira ligeramente el globo y colócalo alrededor del cuello de la botella.

Pon la botella en la cacerola de agua caliente y déjala reposar 5 minutos.

¿Qué ocurre? El globo empieza a inflarse.

¿Por qué? El aire del interior del globo se dilata al calentarse. Las moléculas se mueven más rápidamente y se separan entre sí. Y eso hace que el globo se infle.

Es exactamente así como funciona el aire fuera del globo. El aire caliente es menos denso que el frío. Ocupa más espacio y pesa menos que la misma cantidad de aire frío.

263 Vientos y corrientes de aire

NECESITARÁS
Polvos talco
Un pañuelo
Una lámpara con la bombilla a la vista

Provoca una corriente de aire... y observar cómo actúa.

¿Qué hacer? Espolvorea los polvos de talco sobre el pañuelo y agítalo ligeramente sobre la lámpara (con la bombilla apagada). Observa qué ocurre.

Enciende la lámpara. Transcurridos unos minutos, cuando la bombilla se caliente, agita de nuevo el pañuelo para que caiga un poco más de talco sobre la bombilla.

¿Qué ocurre? Antes de encender la bombilla, el talco cae lentamente por el aire. Cuando la bombilla se calienta, el polvo de talco sube.

¿Por qué? El aire, calentado por la bombilla encendida, sube, transportando consigo el talco. En cambio, el aire más denso y frío desciende.

Esto también ocurre en la naturaleza. El aire cálido tiene tendencia a elevarse porque es menos denso, y su lugar queda ocupado por el aire frío.

El aire que se desplaza hacia arriba y abajo (verticalmente) se denomina corriente de aire. El viento es el aire que se mueve al mismo nivel (horizontalmente).

La velocidad de las corrientes de aire y del viento depende de la diferencia de temperatura entre dos regiones. La dirección del viento depende de la ubicación de dichas zonas.

264 ¿Cuánto oxígeno contiene el aire?

El aire es una mezcla de gases invisibles e insípidos entre los que figura el oxígeno. Pero ¿cuánto oxígeno contiene el aire?

NECESITARÁS
Un lápiz
Lana de acero
Agua
Un plato lleno de agua
Un vaso medidor

¿Qué hacer? Clava la punta del lápiz en la lana de acero (un estropajo te servirá) y humedece ésta. Coloca el lápiz de pie (con la lana hacia arriba) en el plato de agua y tápalo con el vaso medidor. Déjalo reposar tres días.

¿Qué ocurre? La lana de acero se oxida y el agua asciende hasta llenar una quinta parte del vaso medidor.

¿Por qué? El proceso de oxidación consume el oxígeno del aire de dentro del vaso, creando una zona de baja presión. El agua llena el vaso para ocupar el lugar del oxígeno consumido. Dado que el oxígeno constituye una quinta parte de la composición del aire, el aire reduce su altura en una quinta parte del vaso.

El resto del aire se compone básicamente de nitrógeno, con pequeñas cantidades de otros gases, incluido el dióxido de carbono (CO_2).

265

¿Qué puede provocar una inversión de aire?

NECESITARÁS

2 tarros de vidrio
Agua caliente
Agua fría
Un trozo de cartón
Una cerilla
Una hebra de cordel

¿Qué ocurre durante una inversión de aire? Solicita ayuda a un adulto para poner en práctica este experimento.

¿Qué hacer? Aclara un tarro con agua muy fría y el otro con agua muy caliente. Sécalos bien.

Coloca el trozo de cartón entre ellos, de modo que los tarros queden boca con boca. Coloca el tarro templado abajo.

Pide a un adulto que prenda un cabo del cordel hasta que eche humo. Introduce la mecha en el tarro inferior (levantando el cartón). Cuando el humo llene el tarro, retira el cartón y coloca el tarro frío encima de nuevo.

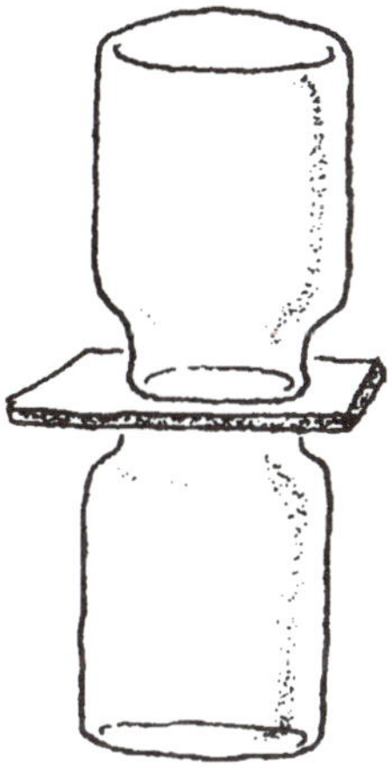

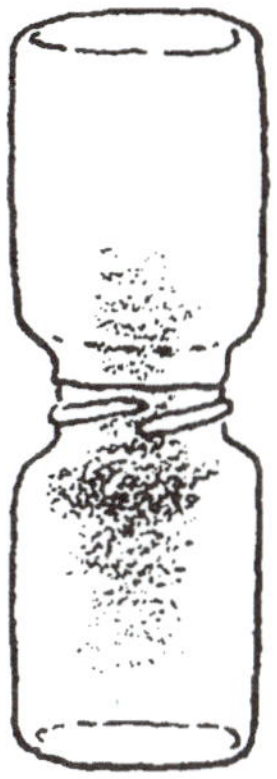

Prueba a realizar este experimento colocando el tarro templado abajo y el frío encima. ¿Qué sucede?

¿Qué ocurre? Cuando el tarro caliente está en la parte inferior, el humo sube al tarro de arriba. En cambio, si el aire frío se encuentra en la parte inferior, el humo queda atrapado y no puede subir.

¿Por qué? El humo asciende con el aire cálido, mientras que el aire frío, más denso, desciende. Así, cuando el aire caliente queda atrapado bajo el aire frío, el humo también queda atrapado.

Es lo mismo que ocurre en la atmósfera terrestre cuando una capa de aire cálido hace descender las partículas de polvo. Se trata de una «inversión de aire». El aire contaminado puede hacer que te escuezan los ojos, que tosas y que te resulte difícil respirar.

Existen laboratorios de control de la contaminación del aire que registran el nivel de contaminación y vigilan que no se llegue a límites alarmantes. Para hacerlo, analizan las cantidades de dióxido de azufre, monóxido de carbono y humo que hay en el aire.

266 ¿Respiras aire contaminado?

NECESITARÁS
Una lata grande vacía
Una hoja de papel blanco
Una lupa

No necesitas instrumentos complicados para descubrir si el aire que respiras está sucio.

¿Qué hacer? Forra la lata con el papel blanco. Luego déjala en el alféizar de una ventana durante una semana.

Entra la lata en casa, retira con cuidado el papel y examínalo con la lupa.

¿Qué ocurre? El polvo y otras sustancias residuales han manchado el papel.

¿Por qué? Las impurezas que emiten los tubos de escape de los automóviles, las chimeneas de las fábricas y otras fuentes penetran en el aire, contaminándolo. Estas impurezas permanecen en suspensión en el aire si no sopla el viento –en cuyo caso las transporta a otro lugar–, o si una capa de aire caliente situada por encima de ellas actúa como manta, como has aprendido en el experimento anterior. A veces, estas partículas de polvo presentes en el aire forman una especie de neblina o bruma que dificulta la visión.

267 Torbellinos

NECESITARÁS
Una aguja de punto
Una pelota
Un lápiz

¿Por qué los vientos se arremolinan en dirección contraria a las agujas del reloj sobre el Ecuador, y en sentido inverso por debajo de éste?

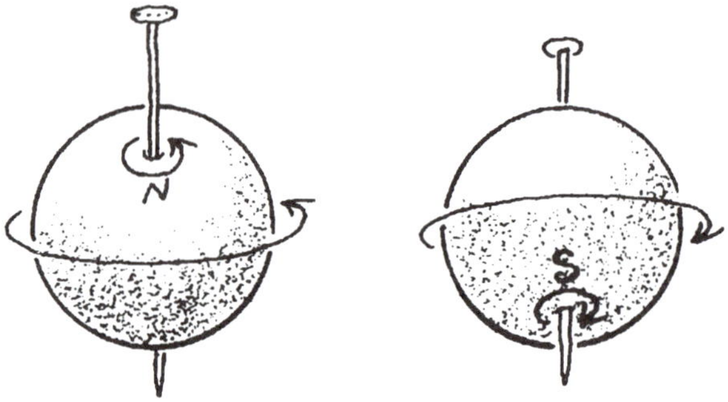

¿Qué hacer? Perfora la pelota por el centro con la aguja de hacer punto. En la parte superior de la pelota escribe una «N» para indicar el Polo Norte, y luego escribe una «S» en la parte inferior para indicar el Polo Sur.

Sostén la pelota de modo que la «N» quede hacia arriba y hazla girar de oeste a este. Observa el movimiento de la «N».

A continuación, sostén la pelota sobre tu cabeza y vuelve a hacerla girar en la misma dirección.

¿Qué ocurre? En el Polo Norte, la pelota, tu globo terráqueo, gira en sentido contrario a las agujas del reloj. En cambio, por debajo del Ecuador, en el Polo Sur, da vueltas en el mismo sentido que lo hacen las agujas del reloj.

268 Vientos preponderantes

NECESITARÁS
1 canica
1 mesa giratoria (o el plato de un tocadiscos)

La Tierra gira, o rota, de oeste a este. Esto afecta la dirección en la que soplan los vientos. He aquí un sencillo experimento que te ayudará a comprender por qué algunos vientos casi siempre soplan en la misma dirección.

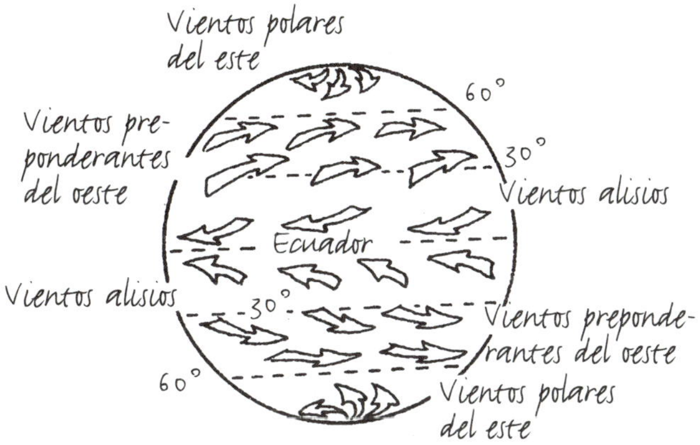

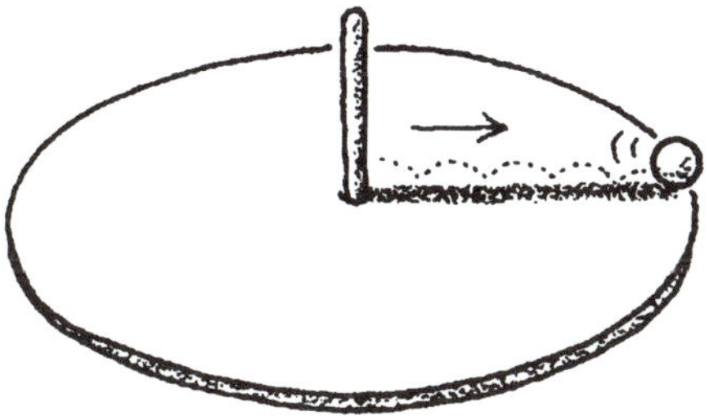

¿Qué hacer? Haz rodar la canica sobre la mesa o el tocadiscos, desde el centro hacia el borde. Observa qué sucede.

A continuación, haz girar la mesa o el tocadiscos. Vuelve a hacer rodar la canica desde el centro hacia el borde.

Por último, intenta hacer rodar la canica desde el borde hacia el centro.

¿Qué ocurre? Cuando la mesa no gira, la canica rueda en línea recta desde el centro hacia el borde. Pero cuando la mesa se mueve, la canica parece desviarse de su trayectoria en su avance desde el centro hacia el borde.

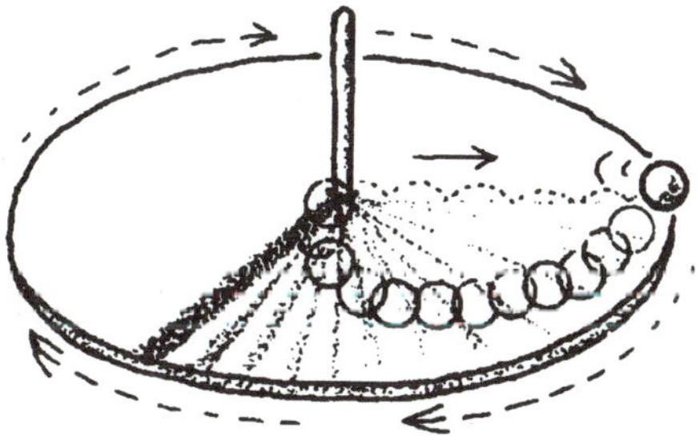

¿Por qué? Cuando la mesa giratoria está quieta, evidentemente la canica avanza en línea recta. Y, aunque no lo parezca, cuando la mesa gira, ¡la canica sigue moviéndose en línea recta! La canica se detiene en distintos puntos de la mesa en movimiento, por eso parece girarse y desviarse de su trayectoria. Sin embargo, pasa de un punto a otro precisamente porque, al girar, la mesa la obliga a desviarse de su trayectoria. Este fenómeno se conoce con el nombre de fuerza de Coriolis.

De modo similar, la rotación de la Tierra sobre sí misma (sobre su eje) hace que los vientos se desplacen y curven de formas concretas. Esta rotación crea patrones mundiales de vientos denominados «vientos preponderantes», vientos que soplan en la misma dirección la mayor parte del tiempo. En gran medida, el clima mundial depende de este enorme sistema de vientos que soplan en direcciones definidas.

Vientos locales

Hay vientos suaves, ocasionales y de breve duración. Otros vientos pueden soplar sólo durante unos minutos, pero con la virulencia suficiente para causar destrozos físicos y daños personales. Determinadas zonas se ven azotadas cada año por vientos regulares durante meses, lo cual obliga a las personas a planificar sus vidas en torno a dichos vientos.

Las brisas marinas son vientos procedentes de las zonas frías y de altas presiones situadas sobre el mar que avanzan hacia zonas terrestres más cálidas y con presiones más bajas.

Los vientos de montaña se originan en las cimas de los montes y descienden hacia los valles, o bien se originan en los valles y ascienden hacia las cumbres. Los vientos que descienden por las laderas de las colinas suelen ser más suaves.

Los foehns son vientos cálidos y secos que ocasionalmente soplan desde la cumbre de una cadena montañosa y descienden por sus laderas, por el flanco de sotavento. En las montañas Rocosas, el foehn a veces consigue derretir capas de nieve de más de 50 centímetros de grosor en una sola noche. Este foehn se denomina *chinook*, una palabra india que significa «el que se come la nieve». En Suramérica, el foehn del oeste que azota los Andes se llama zonda, y el que procede del este, puelche.

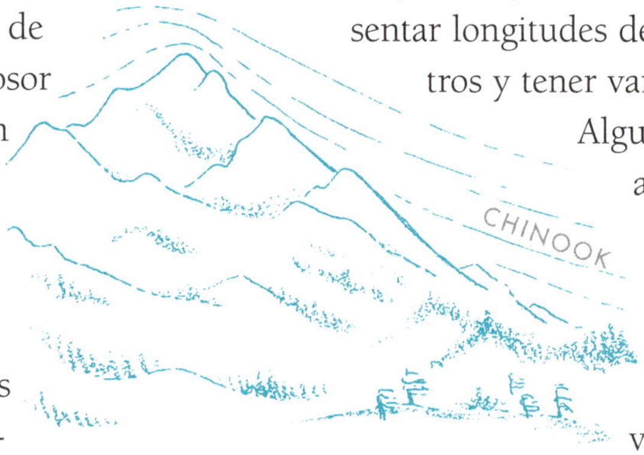

Una borrasca desata fuertes ráfagas de aire frío que suelen durar un par de minutos. Las borrascas suelen ir acompañadas de un manto espeso de grandes nubes negras y de chubascos breves e intensos. Se tiene noticia de borrascas que, pese a su corta duración, han hecho volcar cientos de barcos pequeños. En Alaska, las borrascas se denominan *williwaw*.

El mistral es un viento frío y seco que se origina en los Alpes Occidentales y atraviesa el sur de Francia en invierno, trayecto en el que a veces emplea varios meses. Los monzones, vientos estacionales del océano Índico y Asia, llevan consigo lluvias torrenciales en verano. Los simunes, vientos secos y cálidos procedentes del Sahara y los desiertos de Arabia, desencadenan tormentas de arena que pueden durar entre unos minutos y varios días.

Las corrientes en chorro son vientos rápidos que se originan a una altitud de cinco o seis kilómetros en la atmósfera, a causa de la diferencia de temperaturas entre el aire de la troposfera y el de la estratosfera. Pueden presentar longitudes de varios miles de kilómetros y tener varios kilómetros de ancho. Algunas veces se elevan hacia altitudes superiores en la atmósfera y otras descienden hacia la tierra, formando tormentas. Los pilotos de avión a veces utilizan la fuerza de estos vientos para impulsar sus aeronaves.

269 Frentes y masas de aire

Una masa de aire es un cuerpo de aire de miles de kilómetros de ancho que tiene una temperatura y una humedad prácticamente idénticas en todo su volumen. Pero, ¿cómo se forma? Para descubrirlo, sólo necesitas un radiador o un calefactor y un frigorífico o un aparato de aire acondicionado.

¿Qué hacer? Colócate de pie delante del radiador o el calefactor durante 2 minutos. Luego abre la puerta del frigorífico o ponte delante del aparato de aire acondicionado y permanece inmóvil otros 2 minutos.

¿Qué ocurre? Cuando estás delante del calefactor o el radiador, notas aire caliente. Y cuando te colocas delante del frigorífico o el aparato de aire acondicionado, notas aire frío.

¿Por qué? El radiador (encendido) calienta el aire de su alrededor. En cambio, el refrigerador lo enfría. Las masas de aire actúan de forma similar. El aire que permanece en suspensión sobre una región sin moverse forma una masa de aire con la temperatura y la humedad de dicha región.

Cuando una masa de aire se desplaza, influye sobre el tiempo que hace en las zonas por las que pasa.

Cuando se encuentran una masa de aire frío con una de aire caliente, no se mezclan. En su lugar, forman una zona que suele tener varios cientos de kilómetros de longitud. Esa zona recibe el nombre de «frente». Se habla de «frente frío» cuando una masa de aire frío ocupa el lugar de una masa de aire caliente obligando a esta última a ascender. Y hablamos de «frente caliente» cuando una masa de aire caliente empuja hacia delante una masa de aire frío. Si ninguna de las dos masas se desplaza, hablamos de un «frente estacionario».

La llegada de un frente indica un cambio en la situación meteorológica.

Un frente frío evoluciona a un ritmo rápido. Si el aire es seco, se formarán nubes y las temperaturas caerán en picado. Si el aire es húmedo, un frente frío traerá tormentas eléctricas y granizo, pero su duración será breve.

Un frente caliente se desplaza más lentamente. Si transporta aire seco, se formarán nubes tenues.

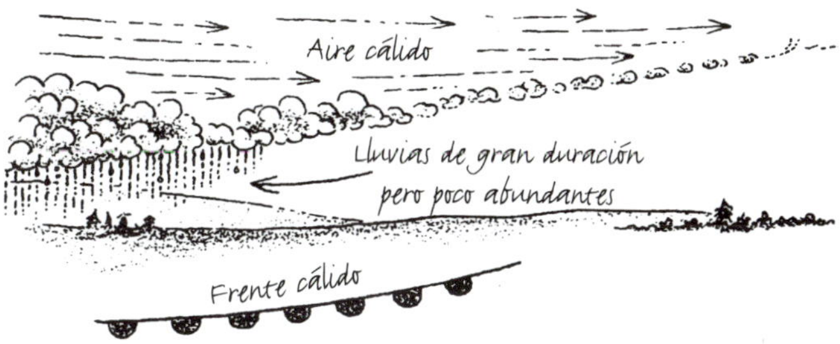

En cambio, si el arie es húmedo, el cielo se pondrá gris y las precipitaciones y nevadas que desencadenara pueden durar muchos días.

Tras de sí, los frentes dejan un tiempo estable: cálido si permanece la masa de aire cálido y frío si permanece la de aire frío.

270 Presión atmósferica y pronóstico del tiempo

NECESITARÁS
Un trozo de globo
Un embudo
Cinta adhesiva o celo

La presión atmosférica y el modo en que ésta evoluciona permiten pronosticar el tiempo que hará en los próximos días y horas.

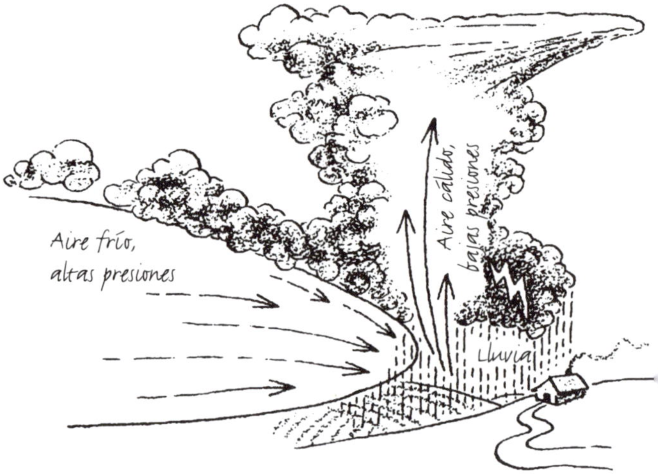

¿Qué hacer? Cubre la boca ancha del embudo con el trozo de globo roto, tensa éste y pégalo con celo al embudo.

Aspira un poco de aire a través de la boquilla del embudo y observa qué ocurre con el globo.

Enfoca el embudo hacia el suelo y vuelve a aspirar aire. Luego gíralo hacia el lado y aspira de nuevo.

¿Qué ocurre? Al aspirar el aire, la goma del globo se ve atraída hacia el interior del embudo, independientemente de la posición en la que esté.

¿Por qué? Cuando aspiras el aire, en realidad lo que estás haciendo es vaciar el aire del interior del embudo. Al hacerlo, la fuerza del aire de fuera del embudo supera la de dentro de éste, incluso aunque enfoques el embudo hacia abajo o hacia un lado. Esta fuerza o empuje del aire, la presión atmosférica, es idéntica en todas las direcciones.

Ya sabes que el aire ejerce una presión superior a 1 kg sobre cada centímetro cuadrado de la superficie terrestre, debido a la gravedad de la Tierra. Ese peso se conoce con el nombre de presión atmosférica.

Cuando el aire denso y frío ejerce presión sobre la Tierra, la presión atmosférica acostumbra a ser elevada. El aire cálido y menos denso asciende, separándose de la superficie terrestre, lo cual explica que cuando hace buen tiempo las presión atmosférica normalmente sea baja.

Las altas presiones suelen llevar apareado un clima estable, mientras que las bajas presiones llevan consigo mal tiempo y fuertes vientos. Los cambios de presión también provocan vientos.

Cuando existen grandes diferencias en la presión atmosférica, el aire sale rápidamente de las zonas de altas presiones para llenar zonas de bajas presiones. Y al hacerlo origina vientos potentes, que en ocasiones tienen efectos devastadores. Si la diferencia en la presión atmosférica es leve, el aire circula con tranquilidad hacia la zona de bajas presiones y provoca suaves brisas.

271 Una lata con truco

Es aconsejable que practiques este experimento en el fregadero o en la bañera.

NECESITARÁS

Una lata metálica vacía con un tapón de rosca
Un martillo
Un clavo
Agua

¿Qué hacer? Con el martillo y el clavo haz un pequeño agujero en un lado de la lata, cerca del borde inferior. Llena la lata con agua y enrosca rápidamente el tapón. Luego destapa la lata.

¿Qué ocurre? El agua no sale por el agujero hasta que quitas el tapón.

¿Por qué? El aire ejerce una presión más fuerte que la del agua en el interior de la lata... hasta que la destapas. Entonces, el aire que empuja hacia abajo a través de la boca de la lata sumado a la presión del agua hace que la presión descendente sea más intensa que la presión ascendente.

272 La ley de Ballot

La ley de Ballot te ayudará a ubicar las zonas de altas y bajas presiones.

En 1857, Buys Ballot, un científico holandés, descubrió que existía una relación entre la dirección del viento y la ubicación de las zonas de altas y bajas presiones que lo provocan.

En el hemisferio norte, si te colocas de espaldas al viento, la zona de altas presiones se encuentra a tu derecha y la de bajas presiones, a tu izquierda. En el hemisferio sur ocurre justo lo contrario.

Un cambio en los vientos suele acarrear un cambio en el tiempo. En el hemisferio norte, los vientos procedentes del sur o del oeste traen consigo climas cálidos o suaves y lluviosos, mientras que los vientos del norte o del este originan un clima más frío y seco, sobre todo en invierno. Los nombres de los vientos se establecen en función de la dirección desde la que soplan.

273 Tornados

NECESITARÁS
Una botella de plástico vacía y limpia

Aunque, en su inmensa mayoría, la fuerza destructiva de los tornados se debe a la terrible velocidad de los vientos arremolinados, las bajas presiones atmosféricas también pueden ocasionar graves daños.

¿Qué hacer? Vacía el aire de la botella aspirándolo.

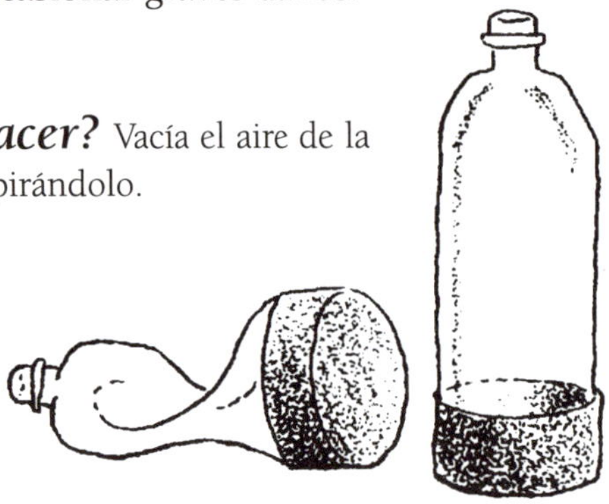

¿Qué ocurre? La botella se comprime.

¿Por qué? El aire de alrededor empuja las paredes de la botella hacia dentro porque has eliminado parte del aire que había en su interior. Normalmente, el aire de dentro de la botella contrapesa la fuerza ejercida por el aire del exterior.

La presión en el interior de la botella desciende, tal como ocurre también en el centro de un tornado.

Un tornado se origina cuando el aire seco y frío de un viento del oeste entra en contacto con un viento húmedo del sur inusitadamente caliente. Este choque produce un viento arremolinado que provoca grandes nubarrones negros y tormentas eléctricas. Al ascender las rachas de aire cálido en un movimiento espiral arrastran con ellas hacia arriba el vapor de agua. Cuando el aire se enfría, origina una espiral de nubes en forma de serpentina.

Esta serpentina de nubes se arremolina a velocidades vertiginosas y arrastra consigo polvo, árboles, animales, agua, automóviles, casas… todo lo que encuentre a su paso, y lo eleva en el aire dando vueltas. La columna de aire en el seno de esta serpentina se eleva a toda velocidad y hace descender la presión dentro del tornado a medida que éste avanza.

Una casa puede resultar totalmente aplastada por un tornado, tal y como tu botella se ha comprimido, porque la presión atmosférica en el núcleo del mismo es inferior a la presión del aire que habitualmente hay en el interior de una casa.

El tornado gira, destruyendo lo que encuentra a su paso, hasta que todo el aire caliente que se encuentra en el suelo queda comprimido por el aire más frío y pesado que penetra en su interior. Entonces el aire deja de soplar y el tornado se desvanece.

Más información sobre los tornados

Es poco habitual que un tornado dure más de una hora. Y lo normal es que no recorra más de 150 m. Tan sólo el dos por ciento de los tornados se clasifica de «violento». Pero también pueden llegar a durar más tiempo, con vientos que pueden alcanzar los 480 km/h y recorrer una zona de hasta 40 km de largo por 1,6 km de ancho.

Los tornados pueden revelarse como las tormentas más destructivas que existen. En su inmensa mayoría, el reguero de muertes y desperfectos físicos que un fenómeno de éstos deja tras de sí se debe al impacto de los objetos que revolotean en el aire.

Los tornados también reciben el nombre de ciclones o huracanes.

274 El teorema de Bernoulli

NECESITARÁS

2 manzanas
2 cordeles de unos 30 cm de largo
2 chinchetas

La presión atmosférica de un tornado es tan baja que puede arrasar las casas que encuentra a su paso. Pero ¿qué provoca esas bajas presiones?

¿Qué hacer? Cuelga las manzanas de los cordeles, separadas entre sí por una distancia de 7,5 cm. Sopla con fuerza hacia el espacio que queda entre ellas.

¿Qué ocurre? En lugar de separarse por efecto del aire, las manzanas se acercan.

¿Por qué? Al soplar entre las manzanas, haces que el aire que hay entre ellas se desplace. Esto reduce la presión del aire que las separa. Entonces, el aire que ejerce presión por sus caras externas empuja las manzanas hacia dentro, en dirección a la zona de baja presión.

Si la velocidad del aire aumenta, la presión del aire disminuye. Cuanto más rápidamente se desplaza el aire, menos presión tiene. Este principio físico lo descubrió en 1738 el físico suizo Daniel Bernoulli.

Este descenso de la presión, provocado por un aire que se desplaza a gran velocidad, es uno de los motivos del gran efecto destructivo de los tornados. Las fuertes presiones del aire que rodea a los objetos los propulsa en remolinos de viento.

275

El ojo del huracán

NECESITARÁS
Un yoyó

Un huracán es una tormenta violenta que se origina en las aguas tropicales. En medio de los vientos arremolinados hay un punto donde reina la calma: el «ojo» del huracán.

¿Qué hacer? Haz girar el yoyó alrededor de tu cabeza.

¿Qué ocurre? El yoyó parece intentar alejarse de la mano con la que sostienes la cuerda. Cuanto más rápidamente lo haces girar, mayor es la fuerza con la que el yoyó tira hacia fuera.

¿Por qué? La explicación es la fuerza centrífuga, la fuerza que atrae a un objeto hacia el exterior cuando realiza un movimiento circular.

Por este mismo motivo, los vientos de un huracán tienden a alejarse del centro a medida que su velocidad aumenta. Cuando los vientos se mueven a la velocidad suficiente, se forma un agujero en su centro, una señal que indica la potencia de un huracán.

El ojo de un huracán es un agujero sin nubes de unos 16 km de ancho dentro del cual reinan la paz y la tranquilidad. A su alrededor, los vientos arremolinados giran a velocidades de hasta 240 km/h, con ráfagas que pueden alcanzar los 288 km/h.

Los vientos huracanados pueden cubrir una superficie de casi 100 km de ancho. Pueden soplar durante más de una semana y viajar decenas de miles de kilómetros por encima del mar y la tierra.

Los huracanes se forman cuando el aire húmedo y cálido que sobrevuela las aguas tropicales se eleva a más de 1.800 m. El vapor de agua se condensa, se convierte en gotas de lluvia y libera su energía calorífica. Esto obliga a las columnas de aire a ascender rápidamente a alturas de 80.000 m, y los cúmulos de nubes en forma de coliflor se convierten en amenazadoras nubes de tormenta (observa la ilustración inferior).

Entonces, el aire de fuera de la zona de la tormenta se precipita en su interior para reemplazar el aire que sube y empieza a girar alrededor de la corriente ascendente debido a la rotación de la Tierra. A medida que se arremolina sobre la superficie del mar, va absorbiendo vapor, que se integra en la corriente ascendente. Y cuanto más vapor se condensa, más energía se libera. La corriente ascendente empieza a elevarse a mayor velocidad, absorbiendo cantidades cada vez mayores de aire y vapor de agua de los bordes de la tormenta, y el aire comienza a girar más rápido en torno al ojo del huracán.

Los vientos huracanados giran en el sentido de las agujas del reloj en el hemisferio sur y en sentido inverso, en el norte. Reciben el nombre de ciclones en el océano Índico, tifones en el océano Pacífico y *willy-willies* en el continente de Australia.

Sección transversal a través de un ojo de un huracán

AGUA, AGUA Y MÁS AGUA

¿Cómo llega el agua al aire? ¿Y por qué sale de ella en forma de lluvia? ¿Por qué nieva? ¿Cuándo llueve? ¿Por qué cae aguanieve? ¿Por qué graniza? En este capítulo hallarás la respuesta a éstas y otras muchas preguntas.

Los récords de precipitaciones sobre la Tierra

Precipitaciones más abundantes en un solo día: 184 cm
Lugar: La isla de Reunión, en el océano Índico
Fecha: 15 de marzo de 1952

Precipitaciones más abundantes en un mismo mes: 915 cm
Lugar: Assam, en la India
Fecha: julio de 1961

Precipitaciones más abundantes en un año: 2.602 cm
Lugar: Assam, en la India
Fecha: entre agosto de 1880 y agosto de 1881

Media de precipitaciones anuales más elevada: 1.150 cm
Lugar: monte Waialeale, Kauai, Hawai

Máximo número de días de tormenta eléctrica: 322 días por año
Lugar: isla de Java, en Indonesia

Precipitaciones anuales más débiles: 0,08 cm
Lugar: Arica, en Chile

Período más largo de sequía: 400 años
Lugar: desierto de Atacama, en Chile

Nevada más importante en un día: 189,5 cm
Lugar: Silver Lake, en Colorado, EE UU
Fecha: entre el 14 y el 15 de abril de 1921

Tormenta de nieve más abundante: 472,5 cm
Lugar: monte Shasta, en California, EE UU
Fecha: entre el 13 y el 19 de febrero de 1959

276

¿Cómo llega el agua al aire?

NECESITARÁS
2 tarros (uno con tapa)
Agua

La humedad del aire forma parte del ciclo global del agua. El aporte principal del agua procede de los cinco océanos de la Tierra y de otras masas de agua más pequeñas. Pero ¿cómo penetra el agua en el aire?

¿Qué hacer? Vierte una cantidad idéntica de agua en ambos tarros. Tapa sólo uno de ellos. Déjalos durante toda la noche sobre una mesa y compruébalos a la mañana siguiente.

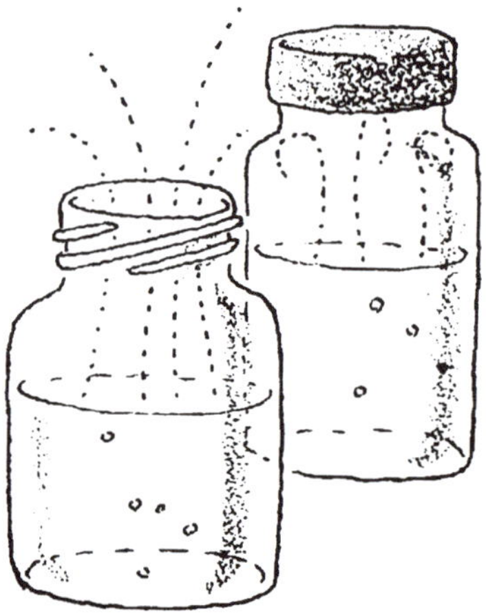

¿Qué ocurre? En el tarro destapado hay menos agua que en el tarro cubierto.

¿Por qué? Incluso a temperatura ambiente, las diminutas partículas (las moléculas) que componen el agua del tarro destapado se mueven a la velocidad suficiente para evaporarse y pasar a formar parte del aire. El agua se convierte así en vapor de agua, un gas invisible. Este proceso se denomina evaporación.

Si alguna vez te has preguntado qué les ocurre a los charcos cuando deja de llover, ésta es la explicación. Mediante la evaporación, el agua regresa al aire.

277 Carrera de evaporación 1

NECESITARÁS
Un vaso medidor
Un plato llano
Agua
Una botella de cuello estrecho

¿Cuál se evaporará más rápidamente: el agua del plato llano o el de la botella?

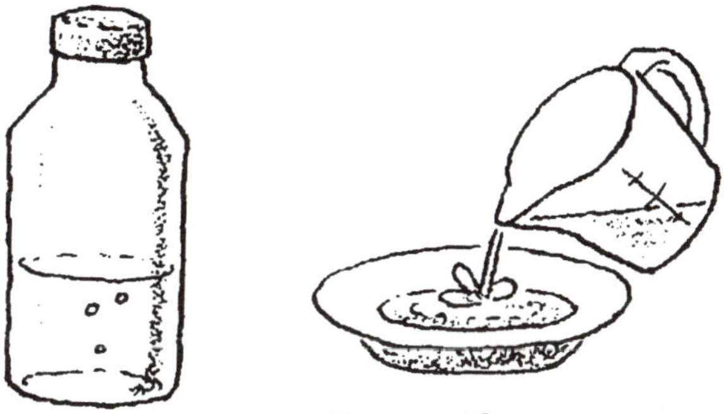

¿Qué hacer? Vierte una cantidad idéntica de agua en el plato y en la botella. Coloca ambos recipientes, destapados, sobre una mesa y déjalos reposar toda la noche. Compruébalos a la mañana siguiente.

¿Qué ocurre? Queda menos agua en el plato que en la botella.

¿Por qué? Las moléculas de agua sólo pueden escapar de la superficie, de manera que el agua se evapora más rápidamente cuando la superficie es mayor.

Así, un charco de gran amplitud y poco profundo se secará más rápidamente que uno que sea estrecho y tenga varios metros de profundidad.

278 Viento y agua

NECESITARÁS
Una cuerda de tender
Un trozo de cartón
2 pañuelos mojados

¿Actúa el viento sobre el agua que se encuentra en el aire? ¿Por qué si sopla sobre una superficie de madera negra húmeda la seca más rápidamente?

¿Qué hacer? Tiende los dos pañuelos mojados para que se sequen. Agita el cartón para aventar uno de ellos.

¿Qué ocurre? El pañuelo aventado se seca más rápidamente.

¿Por qué? La acción de aventar acelera la evaporación sustituyendo el aire húmedo que envuelve el pañuelo por arie más seco. Al soplar, el viento actúa de la misma manera sobre las nubes del cielo.

279 Carrera de evaporación 2

NECESITARÁS
2 platos
Agua

¿Qué papel desempeña el sol en la evaporación del agua?

¿Qué hacer? Llena de agua los dos platos hasta la mitad. Coloca uno de ellos al sol o sobre un radiador y el otro a la sombra.

¿Qué ocurre? El agua del plato que está al sol se seca antes.

¿Por qué? Cuanto más se calienta el agua, más rápidamente se mueven las moléculas que la componen y suben al aire. Por eso el agua se evapora antes.

La mayor parte del vapor del agua procede de los lagos, ríos, océanos, las hojas de las plantas y el suelo mojado. El calor del sol hace que el agua pase del estado líquido al estado gaseoso y suba al aire. A medida que su temperatura aumenta, el aire es capaz de contener más y más agua, y cuando se enfría, cada vez retiene menos.

NECESITARÁS

Un termómetro
Algodón
Un cuentagotas
Agua
Una goma elástica

La evaporación refresca el aire

280

Los líquidos requieren calor para evaporarse. Ello explica que los lugares donde tiene lugar la evaporación se enfríen.

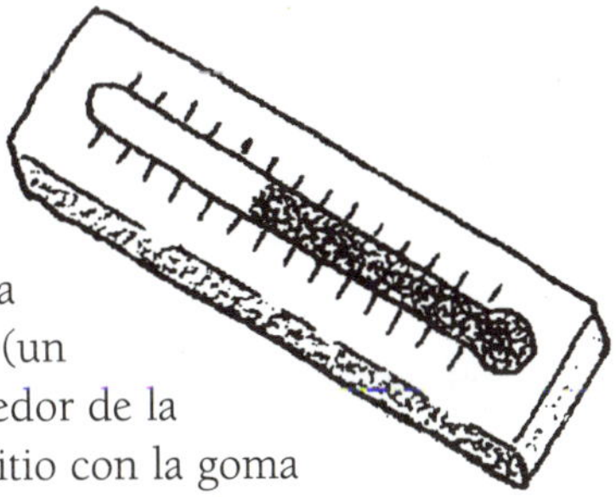

¿Qué hacer? Pon el termómetro en un lugar donde sople el viento. Anota la temperatura que marca al cabo de 30 minutos.

Utiliza el cuentagotas o una pajilla de beber para humedecer una borra (un trocito) de algodón y enróllalo alrededor de la bolita del termómetro. Fíjalo en su sitio con la goma elástica. Deja el termómetro de nuevo al viento durante otros 30 minutos y luego vuelve a anotar la temperatura que registra.

¿Qué ocurre? La temperatura del termómetro con el algodón humedecido es varios grados inferior que la temperatura que has anotado antes.

¿Por qué? Durante el proceso de evaporación, el termómetro ha liberado energía en forma de calor. El higrómetro, uno de los instrumentos meteorológicos más importantes, se vasa en este principio (consulta el experimento 302 de la página 254).

281

El señor de las lluvias

¡Haz llover en la cocina!

NECESITARÁS
Una cacerola para el baño María
Agua
4 cubitos de hielo

¡FUEGO!

¿Qué hacer? Pon a hervir el agua en la parte inferior de la cacerola para el baño María (si no dispones de una cacerola de doble fondo, puedes utilizar una cacerola y un cazo más pequeño). Cuando rompa el hervor, vierte agua fría en la parte superior, añade los cubitos de hielo y levántala sobre el agua hirviendo.

¿Qué ocurre? ¡Empieza a llover!

¿Por qué? Las superficies frías del cazo superior de la cacerola enfrían el vapor que desprende el agua hirviendo. El vapor vuelve a transformarse en agua y se condensa en forma de gotas. Cuando éstas se hacen más gruesas y pesadas, se convierten en «lluvia».

El agua hirviendo se comporta como el agua calentada por el sol. El vapor es como el agua que se evapora en el aire en forma de vapor de agua. Cuando el vapor sube, se enfría. Las nubes empiezan a formarse cuando se condensan las gotas. Cuando éstas se hacen grandes y pesadas, caen de nuevo a la Tierra en forma de lluvia.

282

Cómo medir el tamaño de una gota

Saca un trozo de cartón por la ventana cuando empiece a llover y podrás medir el tamaño de una gota de lluvia.

Las gotas de lluvia pueden medir entre 0,25 y 1 cm de ancho. Cada una de ella se compone de millones de gotitas de agua.

Las gotas de lluvia pequeñas –de menos de 0,5 mm de ancho– tardan como mínimo una hora en llegar al suelo. Las lluvias débiles formadas por estas gotas reciben el nombre de llovizna. Sulen proceder de nubes estratiformes o estratos (formadas por capas) de menos de 2 km de grosor.

Las lluvias intensas y repentinas, compuestas por gotas grandes o aguanieve, reciben el nombre de aguacero. Suelen proceder de cúmulos o nimbos, unas nubes con un grosor de 15 km o superior.

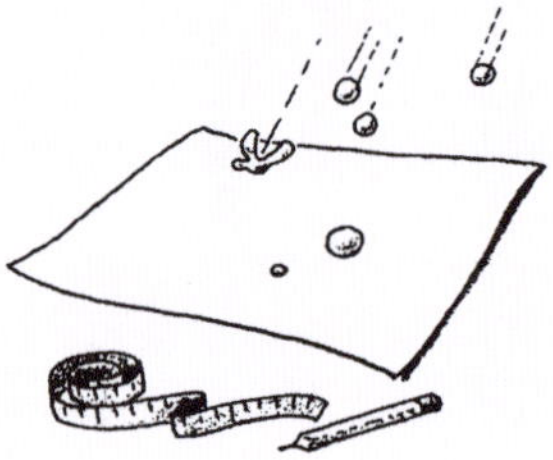

283 El agua que viene del aire

NECESITARÁS
Una lata de conservas vacía
Cubitos de hielo
Agua
Colorante alimenticio

Ya has descubierto cómo el agua se convierte en aire. Ahora veamos cómo el aire se convierte en agua.

¿Qué hacer? Despega la etiqueta de la lata de conservas y luego llena ésta de cubitos de hielo. Añade agua y unas gotas de colorante alimenticio. Deja reposar la lata sobre una mesa durante unos 5 minutos.

¿Qué ocurre? La lata parece «transpirar». Se forman gotitas de agua por fuera.

¿Por qué? Las gotas no son coloreadas, de modo que no pueden proceder del hielo que se está deshaciendo en el interior de la lata. Son gotas de agua que proceden del aire.

El vapor de agua, o el agua en forma de gas, del aire que se halla alrededor de la lata se ha enfriado por efecto del hielo.

Las moléculas de aire ralentizan su movimiento cuando se enfrían. Se aproximan entre sí y adquieren forma de líquido. Este fenómeno se denomina «condensación».

Grandes cantidades de agua se evaporan constantemente en el aire, a medida que el Sol calienta los océanos de la Tierra, los lagos y los ríos. En un día con una humedad alta, más de un cinco por ciento del aire puede estar formado por vapor de agua. El vapor de agua se convierte en parte del aire cálido que se encuentra próximo a la superficie terrestre. Al ser menos denso que el aire frío, este aire cálido tiende a ascender. En su ascenso, alcanza niveles cada vez más y más fríos, hasta que, por fin, al llegar a una capa suficientemente fría, el vapor de agua se transforma en gotitas de agua. El aire frío no tiene la capacidad de retener tanto vapor de agua como el aire caliente.

Multitud de estas gotitas absorben partículas de polvo a medida que el aire se enfría. Así se forman las nubes. Las gotas caen a la Tierra en forma de lluvia o nieve cuando pesan tanto que la presión del aire no es capaz de retenerlas por más tiempo.

El movimiento del agua durante la evaporación y la condensación se denomina ciclo del agua.

284 Una nube dentro de casa

¡Cada vez que hierves agua formas una nube dentro de casa!

NECESITARÁS

Un hervidor lleno de agua
Un plato metálico

¿Qué hacer? Calienta el agua en el hervidor. Cuando rompa a hervir, sostén el plato sobre el chorro de vapor.

¿Qué ocurre? Cuando rompe el hervor, se forma una «nube» blanquecina sobre el pitorro del hervidor. Al sostener el plato sobre el pitorro, delante de esa nube, se forman gotitas en el plato.

¿Por qué? Las nubes se forman del mismo modo en el cielo. El aire caliente que contiene vapor de agua invisible asciende y, al hacerlo, se enfría. El vapor de agua se condensa entonces en millones de gotitas diminutas que componen una nube.

En un día soleado de verano, el sol calienta el suelo rápidamente. El suelo calienta el aire que hay cerca de él y, dado que el aire cálido es menos denso que el frío, sube. A medida que el aire cálido se aleja del suelo, se enfría. Cuando alcanza la altura idónea y se enfría lo suficiente, el vapor de agua del aire se condensa y se convierte en gotitas de agua. Millones de esas gotitas juntas forman una de esas nubes «algodonadas»que vemos en el cielo y que se conocen con el nombre de cúmulos.

¿Por qué las nubes parecen blancas?

La luz blanca del sol es en realidad una mezcla de todos los colores. Cuando la luz solar penetra en una gotita de agua, se descompone en las distintas longitudes de onda que nosotros vemos como rojo, naranja, amarillo, verde, azul, añil y violeta. Una parte de esa luz coloreada se refleja en uno de los bordes exteriores de la gota y rebota.

El color azul del cielo se debe al modo en el que las diminutas partículas de polvo y vapor presentes en el aire difuminan los rayos luminosos. Los rayos con una longitud de onda más corta (los azules y violetas) alcanzan una mayor superficie que los rayos con longitudes de onda más larga (rojos y amarillos).

El exceso de polvo, y sobre todo el polvo en partículas grandes, provoca una difusión de muchos rayos, no sólo de los azules. Cuando esto ocurre, el cielo se vuelve de un color blanquecino o nebuloso. Vemos una mezcla de todos los colores del espectro y las nubes nos parecen blancas.

El cielo se tiñe de rojo al amanecer y al atardecer, momentos en los que las longitudes de onda más largas (las de los rayos amarillos y rojos) se dispersan más. Esto ocurre porque el cielo se encuentra más cercano al horizonte y, debido a ello, su luz brilla a un ángulo más próximo a la superficie terrestre y se esparce a través de una capa más gruesa de aire, polvo y gotitas de agua.

285 ¿Qué es la niebla tóxica?

¡FUEGO!

NECESITARÁS
Una botella de boca ancha
Una cerilla

La niebla tóxica es la combinación de niebla (gotitas diminutas de agua en el aire) y contaminación atmosférica. Veamos cómos se forma. (Necesitarás la ayuda de un adulto para poner en práctica este experimento.)

¿Qué hacer? Sopla con fuerza dentro del tarro y aparta los labios rápidamente. Pídele a un adulto que prenda una cerilla y sopla la llama. Mientras la cerilla aún humee, métela en el tarro, de modo que éste se llene de humo. Vuelve a soplar en el tarro varias veces, apartando rápidamente los labios.

¿Qué ocurre? Se forma niebla tóxica.

¿Por qué? Cuando dejas de soplar la primera vez, la repentina disminución de la presión produce un efecto refrigerante. Esto hace que se condense una pequeña cantidad de vapor de agua, es decir, que vuelva a convertirse en gotitas de agua en el interior del tarro. Al añadir el humo de la cerilla, las gotitas se mezclan con las partículas diminutas de polvo del humo y forman niebla tóxica.

Los días de viento secos, el aire transporta el humo y el hollín que expulsan las chimeneas de las fábricas y los tubos de escape de los automóviles. En cambio, los días húmedos en los que no sopla el viento, la partículas permanecen en el aire húmedo y forman niebla tóxica.

286 El clima del frigorífico

NECESITARÁS
Escarcha (del congelador) o nieve (de la calle)
Cartulina negra o un retal de tela negra
Una lupa
Un cubito de hielo
Un cucharón

Descubre la diferencia entre la nieve y el aguanieve. Si el congelador de tu frigorífico se descongela automáticamente, espera a un día que haya nieve en la calle y recoge un poco de ésta.

¿Qué hacer? Pon la escarcha o la nieve sobre el retal de tela o la cartulina negras y obsérvala atentemente con la lupa.

Rompe un pedacito del cubito de hielo y pon el fragmento sobre el retal negro. Examínalo atentamente con la lupa.

¿Qué ocurre? En la escarcha o la nieve verás cristales en forma de estrella de seis puntas. En el hielo, en cambio, no verás nada.

¿Por qué? La escarcha de la nevera y los copos de nieve que caen del cielo se forman del mismo modo. El vapor de agua de las nubes (y el vapor de agua del congelador) se enfría tanto que, en lugar de convertirse en agua, se congela y forma copos de nieve o escarcha.

El cubito de hielo se forma del mismo modo que el aguanieve. Ambos son agua congelada. El aguanieve empieza como gotas de lluvia. Cuando al caer atraviesa aire muy frío, forma trocitos de hielo.

287 El granizo a observación

NECESITARÁS
Una piedra de granizo
Un martillo
Una hoja de papel de periódico

Si alguna vez te ha sorprendido una tormenta de granizo en la calle, ya sabes lo violentas que pueden llegar a ser. En 1981, en Ohio, encontraron una piedra de granizo de… ¡¡15 kg de peso!! Pero ¿qué provoca el granizo? Como el aguanieve, el granizo son gotas de lluvia congelada.

¿Qué hacer? Dispón la piedra de granizo sobre el papel de periódico y rómpela de un martillazo. Cuenta el número de anillos que ves en su interior.

¿Qué ocurre? Puedes determinar cuántos viajes ha efectuado la piedra de granizo en el aire frío antes de caer a la tierra.

¿Por qué? Los vientos fuertes recogen gotas de lluvia y las impulsan hacia arriba en el cielo, donde el aire frío las congela y convierte en gotas de hielo. Si cayeran a la tierra en ese momento, serían aguanieve. Pero, en lugar de dejar que lleguen al suelo, los vientos vuelven a recogerlas y enviarlas hacia arriba.

En las capas superiores del cielo, donde el aire es sumamente frío, este aguanieve vuelve a congelarse. Las gotas de hielo caen y son recogidas y reenviadas por el viento hacia arriba una y otra vez. Finalmente, son demasiado pesadas para que el viento pueda levantarlas y se precipitan sobre la tierra.

Ha habido piedras de granizo más grandes que una pelota de golf. El granizo ha dañado cosechas y edificios. La piedra más grande conocida hasta ahora cayó en septiembre de 1979, en Kansas: medía 44 cm.

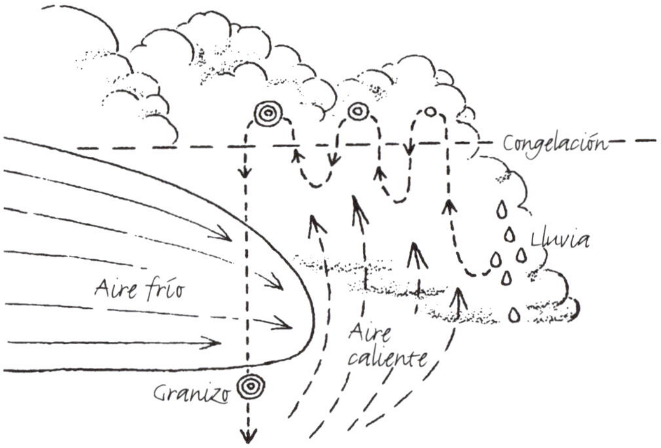

El ozono

El ozono, el principal ingrediente de la niebla tóxica, es un oxígeno compuesto de tres átomos. Se forma cuando sutancias químicas como los hidrocarburos y los compuestos nitrogenados que emiten las fábricas y las máquinas reaccionan con el calor y la luz solar.

En la capa inferior de la atmósfera, el ozono puede causar enfermedades. Cuando el índice de calidad del aire del ozono supera los 200 puntos, se recomienda a la población que permanezca en sus casas, si es posible.

En la estratosfera, situada entre 16 y 50 km sobre la Tierra, hay una capa de ozono natural que protege el planeta de los peligrosos rayos ultravioletas del Sol. Actualmente esa capa presenta un agujero sobre la Antártida provocado por los clorofluorocarbonos y compuestos similares. Estos productos se usan en los frigoríficos y los aparatos de aire acondicionado, en la limpieza de equipos electrónicos, en la fabricación de plásticos celulares y en las latas con vaporizadores a presión. Los científicos advierten que si el agujero de la capa de ozono se hace más grande, o si surgen nuevos agujeros, el número de enfermedades provocadas por los rayos ultravioletas, como el cáncer de piel, podría aumentar de forma considerable.

288

¿Qué es un relámpago?

NECESITARÁS
Un peine
Un ovillo de lana
Un pomo de puerta metálico

¡Haz tú mismo un relámpago! No te preocupes, los relámpagos caseros no son peligrosos. Probablemente ya hayas provocado muchos sin darte cuenta.

¿Qué hacer? Frota el peine contra un ovillo o un jersey de lana y luego acércalo al pomo metálico de una puerta.

¿Qué ocurre? Provocas una pequeña chispa.

¿Por qué? Al frotar el peine contra la lana, lo cargas de electricidad. La chispa se produce cuando la carga eléctrica pasa del peine al pomo de la puerta, que no tiene carga eléctrica o tiene una de tipo neutro. La chispa la provoca el paso de una carga eléctrica de un objeto a otro.

Es posible que hayas visto saltar chispas similares si has estado pisando una alfombra y luego has tocado el pomo de una puerta. Tal vez hayas oído crujidos al peinarte o acariciar un animal doméstico. Todo esto son ejemplos de electricidad estática.

Un relámpago es una chispa enorme que se produce cuando las cargas pasan de una nube a otra o de una nube al suelo. Aunque los relámpagos o rayos descargan una gran cantidad de electricidad, duran demasiado poco tiempo para atraparla y transformarla en energía útil.

En los días de verano calurosos y húmedos, cuando el aire caliente asciende rápidamente, la humedad del aire se condensa y forma millones de gotas de agua o cristales de hielo. Estas gotas o cristales captan diminutas cargas eléctricas a medida que se desplazan por el aire. Las corrientes de aire violentas de las nubes de tormenta mueven las gotas y las partículas de polvo de diferente tamaño a velocidades distintas.

Las partículas que tienen el mismo tamaño y cargas eléctricas similares se concentran en la misma zona de la nube. En las zonas altas y frías de las nubes suele formarse una carga eléctrica positiva muy elevada, mientras que cerca del suelo, las nubes de tormenta suelen presentar una carga negativa. La gran diferencia entre las cargas de las zonas superior e inferior de la nube crea un potente voltaje o presión eléctrica. Este «impulso» emite un rayo que atraviesa la nube entre las zonas con cargas eléctricas opuestas.

¿Pueden caer dos rayos en el mismo punto?

Contrariamente a la creencia popular, los rayos o relámpagos pueden caer sobre el mismo punto o la misma persona varias veces. En Estados Unidos se dio el caso de un guarda forestal que fue alcanzado siete veces por un rayo.

Prevenciones para tormentas

Una tormenta eléctrica estival limpia el aire y lo refresca. El estruendo de los truenos es sólo ruido, no hace ningún daño y, para cuando se produce, normalmente el peligro ha pasado. Sin embargo, los relámpagos o rayos sí pueden ser peligrosos. Pueden provocar incendios, derribar árboles y provocar heridos e incluso muertos.

Los rayos siempre buscan el camino más corto para llegar a la tierra. Alcanzan los objetos de más altura, como un árbol alto, un campanario o una persona que se encuentre de pie en medio de un campo llano. Pero, si vives en un bloque alto, no te alarmes: los rascacielos se construyen de manera que los rayos impacten en ellos sin provocar desperfectos.

Lee los consejos que dan los servicios meteorológicos para cuando se avecina una tormenta.

Si estás en la calle: busca refugio lo antes posible, en una casa o en un edificio grande. Si no hay ninguno alrededor, métete en un automóvil (¡que no sea descapotable!). No te refugies nunca en una cabaña, ni de metal ni de madera.

Aléjate de los postes telefónicos y de cualquier árbol aislado. Nunca te quedes en la cumbre de una colina. Evita siempre ser el objeto más alto de tu alrededor. Busca refugio en zonas con árboles de baja altura. Si estás en medio de un campo, ponte en cuclillas y esconde la cabeza entre las rodillas.

Aléjate de las tuberías metálicas, de las vías de tren, de las verjas metálicas y de los tendeeros con postes de metal. Si vas en bicicleta o en moto, bájate y aléjate de ellas. Si vais en grupo, separaros a varios metros de distancia.

Aléjate también del agua. Si estás nadando, sal del agua. Y no te quedes cerca de ninguna embarcación ni te resguardes bajo una sombrilla.

Si estás dentro de casa: aléjate de las ventanas y las puertas. Aléjate también de los grifos, fregaderos, bañeras, fogones, de todo lo que pueda conducir la electricidad. No utilices electrodomésticos: desenchufa el televisor, la plancha, la tostadora o la batidora. Y no uses el teléfono, a menos que sea una emergencia.

289 ¿Qué causa los truenos?

NECESITARÁS
Un globo o una bolsa de papel

Cuando salta una chispa oyes un crujido. ¿Qué provoca ese ruido y el estruendo de los truenos?

¿Qué hacer? Infla el globo o la bolsa de papel. Ciérralos con una goma elástica o atándolos con una hebra corta de cordel. Luego sostén la bolsa o el globo con una mano por encima y otra por debajo y apriétalos fuertemente para hacerlos estallar.

¿Qué ocurre? Se produce un estruendo sordo.

¿Por qué? Has generado un trueno haciendo que una cantidad reducida de aire se mueva a toda velocidad. Los objetos producen ruido al vibrar, es decir, al moverse rápidamente, como si temblaran, adelante y atrás o arriba y abajo. Los humanos sólo oímos los sonidos de los objetos que vibran un mínimo de 16 veces por segundo y un máximo de 20.000.

Cuando un relámpago atraviesa la atmósfera, calienta el aire de su alrededor que encuentra en su trayecto y hace que se expanda rápidamente. Este movimiento provoca un trueno. Tras un relámpago corto se produce un trueno también corto. En cambio, los truenos que parecen romper el cielo con su estruendo ocurren tras relámpagos que cubren una amplia superficie, o cuando las nubes, las montañas u otras obstrucciones provocan ecos.

290 ¿A qué distancia está la tormenta?

Cuando veas un relámpago, empieza a contar los segundos de la siguiente manera: «Y uno y, y dos y, y tres y, y...» y continúa contando hasta oír el estruendo del trueno. Divide el número obtenido entre tres (cifra que corresponde a los kilómetros). El resultado te dará un cálculo aproximado de la distancia a la que se encuentra el centro de la tormenta.

¿Por qué? Los relámpagos y los truenos se producen al mismo tiempo, pero la luz y el sonido viajan a velocidades diferentes, lo cual hace que lleguen a nosotros en momentos distintos. La luz viaja a 300.000 kilómetros por segundo y sólo tarda una fracción de segundo en alcanzarnos. Vemos los relámpagos en el mismo momento en el que se producen.

En cambio, el sonido tarda unos tres segundos en recorrer un kilómetro.

Cuando la tormenta eléctrica está cerca, el estruendo de los truenos es potente y agudo. En cambio, cuando la tormenta se encuentra lejos, los truenos nos llegan como estruendos sordos. Normalmente puede oírse un trueno desde entre 16 y 24 kilómetros de distancia. Si ves un relámpago y oyes el trueno casi en el mismo momento, tienes la tormenta justo encima de ti.

291

Crea tu propio arco iris

NECESITARÁS
Un vaso de agua
Una hoja de papel blanco

Después de la tormenta sale el arco iris. He aquí un truco para ver el arco iris cualquier día soleado.

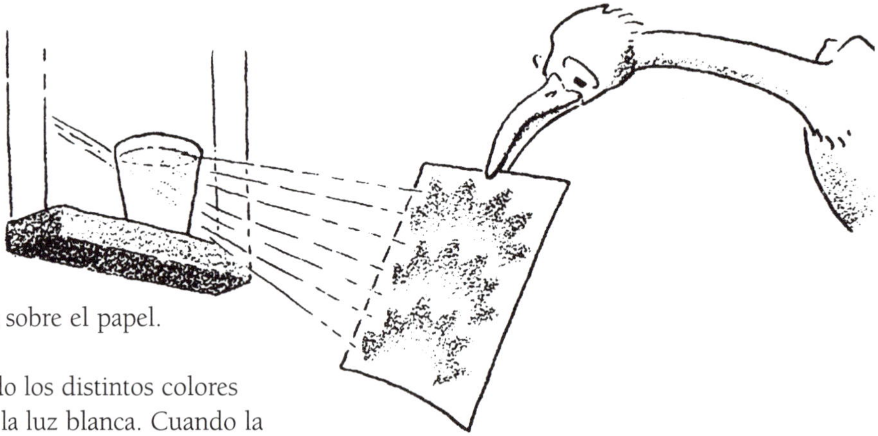

¿Qué hacer? Coloca el vaso en el alféizar de una ventana soleada. Extiende la hoja de papel en el suelo.

¿Qué ocurre? Los colores del arco iris se proyectan sobre el papel.

¿Por qué? Estás separando los distintos colores (el espectro) que componen la luz blanca. Cuando la luz atraviesa el aire del vaso en un ángulo determinado, sus rayos cambian de dirección o se «refractan». Cada color se curva en una dirección distinta: el violeta es el color que más se inclina y el rojo el que menos. De este modo, cuando la luz sale del vaso de agua, los distintos colores que la componen viajan en direcciones ligeramente diferentes y alcanzan la hoja de papel en puntos distintos.

Es lo mismo que ocurre cuando el arco iris sale en el cielo. Se trata simplemente de un espectro curvado que surge cuando la luz brilla a través de las gotas de agua que hay en el aire a un ángulo de entre 40 y 42 grados con respecto al horizonte. Las gotas de agua desvían los rayos de sol.

El Sol tiene que estar detrás de ti para que puedas ver un arco iris en el cielo. De modo que, si un día llueve en el oeste a primera hora de la mañana, cuando el Sol sale por el este, no verás el arco iris. Y tampoco lo verás si al atardecer, cuando el Sol se pone por el oeste, se producen precipitaciones en el este.

El arco que vemos desde el suelo es tan sólo una parte del arco iris. Si da la casualidad de que estás en un avión y empieza a lucir el sol tras una tormenta, podrás ver el círculo completo del arco iris.

Tu estación meteorológica

Con unos cuantos utensilios de uso cotidiano puedes fabricar los instrumentos que necesitas para registrar la temperatura, la presión atmosférica, la dirección y la velocidad del viento, la humedad y las precipitacioens.

No te desesperes si no aciertas siempre en tus predicciones. Los meteorólogos, las personas expertas que predicen el tiempo, tampoco lo hacen, ni siquiera con la ayuda de los satélites meteorológicos que rodean la Tierra, los radares, los globos meteorológicos y los superordenadores que les ayudan a realizar su trabajo.

Registro de datos

Las cartas meteorológicas se basan en datos recopilados por cientos de estaciones meteorológicas locales. Compara los datos diarios de tu estación personal con las informaciones que emiten las emisoras de radio, las cadenas de televisión o los periódicos de tu región.

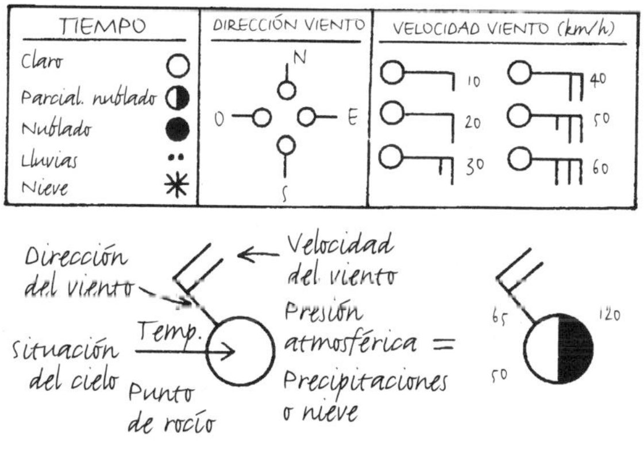

Puedes anotar los datos de distintos días y hacer tus predicciones de maneras diferentes.

Cuando midas los distintos factores climáticos, usando instrumentos y observaciones, dibuja un diagrama como el de esta página para anotar los datos.

Tal vez te interese usar un modelo de transcripción. Resulta un método útil para consigar siempre los mismos datos. Un modelo de este tipo emplea un sistema de símbolos que caben perfectamente en un mapa. Puedes adaptar los símbolos de la izquierda para registrar y comparar tus descubrimientos diarios. Este modelo de ejemplo señala que el día está parcialmente nublado, que soplan vientos de componente nordoeste a velocidades de 32 km/h, que la temperatura es de 18,5°C y que el punto de rocío se sitúa en los 10°C. La presión atmosférica se mide en milibares.

292

Un termómetro casero

¿Cómo funciona un termómetro?
Fabrica uno y lo averiguarás.

NECESITARÁS

Un frasco de medicamento o un tarrito
Un tapón de corcho que encaje en el frasco o el tarro
Un clavo
Un tubo de cristal o un cuentagotas
Agua
Colorante alimenticio
Un rotulador

¿Qué hacer? Perfora un agujero en el tapón de corcho con el clavo y pasa el tubo a través de él.

Llena el frasco hasta el borde con agua coloreada con una o dos gotitas de colorante alimenticio y tápalo bien. Haz una línea con el rotulador en el punto al que llega el agua dentro del tubo de vidrio.

Anota la altura del agua en el tubo a temperatura ambiente y luego en distintos momentos y lugares: en el alféizar de una ventana a mediodía, en el congelador o dentro de un cazo de agua caliente.

¿Qué ocurre? El agua sube por el tubo cuando la temperatura es elevada (calor) y desciende cuando ésta es baja (frío).

¿Por qué? La temperatura se mide por los cambios que registra. En realidad, la temperatura mide la cantidad de calor que un objeto absorbe o le transmite a otro.

Los líquidos se dilatan cuando se calientan y se contraen cuando se enfrían. El líquido del termómetro absorbe el calor y se expande cuando entra en contacto con algo más caliente que él o bien se contrae cuando entra en contacto con algo más frío. Los líquidos que habitualmente se utilizan en los termómetros son el mercurio y el alcohol coloreado, porque reaccionan muy rápidamente.

Los fabricantes de termómetros utilizan tubos de vidrio sellados con un bulbo en un extremo. Marcan la escala del termómetro poniendo dicho bulbo en contacto con hielo derretido. En el punto en el que

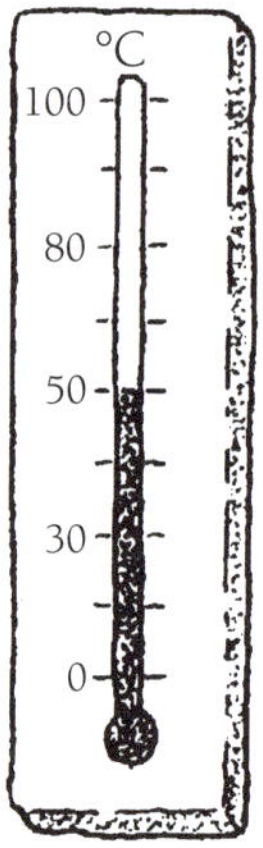

el líquido se contrae se marcan los 0°C. Después, el bulbo se coloca en un chorro de vapor de agua hirviendo. En el nivel que marca el líquido al dilatarse se señalan los 100°C.

Tú también puedes marcar una escala en tu termómetro comparando sus niveles con los de un modelo adquirido en la tienda.

Gabriel Fahrenheit, un físico alemán, concibió la primera escala de temperatura que se utilizó en 1714. Treinta años después, Anders Celsius, un astrónomo sueco, estableció la escala centígrada, también conocida como escala Celsius.

El primer termómetro lo inventó en 1593 el físico italiano Galileo.

293 Conversión de temperatura

° Fahrenheit		° Celsius
212	punto de ebullición del agua	100
194		90
176		80
158		70
140		60
136	temperatura más elevada registrada en la Tierra	57,7
122		50
104		40
98,6	temperatura del cuerpo humano	37
86		30
68		20
50		10
32	punto de congelación del agua	0
14		-10
-4		-20
-22		-30
-40		-40
-58		-50
-76		-60
-94		-70
-112		-80
-129	temperatura más fría registrada en la Tierra	-89
-130		-90

Para convertir los grados °F en °C, resta 32° y multiplica la cifra obtenida por 5. Divide el resultado entre 9.
Para un cálculo rápido en grados centígrados, resta 30 y divide el resultado entre 2.
Para convertir los °C en °F, multiplica por 9. Divide el resultado entre 5 y súmale 32.
Para un cálculo rápido en grados Fahrenheit, multiplica los grados por 2 y súmale 30 al resultado.

294 Cómo leer un barómetro

A nivel del mar, en condiciones meteorológicas normales, el mercurio de un barómetro mide 1.013,2 milibares (mb). Cuando el tiempo es frío y seco, el nivel de mercurio se eleva. En cambio, cuando hace calor y llueve, desciende en picado, del mismo modo que lo hace el agua en el barómetro que tú mismo podrás fabricar en el siguiente experimento.

Los institutos oficiales de meteorología prefieren los barómetros de mercurio a los aneroides (barómetros sin líquido), porque son más precisos. Estos centros consideran más adecuado medir la presión atmosférica en milibares. Las lecturas de milibares se acortan en las cartas meteorológicas suprimiendo las dos primeras cifras y los decimales, de modo que la presión normal, que es de 1.013,2 mb, se registra como 132.

La presión barométrica más baja de la historia se registró el 12 de octubre de 1979, a unos 450 kilómetros al oeste de Guam, en el océano Pacífico, durante un huracán; fue de 870 mb. La presión barométrica más elevada de la historia se registró el 31 de diciembre de 1968 en Ágata, Siberia; fue de 1.083,8 mb.

La presión atmosférica suele ser más baja los días de tormenta que los días despejados y secos. Por eso, cuando la presión del aire cae, suele indicar que se avecina una tormenta. Un cambio en la presión atmosférica de entre cuatro y cinco o más milibares en el intervalo de seis horas indica una evolución rápida de las condiciones meteorológicas.

295 La botella barómetro

NECESITARÁS
Un platillo
Agua
Una botella vacía de plástico
Una ficha de cartón milimetrada
Cinta adhesiva o celo

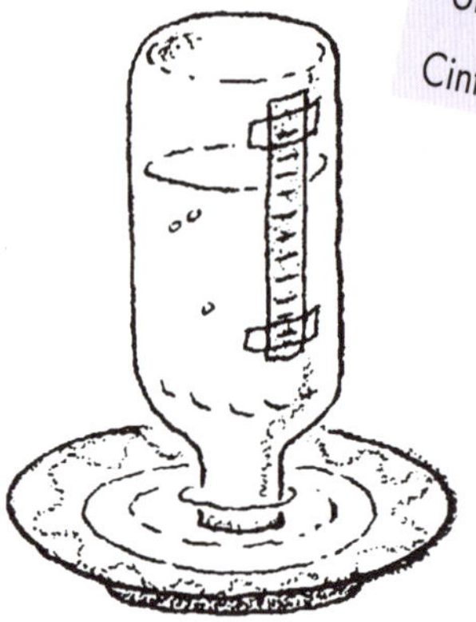

Ya has aprendido que la capa de aire que envuelve la Tierra ejerce una presión de más de 1 kg por centímetro cuadrado.

Hace más de trescientos años, un físico italiano llamado Evangelista Torricelli fue el primero en inventar un modo de medir esta presión atmosférica. Para ello, comparó una columna de mercurio con una de aire. Tú puedes fabricar tu propio barómetro con agua del grifo normal y corriente.

¿Qué hacer? Llena el platillo hasta la mitad con agua. Llena de agua tres cuartas partes de la botella. Tapa la botella introduciendo el dedo gordo de la mano en la boquilla y ponla boca abajo. Luego saca el dedo y apoya rápidamente la boca de la botella en el plato de agua. Pega con celo la ficha de cartón en uno de los laterales de la botella, como en la ilustración.

Marca en la ficha de cartón el punto en el que el agua se estabiliza para así poder discernir si el nivel del agua sube o baja en el interior de la botella. Un aumento de la presión atmosférica hace que el agua suba y un descenso, que baje. Cuando el nivel del agua dentro de la botella descienda, prepárate para un día de lluvia.

¿Qué ocurre? El agua no se derrama de la botella. En su lugar, el nivel del agua desciende ligeramente antes de inmovilizarse. Luego, asciende o desciende en función de los cambios que registra la presión atmosférica.

¿Por qué?
El aire ejerce presión sobre el agua impidiendo que se derrame. El agua deja de descender cuando su presión queda compensada por la presión atmosférica.

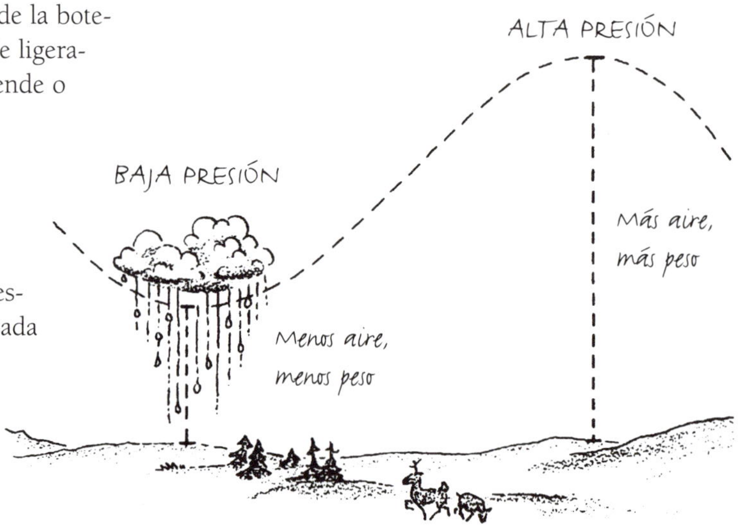

296 El globo barómetro

Este barómetro tan rudimentario te indicará cuándo se produce un cambio en la presión atmosférica.

NECESITARÁS

Un globo
Una botella de cuello estrecho
Una goma elástica o una hebra de cordel
Pegamento
Una pajilla de beber
Un alfiler
Una ficha de cartón

¿Qué hacer? Estira el globo y colócalo sobre la boca de la botella. Fíjalo en su sitio con una goma elástica o una hebra de cordel. Luego pega la pajilla en posición horizontal, a partir del centro del globo, de modo que sobresalga de la boca de la botella, como en la ilustración. Pega un alfiler en el extremo exterior de la pajilla.

Monta la ficha de cartón milimetrada sobre un soporte (por ejemplo, introduciendo un lápiz en el agujero de una bobina de hilo y pegando el cartón en la parte superior) de modo que la ficha quede a la altura del alfiler. Así podrás seguir los movimientos de la pajilla.

¿Qué ocurre? La punta del alfiler sube o baja, dependiendo el momento.

¿Por qué? Cuando la presión atmosférica aumenta, la presión dentro de la botella es inferior a la del aire del exterior. Por eso el plástico del globo se ve atraído hacia el interior de la botella y eleva el alfiler. Cuando la presión desciende, el aire dentro de la botella empuja con más fuerza y levanta el plástico del globo, moviendo hacia abajo el alfiler.

Cuando aprecies que el alfiler baja, es probable que vaya a hacer mal tiempo. La presión atmosférica suele descender cuando se avecina una tormenta. Cuando la presión del aire aumenta, suele ser síntoma de que el tiempo va a mejorar.

Tu globo barómetro funciona como un barómetro aneroide. El tapón elástico se mete hacia dentro o sale hacia fuera y mueve el alfiler (la aguja indicadora) con respecto a la escala registrada en el cartón de delante.

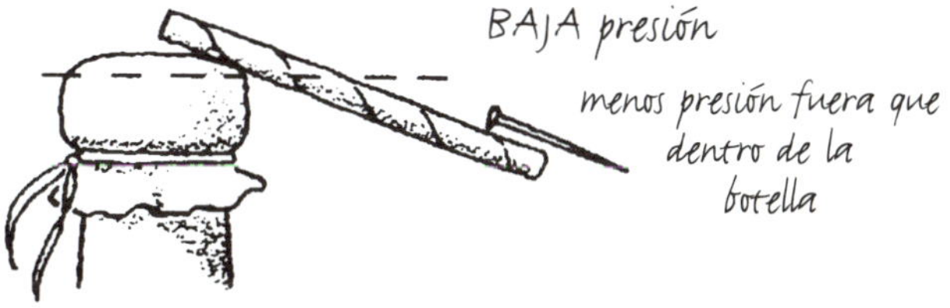

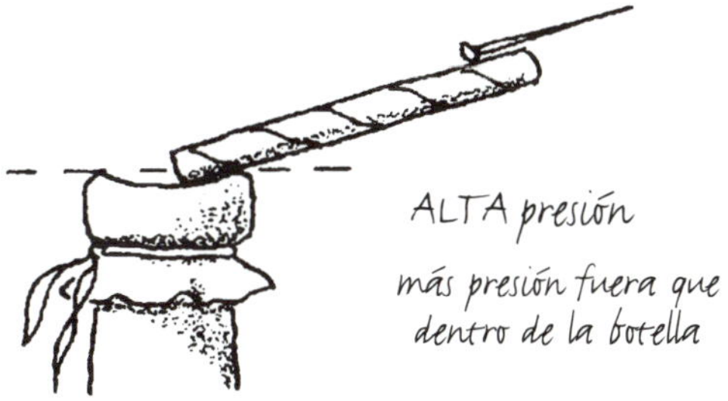

297

Una veleta

El hecho de conocer la dirección en la que sopla el viento hace posible localizar un sistema de bajas presiones y predecir el mal tiempo que suele acarrear. Una veleta nos permite averiguar de dónde sopla el viento.

NECESITARÁS

Una pajilla de beber
Tijeras
Una ficha de cartón o un trozo de cartulina
Un alfiler
Un lápiz con goma
Un lápiz de cera o un rotulador rojo
Una brújula
Alambre fino
Una maceta poco profunda con tierra o un trozo de arcilla

¿Qué hacer? Haz una incisión de 2,5 cm de longitud en un extremo de la pajilla. Recorta una aleta con forma de cola de una flecha en la ficha de cartón o la cartulina y pégala con celo en el extremo de la pajilla donde has hecho la incisión, como se indica en la ilustración. Pinta el extremo opuesto de la pajilla con la cera o el rotulador rojo. Ensarta el alfiler a través de la pajilla, a unos 5 cm de la aleta, y luego clávalo en la goma del lápiz. Asegúrate de que la pajilla puede girar libremente.

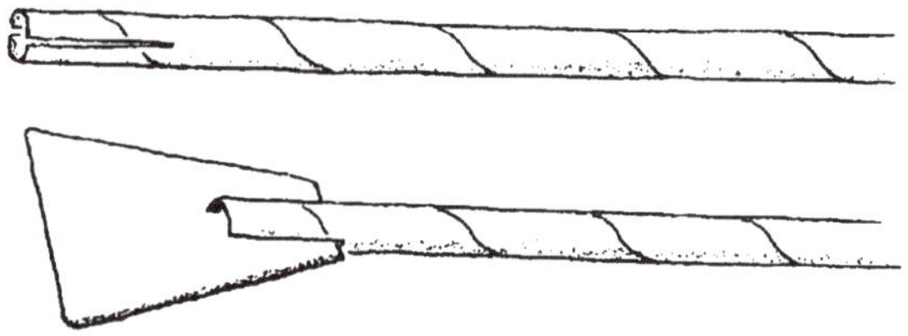

Con el alambre, moldea unas formas con las letras N, S, E y O. Enróllalas alrededor del lápiz, unos 2,5 cm por debajo de la flecha. Clava el lápiz por la punta en la tierra de una maceta o en la arcilla.

Coloca la veleta al aire libre, donde el paso del viento no encuentre ningún tipo de obstáculo. Usa la brújula para disponer correctamente las cuatro letras que indican los cuatro puntos cardinales.

¿Qué ocurre? Cuando sopla el viento, la veleta se mueve.

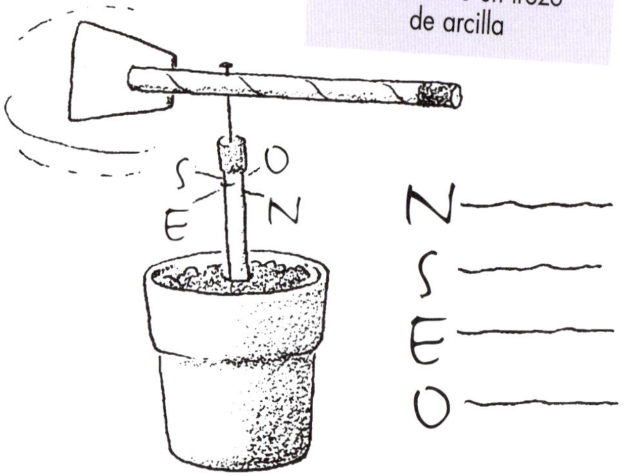

¿Por qué? Cuando el viento sopla, choca contra las superficies grandes (en este caso, contra la aleta) y las empuja. Como resultado, el extremo opuesto de la veleta se mueve e indica la dirección del viento, es decir, la dirección desde la que sopla el viento.

En el hemisferio norte, un viento que gira en la dirección contraria a las agujas del reloj suele ir acompañado de un sistema de bajas presiones y tormentas. Los vientos del este generalmente traen lluvias, mientras que los vientos del oeste suelen acarrear calor. Los vientos del norte indican un tiempo frío y los del sur, un clima cálido. En el hemisferio sur, ocurre justo lo contrario en cada dirección.

298

Un anemómetro

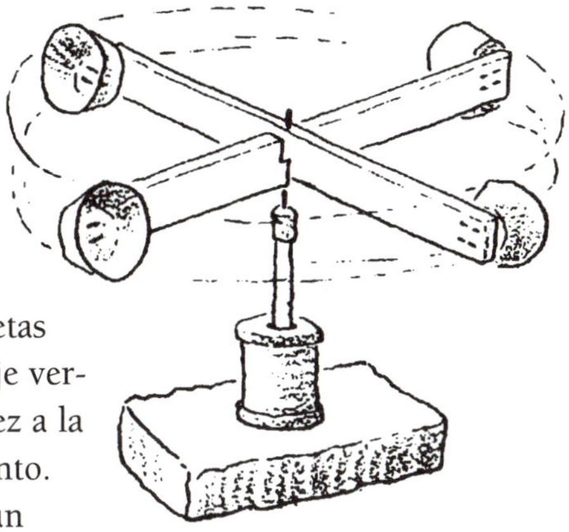

NECESITARÁS

2 trozos de cartón grueso
Unas tijeras
Grapas o tachuelas
4 moldes para flan individuales de aluminio
Pintura
Un clavo fino y afilado
Una aguja larga
Un lápiz con goma
Una bobina de hilo
Arcilla de modelar
Cola o cuerda
Un taco de madera o una piedra plana

¿Cómo se puede medir la velocidad del viento? El único modo de hacerlo es con un anemómetro de cazoletas. Este instrumento consta de tres o cuatro cazoletas o semiesferas que giran alrededor de un eje vertical metálico y captan el viento. La rapidez a la que se mueven indica la velocidad del viento. Nuestro anemómetro se parece mucho a un modelo de verdad, aunque éstos registran eléctricamente las revoluciones a las que giran las cazoletas, y tú deberás contarlas de forma manual.

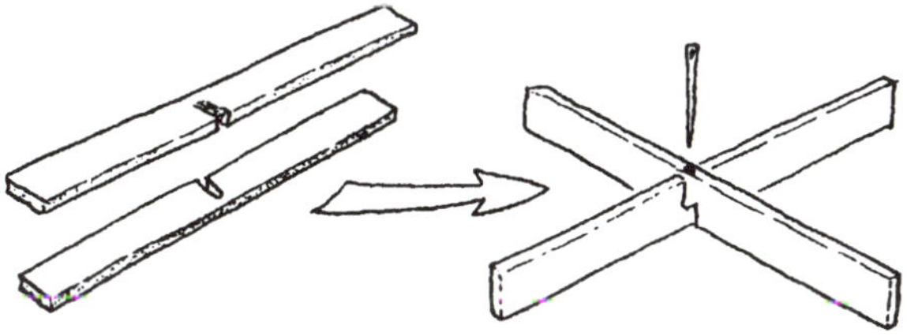

¿Qué hacer? Corta dos tiras de cartón grueso de aproximadamente 5 cm de ancho por 45 cm de largo. Haz una muesca en el centro de cada una, de modo que puedas encarjarlas en forma de cruz.

Grapa o engancha con una tachuela un molde de flan de aluminio a cada asta de la cruz. Si no dispones de moldes, puedes fabricarlos con aluminio grueso o bien recortando vasos de papel. Pinta uno de los moldes de un color brillante. Haz un agujero en el centro de la cruz con el clavo o con una aguja larga y gruesa.

Para confeccionar la base, clava el ojo de la aguja en la goma del lápiz. Luego inserta la punta del lápiz en el orificio central de una bobina de hilo. (Puedes necesitar arcilla o papel de cocina para que se acople bien.) Pega o ata con cuerda la bobina al taco de madera o a la piedra plana.

Sujeta la cruz a la base colocándola sobre la punta de la aguja. Sopla en dirección a las cazoletas. Si la cruz no gira con facilidad, agranda el agujero del centro (en el que has clavado la aguja).

Saca la base al exterior y colócala sobre una caja, a 1 m del suelo. Cuenta el número de revoluciones (vueltas) que da en un minuto. Te resultará muy fácil hacerlo: basta con que cuentes cuántas veces pasa el molde coloreado por delante de ti.

¿Qué ocurre? El anenómetro a veces gira muy rápidamente y otras a penas se mueve.

¿Por qué? La curva hacia el interior de las cazoletas recibe gran parte de la fuerza del viento. Eso es lo que hace que se muevan. Cuantas más revoluciones registre el anenómetro por minuto, mayor será la velocidad del viento. Un aumento rápido de la velocidad puede indicar que se aproximan lluvias, una nevada o una tormenta eléctrica.

299

La escala de Beaufort

A principios del siglo XIX, Francis Beaufort, un almirante británico, inventó un sistema que facilitaba la navegación de los barcos y que se denominó escala de Beaufort. Al principio consistía en calcular la velocidad del viento en plena mar, pero desde su concepción se ha adaptado para su uso también en tierra firme. Los organismos meteorológicos, a pesar de utilizar el anemómetro para medir la velocidad del viento, siguen transmitiendo sus datos de acuerdo con esta escala.

Una de las mejores maneras para saber la velocidad del viento, en cualquier momento y hora, es observar los objetos que llega a mover. Memoriza los datos siguientes y asombrarás a los demás con tu precisión.

0: Calma
El humo asciende verticalmente
Velocidad del viento: menos de 1 km/h

1: Ventolina
El humo indica la dirección del viento
Velocidad del viento: de 1 a 5 km/h

***2: Flojito** (brisa muy débil)*
Se nota el viento en el rostro; las hojas de los árboles se mueven; las veletas giran
Velocidad del viento: de 6 a 11 km/h

***3: Flojo** (brisa débil)*
Se agitan las hojas constantemente, ondean las banderas
Velocidad del viento: de 12 a 19 km/h

***4: Bonancibe** (brisa moderada)*
Se levanta polvo y papeles, se agitan las ramas pequeñas de los árboles, las banderas aletean
Velocidad del viento: de 20 a 28 km/h

***5: Fresquito** (brisa fresca)*
Los arbustos con hojas empiezan a balancearse; las banderas se rizan
Velocidad del viento: de 29 a 38 km/h

***6: Fresco** (brisa fuerte)*
Se mueven las ramas grandes, las banderas baten; los paraguas se dan la vuelta
Velocidad del viento: de 39 a 49 km/h

***7: Frescachón** (viento fuerte)*
Se agitan los árboles, las banderas se tensan por completo
Velocidad del viento: de 50 a 61 km/h

***8: Temporal** (viento duro)*
Se quiebran las ramas; caminar resulta difícil
Velocidad del viento: de 62 a 74 km/h

9: Temporal fuerte
Ligeros desperfectos en las casas, las antenas y los toldos salen volando
Velocidad del viento: de 75 a 88 km/h

10: Temporal duro
Árboles arrancados, daños en la estructura de los edificios
Velocidad del viento: de 89 a 102 km/h

11: Borrasca
Estragos abundantes
Velocidad del viento: de 103 a 117 km/h

12: Huracán
Destrucción total
Velocidad del viento: más de 118 km/h

300

¿Cuánto frío tienes?

La velocidad del viento influye en nuestra sensación de frío. La sensación térmica es la relación entre la velocidad del viento y la temperatura del aire. La tabla de la sensación térmica nos indica la temperatura del aire quieto y cómo nosotros notamos esa temperatura en función de la fuerza del viento. Por ejemplo, una temperatura de -6°C combinada con un viento a 32 km/h durante una hora nos hace percibir que estamos a -23°C.

Temperatura del aire (°C)

Velocidad del viento (en km/h)	2	1	–4	–6	–9	–10	–15	–18	–20	–23	–26	–28	–31	–34	–37	–40	–42
0–6	2	1	–4	–6	–9	–10	–15	–18	–20	–23	–26	–28	–31	–34	–37	–40	–42
8	0	3	–5	–8	–11	–14	–18	–20	–23	–26	–29	–32	–35	–37	–41	–43	–46
16	–5	–8	–10	–19	–19	–23	–26	–30	–33	–36	–40	–43	–46	–50	–53	–57	–60
24	–8	–12	–17	–20	–23	–28	–31	–35	–39	–42	–46	–50	–53	–58	–61	–65	–69
32	–11	–15	–19	–23	–27	–31	–35	–39	–43	–47	–51	–55	–58	–62	–66	–70	–75
40	–13	–17	–22	–26	–30	–33	–37	–42	–46	–50	–54	–58	–63	–66	–71	–75	–79
48	–14	–19	–23	–28	–31	–36	–40	–45	–48	–53	–57	–62	–65	–69	–74	–78	–82
56	–15	–20	–24	–28	–32	–37	–42	–46	–50	–55	–58	–63	–67	–71	–76	–80	–84
64	–16	–20	–25	–29	–33	–38	–42	–47	–51	–56	–60	–64	–69	–73	–77	–81	–86
72	–17	–21	–25	–30	–34	–39	–43	–48	–52	–57	–61	–65	–69	–74	–78	–83	–87

301

¿Cuánto calor tienes?

¿Cuánto calor notas realmente a una temperatura de 30°C?

Pues bien, si la humedad es del 95%, te parecerá estar a 40,5°C. El índice suministrado por los servicios meteorológicos indica la temperatura que percibimos en función del grado de humedad.

A 43°C, una humedad relativa de sólo 50% nos hace notar un calor de ¡65°C!

Con ayuda de un higrómetro, la tabla de la humedad relativa y este índice podrás establecer qué temperatura nota tu cuerpo un día cualquiera.

Humedad relativa (%)

Temperatura del aire (°C)	25	30	35	40	45	50	55	60	65	70	75	80	85	90	95	100
60																
57																
54																
52																
49	59	64														
46	52	57	61	66												
43	47	50	54	58	61	65										
40	42	45	47	50	53	57	61	65								
38	38	40	41	43	46	49	52	55	58	62						
35	34	35	36	38	40	41	43	45	48	51	54	58				
32	31	32	33	33	35	35	36	37	38	41	43	45	47	50		
29	28	29	29	30	30	31	32	32	32	34	35	36	37	39	40	42
27	25	26	26	26	27	27	27	28	28	29	30	30	30	31	32	32
24	22	23	23	23	23	23	23	24	24	24	24	25	25	26	26	27
21	18	19	19	20	20	21	21	21	21	21	21	22	22	22	22	23

302 Un higrómetro de un cartón de leche

NECESITARÁS

2 termómetros
Un retal pequeño de un tejido de algodón
Hilo
Un cartón de leche
Gomas elásticas
Tijeras
Agua

La humedad es la cantidad de vapor de agua presente en el aire. Los meteorólogos suelen referirse a la llamada «humedad relativa», en lugar de a la humedad real. La humedad relativa es una cifra que obtienen comparando la humedad del aire con la cantidad de humedad que el aire puede contener. Dicha cantidad varía en función de la temperatura del aire. Una humedad elevada combinada con altas temperaturas crea una sensación de calor muy incómoda y desagradable para la gente.

Puedes calcular la humedad relativa con este higrómetro de fabricación casera.

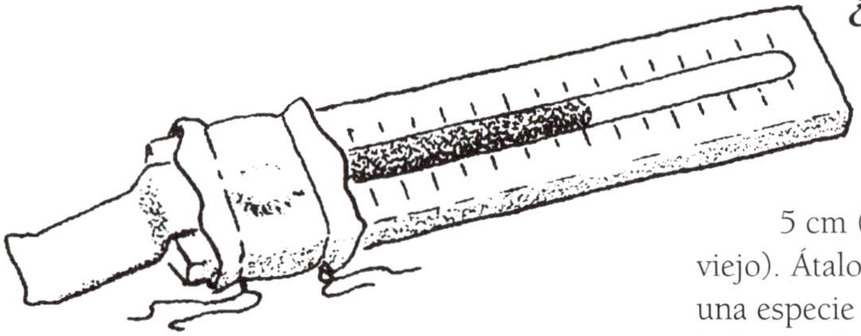

¿Qué hacer? Verifica que los dos termómetros indiquen la misma temperatura.

Tapa el bulbo de uno de los termómetros con un retal de algodón de unos 5 cm (por ejemplo, un trozo de un pañuelo viejo). Átalo alrededor del bulbo con el hilo, dejando una especie de «cola» colgando por fuera, como se indica en la ilustración.

Con unas gomas elásticas, sostén los termómetros pegados a dos de las paredes del cartón de leche. Corta un pequeño agujero en el cartón, justo por debajo del termómetro con el bulbo tapado. Remete la cola de algodón por el agujero. Llena el cartón de agua hasta el nivel del agujero, de manera que la cola de algodón siempre permanezca mojada.

Observa las temperaturas que indican el termómetro seco y el termómetro húmedo.

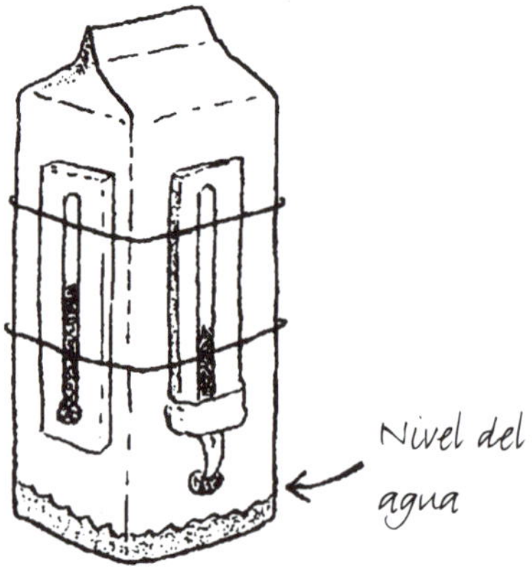

¿Qué ocurre? La temperatura que marca el termómetro húmedo siempre es más baja.

¿Por qué? El agua que se evapora del termómetro recubierto por el tejido humedecido consume calor y, en consecuencia, la temperatura desciende.

El agua del retal que envuelve el bulbo del termómetro seguirá evaporándose mientras el aire pueda contener más cantidad de vapor de agua. El aire seco es capaz de retener más vapor de agua que el aire que ya contiene humedad.

Cuanto más seco sea el aire (más baja la humedad), más se alejarán las dos lecturas de los termómetros. Cuando las temperaturas que indiquen ambos sean idénticas, la humedad será del 100%.

Cuanto más alta sea la temperatura, más vapor de agua puede contener el aire a una temperatura determinada. La humedad relativa será entonces del 100%. Y habrá niebla, lluvia o nieve.

Comprueba las temperaturas de los dos termómetros y consulta la tabla de la humedad relativa (abajo) para determinar el porcentaje relativo de humedad.

Tabla de la humedad relativa

Diferencia entre las temperaturas de los termómetros seco y húmedo

Temperatura del termómetro seco (°C)	1	2	3	4	5	6	7	8	9	10	11	12	14	16	18	20	22	24
-12	78	56	34	13														
-9	82	64	46	29	11													
-6	85	70	55	40	26	12												
-4	87	74	62	49	37	25	13	1										
1	89	78	67	56	46	36	26	16	6									
2	91	81	72	63	54	45	36	27	19	10	2							
4	92	83	75	68	60	52	45	37	29	22	15	7						
7	93	86	78	71	64	57	51	44	38	31	25	18	6					
10	93	87	80	74	67	61	55	49	43	38	32	27	16	5				
12	94	88	82	76	70	65	59	54	49	43	38	33	23	14	5			
15	94	89	83	78	73	68	63	58	53	48	43	39	30	21	13	5		
18	95	90	85	80	75	70	66	61	56	52	48	44	35	27	20	12	5	
21	95	90	86	81	77	72	68	64	59	55	51	48	40	33	25	19	12	6
23	96	91	86	82	78	74	70	66	62	58	54	51	44	37	30	24	18	12
26	96	91	87	83	79	75	72	68	64	61	57	54	47	41	35	29	23	18
32	96	92	89	85	81	78	74	71	68	65	61	58	52	47	41	36	31	26
37	96	93	89	86	83	80	77	73	70	68	65	62	56	51	46	41	37	33

303 ¿Te sientes muy incómodo?

El índice de humedad-temperatura (THI) muestra hasta qué punto unas determinadas condiciones de calor y humedad pueden causar malestar en las personas.

Si sabes cuáles son la temperatura y la humedad relativa, puedes usar el gráfico de abajo para averiguar si te sentirás demasiado incómodo o no. Por ejemplo, a una temperatura de 28°C y una humedad de 55%, el THI es de 75, lo que significa que la mitad de las personas se sienten o incómodas. A la misma temperatura, pero a una humedad del 100%, el THI asciende a 80, lo que indica que la gran mayoría de las personas se sienten mal.

Si te gustan las matemáticas, puedes calcular tú mismo el THI aplicando los siguientes pasos:

1. Suma la temperatura del termómetro con el bulbo humedecido y del termómetro seco.
2. Multiplica el resultado por 0,4.
3. Suma 15.

Si no conoces la temperatura del bulbo humedecido, pero sí sabes la temperatura ambiental y la humedad, puedes averiguar la temperatura del primero utilizando la tabla de la humedad relativa de la página 255. Lo único que te faltará es restar la diferencia a la temperatura del bulbo seco.

Índice de humedad-temperatura

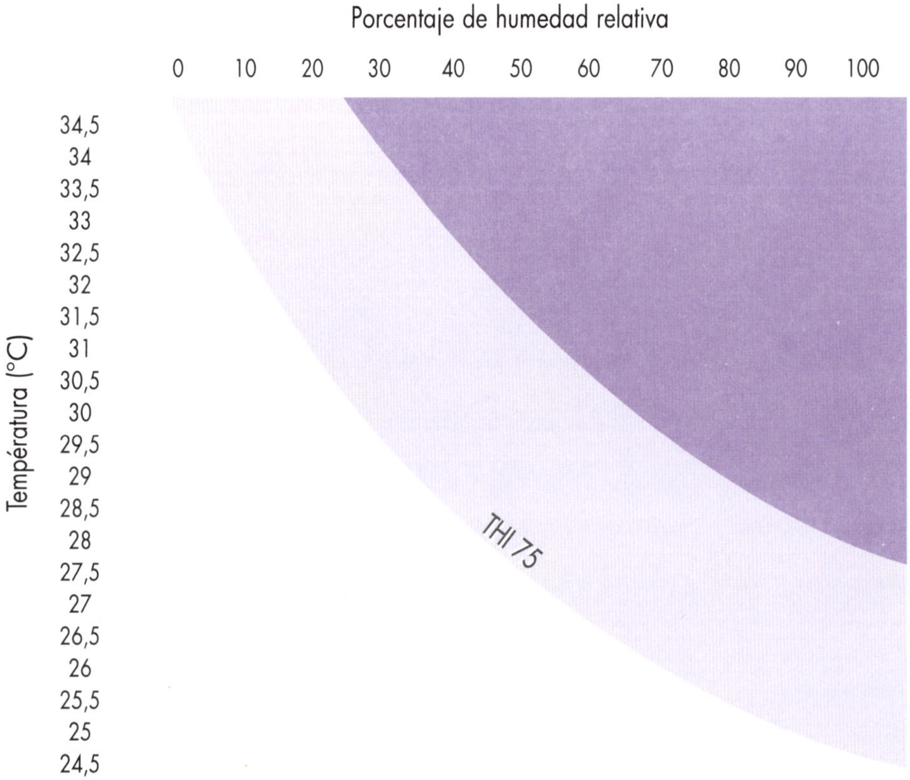

304

Punto de rocío

El punto de rocío o punto de condensación es la temperatura a la cual el aire ya no puede contener más vapor de agua. Alcanzado este punto, la humedad del aire empieza a condensarse o, lo que es lo mismo, el vapor de agua comienza a transformarse en gotitas. Esta temperatura varía de día en día, dependiendo de la temperatura ambiente y del grado de humedad que haya en el aire. Cuanto más se acerque la temperatura del punto de rocío a la temperatura del aire, más probable es que se produzca niebla, lluvia o nieve.

Puedes emplear utensilios básicos para determinar el punto de rocío de cada día, pero debes hacerlo siempre al aire libre.

NECESITARÁS
Un lápiz
Papel
Una lata de conservas vacía
Agua
Un termómetro
Cubitos de hielo

¿Qué hacer? Anota la temperatura ambiente.

Despega la etiqueta de la lata de conservas. Llena la lata de agua y asegúrate de que esté bien seca por fuera. Introduce el termómetro en la lata.

Añade cubitos de hielo al agua, de uno en uno. Remueve despacio el agua con el termómetro. Observa atentamente las paredes exteriores de la lata y el termómetro.

¿Qué ocurre? Empieza a formar se líquido en el exterior de la lata y la temperatura desciende.

¿Por qué? La temperatura en el momento en el que empieza a formarse líquido se sitúa en el punto de rocío o cerca de éste. En el punto de rocío, la humedad relativa es del 100%.

Cuando el agua se enfría y se condensa sobre un objeto, las gotitas que se forman reciben el nombre de rocío. El rocío aparece cuando el aire húmedo entra en contacto con un objeto que lo enfría por debajo de su punto de rocío, es decir: el punto en el que el aire no es capaz de retener más agua.

Cuando las corrientes de aire ascienden rápidamente, este enfriamiento tiene lugar en capas elevadas del aire y se forman nubes. En cambio, si en lugar de subir a toda velocidad, las corrientes de aire suben con más lentitud, el aire frío se mezcla con el caliente y se forma niebla.

El rocío aparece principalmente sobre las hierbas o las plantas cuando se enfrían. La temperatura a la que esto ocurre depende de la cantidad de vapor de agua presente en el aire. Si dicha cantidad es reducida, el rocío puede no aparecer hasta que la temperatura desciende a 0°C o a temperaturas inferiores. A esas temperaturas se forma escarcha. Si el aire contiene una cantidad abundante de vapor de agua, el rocío puede formarse a la temperatura de 20°C.

305 Pluviómetro

Mide la cantidad de lluvia que cae durante un período de una semana o un mes, y compara tus resultados con las estadísticas oficiales.

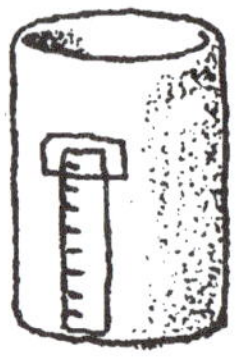

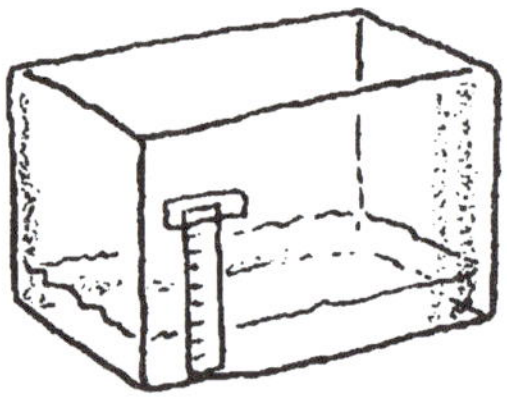

NECESITARÁS

Una regla
Cinta adhesiva o aislante
Varios recipientes, como una lata de café, un tarro y un cartón de leche cortado por la mitad a lo alto
Lápiz y papel

¿Qué hacer? Pon la regla junto a varias tiras de cinta adhesiva y marca los centímetros en éstas. Luego pégalas a varios recipientes.

Dispón los recipientes sobre una superficie llana y homogénea en el exterior. Puede resultar útil meterlos en una caja grande para evitar que se vuelquen.

Cada vez que llueva, mide la cantidad de lluvia que contiene cada uno de los recipientes. El nivel de agua dentro de todos los recipientes, al margen de su tamaño, debería ser el mismo, siempre que tengan lados paralelos. Anota la cantidad de lluvia y la fecha.

Compara tus mediciones entre una precipitación y la siguiente. Y luego cotéjalos con los que se anuncian por televisión o radio. Es posible que no siempre concuerden. ¡A veces, la cantidad de lluvia varía de una acera a otra de la calle!

306 Cómo interpretar las nubes

Cuando el aire está cargado de humedad y la temperatura desciende, el vapor de agua que contiene el aire se transforma de nuevo en gotitas y se combina con diminutas partículas de polvo que revolotean en la atmósfera para formar la niebla. Cuando la niebla se encuentra alta en el cielo, vemos nubes. Las nubes son de uno u otro tipo en función de cómo se haya enfriado el aire y del modo en que se desplace.

Los cirros son nubes altas con aspecto de filamentos de lana.

Los estratos son nubes bajas en el horizonte que pueden nublar el cielo o provocar niebla.

Los cúmulos parecen coliflores con una base plana. Suelen ir acompañadas de buen tiempo.

Los nimbos son nubes de tormenta de color gris oscuro.

Las nubes cambian constantemente. Partes de ellas se evaporan al entrar en contacto con un aire más cálido o cuando sopla el viento.Se dice que el día está «despejado» cuando no hay nubes, y «claro» cuando las nubes cubren menos de tres décimas partes del cielo. Se habla de días «parcialmente soleados» si las nubes cubren entre tres y siete décimas partes del cielo, y de días «nublados» o «tapados» cuando las nubes superan ese porcentaje. Los meteorólogos descifran las nubes. Con la ayuda del gráfico de nubes de la página siguiente tú también aprenderás a interpretarlas.

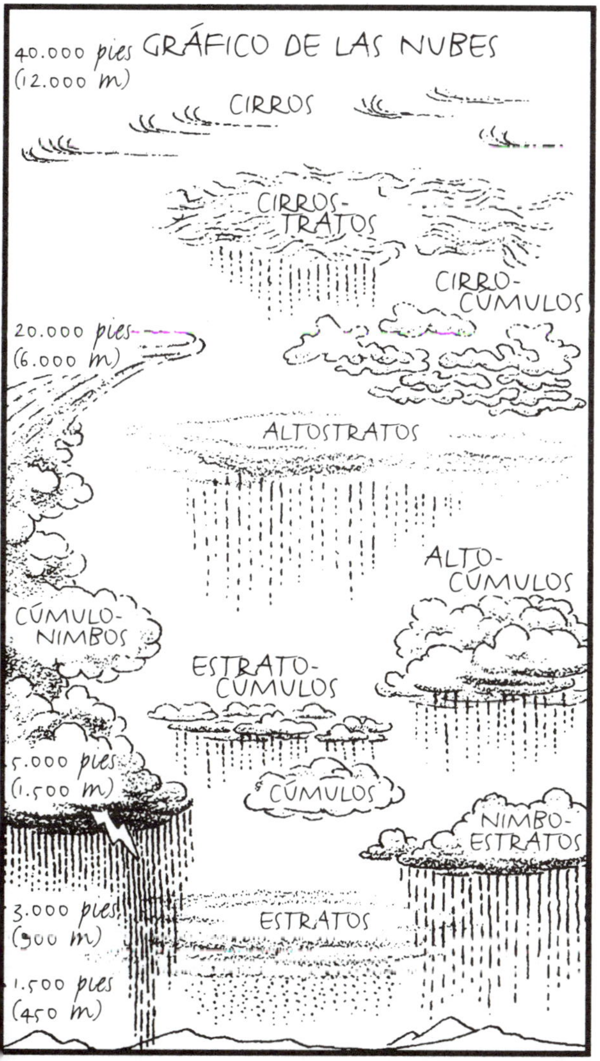

Escala del pH

La escala del pH, concebida por el bioquímico danés S.P.L. Sørensen, sirve para determinar si una solución es ácida o alcalina y en qué grado.

Todos los ácidos contienen hidrógeno. Cuanto más fuerte es un ácido, más hidrógeno contiene la solución y menos hidrógeno puede asimilar cuando se combina con otra sustancia. Cuando una solución no puede asimilar más hidrógeno, su pH es de 0. Cuanto más potente es el ácido, más bajo es el pH.

Una solución con un pH superior a 7 es alcalina. Toda solución con un pH inferior a 7 es ácida.

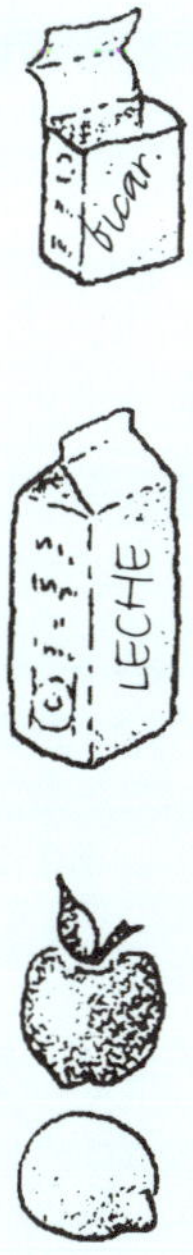

alcalinos

14,0	desatascador de tuberías
13,0	lejía/amoníaco
12,4	cal
11,0	
10,5	leche de magnesio
8,5	bicarbonato sódico
8,3	agua de mar
8,0	
7,4	sangre
7,0	agua destilada
6,6	leche
6,0	
5,6	lluvia no contaminada
5,0	zumo de tomate
4,2	café
3,0	zumo de manzana
2,2	vinagre
2,0	zumo de limón
1,5	
1,0	ácido de una pila eléctrica
0,0	

ácidos

307 Lluvia ácida

NECESITARÁS
6-10 cucharadas de zumo de col lombarda
5 vasos pequeños de vidrio o papel
Agua de lluvia
Zumo de manzana
Zumo de limón
Un tarro limpio
Agua hervida y enfriada
Leche

Puedes comprobar si la lluvia que cae en tu región está contaminada utilizando papel de pH o reactivo. Encontrarás estos dos tipos de papel en laboratorios de química o en tiendas de bricolaje. Si lo prefieres, también puedes frabricar tu propio papel indicador con zumo de col lombarda.

¿Qué hacer? Recoge agua de lluvia en un tarro limpio.

Alinea los vasos de papel y enuméralos o etiquétalos. Vierte una cucharada de zumo de col lombarda en cada uno de ellos. Luego añade agua de lluvia al primero, una cantidad idéntica de agua hervida y enfriada al segundo, leche al tercero, zumo de manzana al cuarto y zumo de limón al quinto.

Compara el color del vaso que contiene el agua de lluvia con el color de los otros vasos. Cuando descubras cuál de estos últimos presenta un color más similar a la mezcla con agua de lluvia, consulta la escala de pH de la página 259 y calcula el pH del agua de lluvia que cae sobre tu región.

¿Qué ocurre? Si la solución del agua de lluvia apenas cambia de color, las precipitaciones que caen sobre tu región son normales. Si adquiere un color rosado, similar al de la solución de zumo de limón, tiene un contenido en ácido importante.

¿Por qué? La lluvia suele tener un ligero grado de acidez debido a los óxidos del aire que forman ácidos débiles. El agua de lluvia no contaminada posee un pH de alrededor de 5,6.

Si el agua de lluvia de tu región posee un pH inferior, está contaminada con ácidos. Cuando el pH de las aguas de los lagos y ríos desciende por debajo del valor 5 de la escala, la mayoría de los peces muere.

Cuando los residuos producidos por el petróleo consumido en las fábricas (y la gasolina de los automóviles, los trenes y los aviones) se combinan con el agua del aire, se forman ácidos que se precipitan sobre el suelo, ya sea en forma de lluvia o de partículas secas.

Esta nueva forma de contaminación artificial se ha bautizado como «veneno lento que cae del cielo». Provoca daños a los árboles y cosechas y supone una grave amenaza para la vida en los lagos y los ríos, así como en la tierra. Incluso puede provocar el derrumbe de algunos edificios.

AIRE, H_2O Y OTROS ELEMENTOS

En nuestro mundo, todo ocupa un cierto espacio y pesa, tanto tú como incluso el aire. Este capítulo te lo demostrará.

La materia se presenta en tres estados: sólido, líquido y gaseoso. Estos estados hacen referencia a la consistencia de la materia, a su dureza, a su movimiento y a su aspecto, aunque sea invisible, como el aire. Una mesa es un objeto sólido, el agua es un elemento líquido y el aire es un gas. Los tres están compuestos de unas partículas diminutas llamadas moléculas, divididas en otras aún más pequeñas llamadas átomos. Los químicos estudian estas partículas y las reordenan de modos distintos para crear productos nuevos que nos hacen la vida más sencilla y cómoda.

Aprende sin descuidar las medidas de seguridad

Amplía tus conocimientos practicando estos experimentos. Pero no descuides las siguientes reglas generales:

- Limpia siempre a fondo los recipientes de cocina, cuencos o utensilios que utilices antes de volverlos a colocar en su sitio.
- No dejes las soluciones químicas que ya no vayas a usar descuidadas por casa. Deséchalas con precaución.
- Ten especial cuidado si utilizas los fogones de la cocina o el horno microondas, y también cuando manipules agua hirviendo o alimentos calientes. Pídele a tus padres o a un adulto que te ayude a utilizar los aparatos necesarios o a realizar los experimentos que consideres que no puedes hacer solo.
- Indica en las etiquetas el contenido de las botellas, tarros y recipientes que desees conservar, y guárdalos en un lugar seguro. Manténlos siempre alejados de los niños pequeños.
- Lee atentamente las instrucciones del apartado «¿Qué hacer?» de cada experimento antes de empezar a realizarlo; es importante que te asegures de tener todo lo que necesitas y calcular el tiempo que deberás emplear para llevar a cabo cada actividad.
- En el caso de los experimentos que ensucian, es aconsejable que siempre los realices en el exterior o en el fregadero. También puedes cubrir tu superficie de trabajo con un hule, un plástico protector o periódicos viejos.

Brebaje atómico: la molécula y yo

Una molécula es la parte más pequeña de cualquier cosa que conserva las propiedades químicas de dicha cosa. Las moléculas no pueden verse, pero todo lo que hay en el mundo está compuesto de ellas. La mejor manera para entender esta idea es imaginarte que vas encogiendo más y más hasta convertirte en una sola partícula minúscula. Si fueras una molécula y estuvieras sobre una mesa, un cristal (o grano) de sal te parecería una montaña. Si fueras una molécula de agua, serías la parte más ínfima de una gota. Es decir, que lo último que se evaporaría de esa gota serías tú. Ahora ya tienes una idea de lo pequeñas que son las moléculas. Pero más pequeñas aún son las partículas que las componen. Estas partículas diminutas se denominan átomos.

Si fueras una molécula de oxígeno, estarías compuesto de dos de esas partículas diminutas llamadas átomos. Necesitarías dos átomos de oxígeno, porque un único átomo de oxígeno no es suficiente para forma el oxígeno.

Las sustancias que sólo contienen un tipo de átomo se denominan elementos. El oxígeno, el nitrógeno, el hidrógeno y el carbono son elementos. (Consulta la tabla periódica de elementos en las páginas 264 y 265.) Si fueras un elemento de nitrógeno, sólo estarías compuesto por átomos de nitrógeno. Y si fueras un elemento de carbono, sólo contendrías átomos de carbono. No podrías ser nada más.

Los átomos de los diferentes elementos se combinan para formar diversas moléculas. Una molécula de agua se compone de tres átomos. Si fueras un átomo de oxígeno, tendrías que combinarte con dos amigos que representaran átomos de hidrógeno para constituir una molécula del agua, ya que el agua posee dos átomos de hidrógeno y uno de oxígeno. Al hacerlo, te convertirías en una sustancia formada de dos (o más) elementos distintos y recibirías el nombre de compuesto. El agua, el dióxido de carbono y el azúcar son ejemplos de compuestos. En tanto que molécula, o partícula diminuta de materia, sólo podrías existir en tres formas posibles. Los químicos te identificarían de acuerdo con uno de los tres estados de la materia: sólido, líquido o gaseoso.

En caso necesario, un científico o un químico podría dividirte en trozos, gracias a la electricidad, y devolveros, a ti y a tus dos amigos, vuestra original forma de átomos. Si lo hiciera, ya no serías agua, sino tres átomos separados, dos de hidrógeno y uno de oxígeno. La parte más pequeña de ti que podría existir como agua sería una molécula.

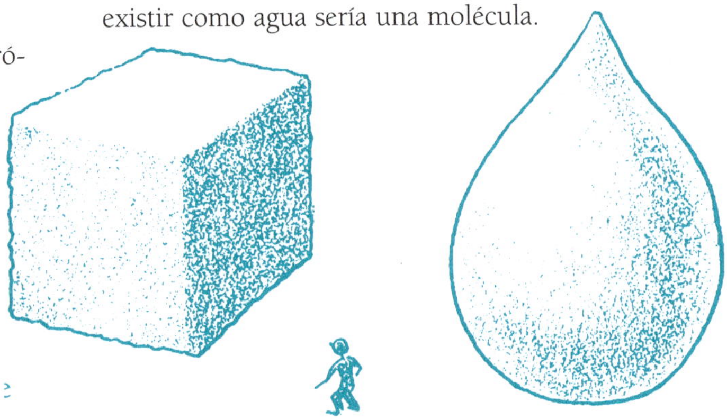

Estructura del átomo

Todo lo que existe sobre la Tierra está constituido por átomos. Son las partes más pequeñas de cualquier elemento, y los átomos de cada uno de estos elementos son diferentes. Si sumaras todos los electrones de cada elemento obtendrías números (atómicos) distintos.

Cada átomo tiene un punto central que se denomina núcleo, compuesto por neutrones y protones. Algunos componentes del átomo contienen cargas eléctricas: los protones del núcleo tienen cargas eléctricas positivas, mientras que los neutrones no poseen ninguna carga (son eléctricamente neutros). Sin embargo, alrededor de ese núcleo orbitan unas partículas aún más diminutas, denominadas electrones, que tienen una carga eléctrica negativa. Las cargas negativa y positiva de los electrones y protones son las reponsables de que el átomo permanezca unido.

Para comprender mejor esta idea, imagina que el núcleo de un átomo es una pelota de fútbol y que los electrones son pelotas de tenis que giran alrededor de él. Los químicos denominan a estas órbitas que los electrones trazan alrededor del núcleo «capa». Mejor aún, imagina que el núcleo de un átomo es el Sol y que los electrones son los planetas que orbitan a su alrededor. Los planetas se ven atraídos o repelidos por el Sol, tal como ocurre entre los electrones y el núcleo del átomo.

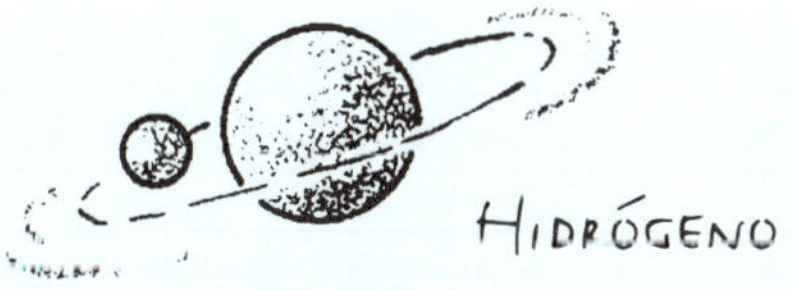

308

Tabla de elementos

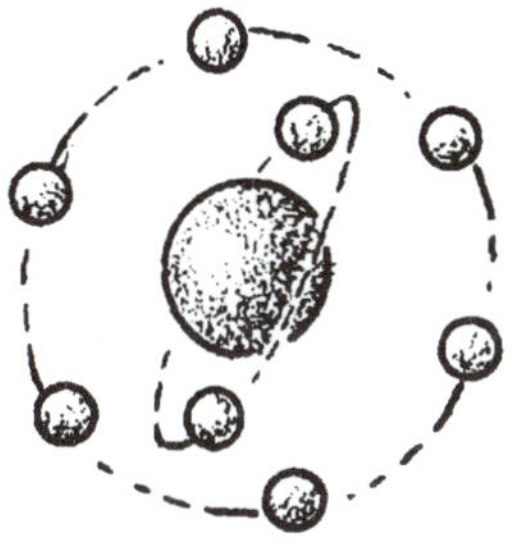

Una tabla especial conocida como la tabla periódica de los elementos puede ayudarte a entender mejor la química atómica. El químico ruso Dimitri Ivanóvich Mendeleiev confeccionó la primera tabla en 1869. Dejó algunos espacios en blanco para que, cuando se descubrieran elementos nuevos, pudieran incluirse en ella. En una versión moderna (consulta la tabla periódica de elementos de las páginas siguientes), las siete hileras numeradas de la izquierda, llamadas periodos, indican el número de órbitas que los electrones realizan en cada uno de los elementos.

Los elementos del periodo 1 sólo poseen una órbita, los del periodo 2 poseen dos, los del periodo 3 poseen tres, y así sucesivamente.

Cada elemento de la tabla presenta un número (el número atómico) y una letra (su símbolo). Además, se indica su peso atómico. Busca el oxígeno en la tabla (periodo 2, columna o grupo 16/6A). El número atómico del oxígeno es 8. Esta cifra indica que el núcleo del átomo contiene ocho protones. Observa los números 2 y 6 que aparecen en el lado superior derecho del recuadro. Juntos suman ocho. Estos dos números, situados uno encima del otro, representan el número de electrones de la primera órbita (2) y de la segunda órbita (6) del elemento oxígeno. El número de electrones que orbita alrededor del núcleo de un átomo es idéntico al número de protones que forma ese núcleo.

La tabla periódica también se denomina sistema periódico.

Tabla periódica

6	Número atómico
2 4	Número de electrones en cada capa
C	Símbolo
Carbono	Nombre
12,01115	Masa atómica

1	Nueva notación
1A	Notación original

	1 1A	2 2A	3 3B	4 4B	5 5B	6 6B	7 7B	8 8B	9
1	1 **H** Hidrógeno 1,00797 1								
2	3 **Li** Litio 6,941 2 1	4 **Be** Berilio 9,0122 2 2							
3	11 **Na** Sodio 22,9898 2 8 1	12 **Mg** Magnésio 24,305 2 8 2							
4	19 **K** Potasio 39,0983 2 8 8 1	20 **Ca** Cadmio 40,08 2 8 8 2	21 **Sc** Escandio 44,956 2 8 9 2	22 **Ti** Titanio 47,88 2 8 10 2	23 **V** Vanadio 50,942 2 8 11 2	24 **Cr** Cromo 51,996 2 8 13 1	25 **Mn** Manganeso 54,9380 2 8 13 2	26 **Fe** Hierro 55,847 2 8 14 2	27 **Co** Cobalto 58,9332 2 8 15 2
5	37 **Rb** Rubidio 85,4678 2 8 18 8 1	38 **Sr** Estroncio 87,62 2 8 18 8 2	39 **Y** Itrio 88,905 2 8 18 9 2	40 **Zr** Circonio 91,22 2 8 18 10 2	41 **Nb** Nioblo 92,906 2 8 18 12 1	42 **Mo** Molibdeno 95,94 2 8 18 13 1	▲43* **Tc** Tecnecio (98) 2 8 18 13 2	44 **Ru** Rutenio 101,07 2 8 18 15 1	45 **Rh** Rodio 102,905 2 8 18 16 1
6	55 **Cs** Cesio 132,905 2 8 18 18 8 1	56 **Ba** Bario 137,33 2 8 18 18 8 2		72 **Hf** Hafnio 178,49 2 8 18 32 10 2	73 **Ta** Tantalio 180,948 2 8 18 32 11 2	74 **W** Tungstèno 183,85 2 8 18 32 12 2	75 **Re** Renio 186,2 2 8 18 32 13 2	76 **Os** Osmio 190,2 2 8 18 32 14 2	77 **Ir** Iridio 192,2 2 8 18 32 15 2
7	▲87 **Fr** Francio (223) 2 8 18 32 18 8 1	▲88 **Ra** Radio (226,0254) 2 8 18 32 18 8 2		▲104* **Uuq** Ununquadio (261) 2 8 18 32 32 10 2	▲105* **Uup** Ununpentio (262) 2 8 18 32 32 11 2	▲106* **Uuh** Ununhexio (263) 2 8 18 32 32 12 2	▲107* **Uus** Ununseptio (264) 2 8 18 32 32 13 2	▲108* **Uuo** Ununoctio (265)	▲109* **Une** Unilenio (266)

6	57 **La** Lantano 138,91 2 8 18 18 9 2	58 **Ce** Cerio 140,12 2 8 18 19 9 2	59 **Pr** Praseodimio 140,907 2 8 18 21 9 2	60 **Nd** Neodimio 144,24 2 8 18 22 8 2	▲61* **Pm** Promecio (145) 2 8 18 23 9 2	62 **Sm** Samario 150,35 2 8 18 24 8 2	63 **Eu** Europio 151,96 2 8 18 25 8 2
7	▲89 **Ac** Actinio (227,0278) 2 8 18 32 18 9 2	▲90 **Th** Torio 232,038 2 8 18 32 18 10 2	▲91 **Pa** Protactinio (231,0359) 2 8 18 32 18 10 2	▲92 **U** Uranio 238,03 2 8 18 32 32 10 2	▲93* **Np** Neptunio (237,0482) 2 8 18 32 22 9 2	▲94* **Pu** Plutonio (244) 2 8 18 32 24 8 2	▲95* **Am** Americio (243) 2 8 18 32 25 9 2

DE LOS ELEMENTOS

✶ Sintético

▲ Radioactivo

( ) Indica el peso del isotopo más estable

10	11 1B	12 2B	13 3A	14 4A	15 5A	16 6A	17 7A	18 8A
								2 **He** Helio 4,0026 (2)
			5 **B** Boro 10,811 (2, 3)	6 **C** Carbono 12,01115 (2, 4)	7 **N** Nitrógeno 14,0067 (2, 5)	8 **O** Oxígeno 15,9994 (2, 6)	9 **F** Flúor 18,9984 (2, 7)	10 **Ne** Neón 20,179 (2, 8)
			13 **Al** Aluminio 26,9815 (2, 8, 3)	14 **Si** Silicio 28,086 (2, 8, 4)	15 **P** Fósforo 30,9738 (2, 8, 5)	16 **S** Azufre 32,064 (2, 8, 6)	17 **Cl** Cloro 35,453 (2, 8, 7)	18 **Ar** Argón 39,948 (2, 8, 8)
28 **Ni** Níquel 58,69 (2, 8, 16, 2)	29 **Cu** Cobre 63,54 (2, 8, 18, 1)	30 **Zn** Cinc 63,37 (2, 8, 18, 2)	31 **Ga** Galio 69,72 (2, 8, 18, 3)	32 **Ge** Germanio 72,59 (2, 8, 18, 4)	33 **As** Arsénico 74,9216 (2, 8, 18, 5)	34 **Se** Selenio 78,96 (2, 8, 18, 6)	35 **Br** Bromo 79,904 (2, 8, 18, 7)	36 **Kr** Criptón 83,80 (2, 8, 18, 8)
46 **Pd** Paladio 106,4 (2, 8, 18, 18, 0)	47 **Ag** Plata 107,868 (2, 8, 18, 18, 1)	48 **Cd** Cadmio 112,40 (2, 8, 18, 18, 2)	49 **In** Indio 114,82 (2, 8, 18, 18, 3)	50 **Sn** Estaño 118,69 (2, 8, 18, 18, 4)	51 **Sb** Antimonio 121,75 (2, 8, 18, 18, 5)	52 **Te** Telurio 127,60 (2, 8, 18, 18, 6)	53 **I** Yodo 126,9044 (2, 8, 18, 18, 7)	54 **Xe** Xenón 131,29 (2, 8, 18, 18, 8)
78 **Pt** Platino 195,09 (2, 8, 18, 32, 17, 1)	79 **Au** Oro 196,967 (2, 8, 18, 32, 18, 1)	80 **Hg** Mercurio 200,59 (2, 8, 18, 32, 18, 2)	81 **Tl** Talio 204,383 (2, 8, 18, 32, 18, 3)	82 **Pb** Plomo 207,19 (2, 8, 18, 32, 18, 4)	83 **Bi** Bismuto 208,980 (2, 8, 18, 32, 18, 5)	▲84 **Po** Polonio (209) (2, 8, 18, 32, 18, 6)	▲85 **At** Astato (210) (2, 8, 18, 32, 18, 7)	▲86 **Rn** Radón (222) (2, 8, 18, 32, 18, 8)

64 **Gd** Gadolinio 157,25 (2, 8, 18, 25, 9, 2)	65 **Tb** Terbio 158,9254 (2, 8, 18, 27, 8, 2)	66 **Dy** Disprosio 162,50 (2, 8, 18, 28, 8, 2)	67 **Ho** Holmio 164,930 (2, 8, 18, 29, 8, 2)	68 **Er** Erbio 167,26 (2, 8, 18, 30, 8, 2)	69 **Tm** Tulio 168,934 (2, 8, 18, 31, 8, 2)	70 **Yb** Iterbio 173,04 (2, 8, 18, 32, 8, 2)	71 **Lu** Lutecio 174,97 (2, 8, 18, 32, 9, 2)
▲96✶ **Cm** Curio (247) (2, 8, 18, 32, 25, 9, 2)	▲97✶ **Bk** Berquelio (247) (2, 8, 18, 32, 26, 9, 2)	▲98✶ **Cf** Californio (251) (2, 8, 18, 32, 28, 8, 2)	▲99✶ **Es** Einstenio (252) (2, 8, 18, 32, 29, 8, 2)	▲100✶ **Fm** Fermio (257) (2, 8, 18, 32, 30, 8, 2)	▲101✶ **Md** Mendelevio (258) (2, 8, 18, 32, 31, 8, 2)	▲102✶ **No** Nobelio (259) (2, 8, 18, 32, 32, 8, 2)	▲103✶ **Lr** Laurencio (260) (2, 8, 18, 32, 32, 9, 2)

309 Órbitas atómicas

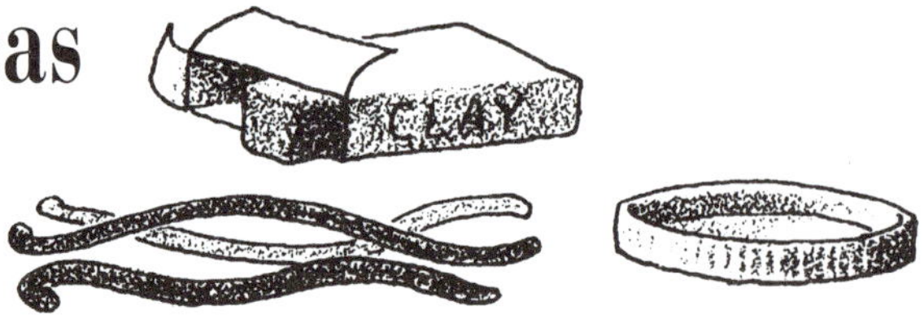

NECESITARÁS
4 bolas de plastilina de distintos colores
Papel de periódico (para proteger la zona de trabajo)
Tapa de un tarro ancho

Una forma fácil de empezar a entender los átomos consiste en hacer la maqueta de uno. Aunque los electrones y los protones no son bolas de plastilina (los electrones son partículas cargadas eléctricamente que se mueven a toda velocidad; de hecho, completan una vuelta en menos tiempo del que se tarda en decir «átomo»), fabricar una maqueta con plastilina te ayudará a comprender esta noción compleja.

¿Qué hacer? Extiende varias hojas de periódico sobre la zona en la que vas a trabajar. Escoge dos colores de plastilina. Nosotros vamos a usar plastilina roja y azul. Haz dos churros de plastilina roja y uno de plastilina azul. Serán tus órbitas, es decir: las rutas que seguirán los electrones alrededor del núcleo. Asegúrate de que estos churros de plastilina sean lo suficientemente largos como para trazar círculos completos dentro de la tapa. Rodea por dentro el borde de la tapa con un churro de plastilina rojo y prénsalo bien contra los bordes. Luego haz lo mismo con la tira de plastilina azul, colocándola dentro de la tira roja. (Cuando la acabes, la maqueta tendrá aspecto de diana.) A continuación, coloca otro círculo de plastilina roja dentro del de plastilina azul. Por último, inserta en el centro una pieza de plastilina a modo de «blanco de la diana». Cuando hayas acabado, aplasta los círculos de plastilina con los dedos.

Forma una bolita de plastilina amarilla y pégala en el blanco de la diana. Haz dos bolitas más pequeñas verdes y pégalas fuera del blanco de la diana, una a cada lado y en línea recta con respecto a la bola amarilla. Luego distribuye otras ocho bolitas verdes en cuatro grupos de dos en el borde externo del primer círculo rojo.

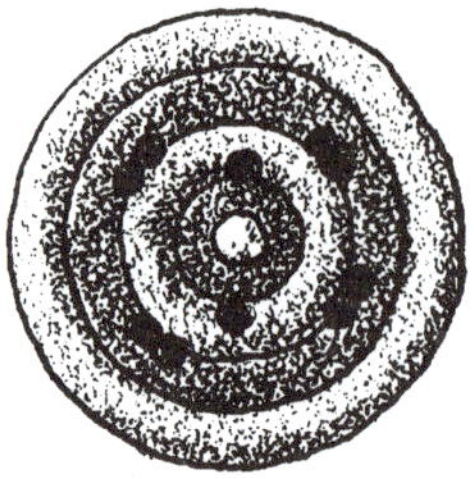

¿Qué ocurre? ¡Acabas de construir una maqueta atómica con fines prácticos!

¿Por qué? Los átomos tienen como máximo siete órbitas y por cada una de ellas sólo circula un número concreto de electrones. La bola más grande situada en el blanco de la diana representa el núcleo del átomo. Las dos bolitas del borde exterior del círculo azul indican que la primera órbita tiene dos electrones. La segunda órbita, situada en el borde del anillo rojo, posee ocho bolitas verdes, u ocho electrones.

La tercera órbita (el borde exterior del círculo azul, que está vacío) puede contener hasta ocho electrones verdes más si se trata de la última órbita y hasta 18 si hay otras órbitas. Recuerda que, después de la primera órbita, cada una de ellas debe acumular ocho electrones antes de que se inicie la siguiente órbita.

310 Identifica tu átomo

Remítete a la tabla periódica de los elementos de la página anterior e identifica la maqueta de átomo que acabas de fabricar; luego añádele nuevas bolitas o electrones y crea nuevos elementos.

¿ISO qué?

En esencia, los isómeros son compuestos, o átomos de dos o más elementos, unidos químicamente. Aunque tienen el mismo número y los mismos tipos de átomos que otros compuestos, están dispuestos de forma distinta. Los científicos han reorganizado las moléculas de distintos compuestos para formar isómeros y crear nuevos productos. Los detergentes, la pintura, la gasolina y las aspirinas, productos cotidianos, no son más que unos cuantos ejemplos de productos creados mediante este método.

311 Patrones de isómeros

Pon a prueba tu ingenio. Veamos cuántos patrones de isómeros logras hacer. Practica este experimento con amigos. ¡Es un rompecabezas!

NECESITARÁS
6 clips para papel
Papel
Un lápiz

¿Qué hacer? Sostén un clip con la mano delante de tus ojos. Ya has creado un primer patrón. ¿Eres capaz de crear algún otro con un solo clip? Selecciona dos clips para papel y engánchalos por los extremos, formando una cadena. Utiliza esos dos mismos clips y coloca uno sobre otro, formando una cruz. ¿Cuántos patrones eres capaz de crear con dos clips?

Añade un tercer clip. ¿Cuántos patrones eres capaz de imaginar? Luego añade un cuarto clip y piensa en todas las formas posibles de organizarlos. Añade un quinto y luego un sexto. ¿El hecho de ir añadiendo clips de uno en uno incrementa las posibilidades de crear nuevos patrones? Formula una hipótesis (o adivina) cuántos patrones puedes crear antes de realizarlos. Anota tus cálculos (el número de patrones que creas que podrás a hacer) y dibuja cada una de los patrones que consiguas crear.

¿Qué ocurre? Cada vez que añades un nuevo clip consigues crear muchos patrones nuevos.

¿Por qué? Este experimento se basa en un estudio de probabilidades; en este caso se trata de hipotetizar sobre el número de patrones que puedes hacer con cada cifra de clips. Cuantos más clips o elementos tengas para trabajar, más patrones crearás. La cifra de patrones posibles aumenta más que el número de clips que añades.

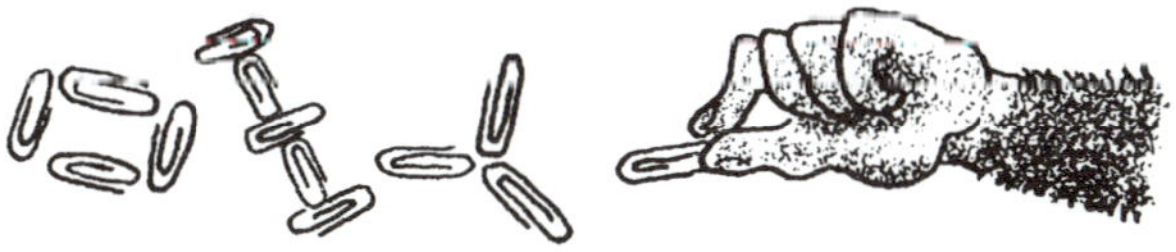

312 El lápiz de la suerte

Los lápices suelen tener seis caras planas. Enuméralas marcándolas con los números del 1 al 6. Pon un libro en una mesa y lanza rodando el lápiz en dirección a él hasta que se detenga. ¿Qué posibilidades hay de que al detenerse muestre un número u otro en la cara superior?

Por azar, todos los números tienen las mismas probabilidades de quedar arriba. En matemáticas se dice que el resultado es equiprobable. ¿Existen variables o factores que influyan en el número de veces que un número determinado salga en la cara superior?

313 Moléculas en movimiento

Puedes demostrar el movimiento de las moléculas en los sólidos, líquidos y gases de un modo muy sencillo.

NECESITARÁS
La tapa de una caja pequeña (o una caja plana con bordes bajos)
Canicas
Tijeras

¿Qué hacer? Pon una capa de canicas (o de bolitas) dentro de la tapa, de modo que queden bien pegadas. Agita la tapa adelante y atrás lentamente. A continuación, saca algunas canicas de la tapa y vuelve a sacudir la tapa adelante y atrás, pero más deprisa de lo que lo has hecho cuando estaba llena. Saca más canicas y vuelve a agitar la tapa aún más rápidamente.

Por último, corta una abertura en cada uno de los bordes de la tapa y sacúdela una y otra vez.

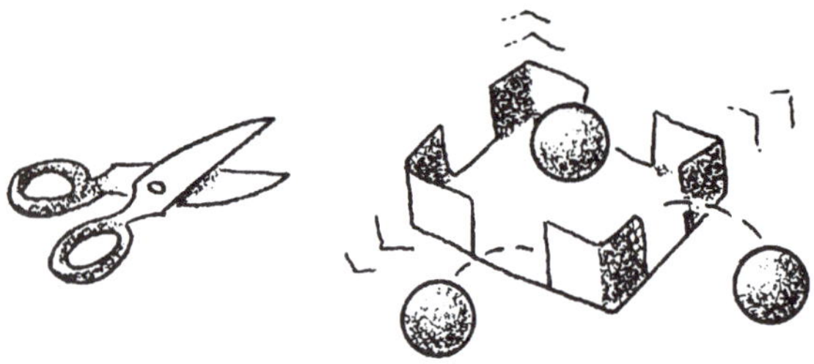

¿Qué ocurre? Cuantas menos canicas quedan en la tapa de la caja, más fácilmente se desplazan y se expanden. Algunas de las canicas se salen por las aberturas practicadas en los bordes de la tapa.

¿Por qué? Las canicas que llenaban por completo la tapa al principio del experimento se corresponden con las moléculas de una sustancia sólida. Esto explica por qué estas sustancias son duras. Se mueven, pero poco.

Al retirar algunas canicas de la tapa, has creado una composición molecular propia de un líquido. Las moléculas de un líquido están más alejadas entre sí y se mueven más fácilmente.

Al final del experimento, las pocas canicas que quedaban en la tapa se correspondían con las moléculas aún más alejadas y rápidas propias de una sustancia gaseosa.

Las aberturas practicadas en los bordes de la tapa o la caja muestran qué ocurre cuando unas sustancias se separan de otras, por ejemplo, cuando el agua que hierve en un fogón se convierte en vapor de agua y se evapora del cazo en el que se encuentra. Si en un plato queda una gotita de agua, ésta se evaporará. Si una sola de sus moléculas se desplaza a la velocidad suficiente, pasará de la superficie de la gota al aire.

Al calentar un cubito de hielo, éste cambia del estado sólido al líquido, y luego se convierte en gaseoso. Las moléculas del agua nunca cambian,

pero sí la forma que adopta la sustancia, que puede presentarse como un cubito de hielo, agua o vapor.

314

Moléculas en expansión

NECESITARÁS
2 vasos transparentes
Agua fría
Agua caliente
Colorante alimenticio
Un cuentagotas

¿Se mueven realmente las moléculas del agua? Si es así, ¿a qué velocidad lo hacen?

¿Qué hacer? Llena uno de los vasos con agua fría del grifo y el otro con agua caliente. Acto seguido, echa una gota de colorante alimenticio en cada vaso. (Asegúrate de que todas las variables sean las mismas. Esto implica que los vasos deben contener la misma cantidad de agua y debes verter las mismas gotas de colorante en ambos. Controlar las variables es sumamente importante para que cualquier experimento científico tenga rigor y validez.)

¿Qué ocurre? El colorante se extiende tiñendo el agua de los dos vasos, pero a velocidades distintas.

¿Por qué? El agua fría acaba por quedar completamente coloreada porque las moléculas que la componen se mueven por todo el vaso. En cambio, en el agua caliente, la energía calorífica provoca que las moléculas del agua se muevan a mucha más velocidad. Esto hace que el agua se tiña más rápidamente.

Es posible que te interese anotar o llevar un registro del tiempo que tarda el colorante alimenticio en expandirse en cada uno de los vasos de agua.

La historia de la química

En la prehistoria, los humanos creían que la naturaleza y los cambios que en ella acontecían se debían al efecto de la magia y los espíritus. Los primeros humanos descubrieron el fuego y el calor, y los cambios que comportaban. Luego, los primeros científicos, llamados alquimistas, descubrieron los compuestos y creyeron que el metal podía transformarse en oro. Pero ninguno de ellos sabía exactamente cómo funcionaba la química.

La química actual (la química orgánica es el estudio de los compuestos del carbono, mientras que la inorgánica aborda los demás elementos y compuestos) se originó en el siglo XVI, cuando Robert Boyle comenzó a elaborar una lista de los elementos aún en uso. Joseph Priestley y Karl Scheele descubrieron el oxígeno por separado a finales del siglo XVIII. En la misma época, Antoine Lavoisier, un químico francés, descubrió la combustión, o los cambios que operan cuando se quema una materia. John Dalton apuntó en 1803 que los elementos estaban integrados por átomos, mientras que Jons J. Berzelius, un científico sueco, creía que todos los átomos tenían una carga negativa y una positiva (1812). Berzelius atribuyó un peso atómico a los elementos, mientras que Henry Moseley les asignó un número atómico. En 1898, los químicos franceses Marie y Pierre Curie descubrieron el radio, un elemento radioactivo.

Cuestión de cambios

315

NECESITARÁS
10 cubitos de hielo
Un cazo pequeño con tapadera
Un fogón

¡FUEGO!

Las cosas se transforman. Cuando una tostada se quema, deja de ser la misma sustancia que era. Sus moléculas se reorganizan por efecto del calor. Lo que queda es carbono, una sustancia totalmente nueva. Este fenómeno se denomina transformación química. Sin embargo, cuando el hielo se convierte primero en agua y luego en gas, las moléculas del agua no cambian. Las formas que adopta la sustancia sí cambian, pero el agua en sí no se modifica. Esto se denomina transformación física o natural. Veamos cómo funciona todo esto.

¿Por qué? El hielo es un sólido. Sus moléculas se mueven, aunque lentamente. Cuando calientas los cubitos de hielo, sus moléculas empiezan a moverse a más velocidad. El hielo se calienta y se derrite. Si continúas calentando el agua, las moléculas se desplazan aún más rápidamente, chochando unas con otras, y se evaporan o abandonan el líquido. Las gotas de agua que se condensan bajo la tapadera son resultado del vapor de agua (un gas). Cuando el cazo se enfría, el vapor vuelve a transformarse en agua (un líquido). Este proceso se conoce con el nombre de condensación. Los químicos utilizan lo que sucede en este experimento para demostrar los tres estados de la materia: sólido, líquido y gaseoso.

¿Qué hacer? Introduce los cubitos de hielo en el cazo y derrítelos a fuego bajo. Una vez que los cubitos se transformen en agua y el agua empiece a hervir, tapa el cazo con la tapadera. Déjalo hervir durante unos minutos y luego apaga el fuego y deja que se enfríe. Una vez frío, levanta la tapa y observa las gotas de agua que se han formado en su interior.

¿Qué ocurre? El cubito se convierte en agua, el agua en vapor de agua, es decir un gas, y ese vapor se transforma de nuevo en agua.

316

La fábrica de agua

NECESITARÁS

Un tarro pequeño, transparente, limpio, con tapa y medio lleno de agua
Un horno microondas
Una manopla de cocina o un trapo
Una cuchara
Sal

¡FUEGO!

Gracias a este experimento te convertirás en un mago de la química. Vas a destilar agua, es decir, a quitarle la sal que contenga, y para ello no necesitarás ningún equipamiento químico costoso. «Imposible», te dirás. No lo es: pruébalo y descúbrelo tú mismo. Es recomendable que cuentes con la colaboración de un adulto.

¿Qué hacer? Vierte una pizca de sal en el tarro con agua. Remuévela bien con una cuchara y pruébala. El agua debe tener un sabor salado; si no es así, añade otra pizca de sal. Introduce el tarro con la solución salina (destapado) en el microondas durante aproximadamente 90 segundos, o hasta que el agua rompa a hervir.

No toques ni retires el tarro del microondas. ¡El agua estará hirviendo!

Enfúndate la mano con una manopla de cocina o bien usa un trapo para sostener el tarro mientras le enroscas la tapa. (O mejor aún, pídele a un adulto que lo haga por ti.) Espera a que el tarro se enfríe por completo. Desenrosca entonces la tapa y prueba las gotas de agua que se han condensado en su parte inferior o en las paredes laterales del tarro.

¿Qué ocurre? Las gotas de agua de las paredes del tarro y debajo de la tapa no tienen sabor a sal.

¿Por qué? El agua hirviendo dentro del tarro cerrado crea un vapor que se condensa (a modo de gotas) en las paredes del tarro y debajo de la tapa. La sal es un compuesto que no abandona el agua (en forma de vapor) cuando ésta hierve, sino que permanece en el fondo. Este método es muy eficaz para purificar el agua.

¿Cuál es la solución?

317

Los químicos estudian las supensiones y las soluciones, pero ¿qué son exactamente? Practica este sencillo experimento y descúbrelo.

NECESITARÁS

2 tarros de boca ancha llenos de agua hasta la mitad
2 cucharadas de sal
2 cucharadas de tierra
1 lupa y 1 cuchara

¿Qué hacer? Vierte la tierra en uno de los tarros con agua y la sal en el otro. Remuévelos bien. Observa atentamente el agua de los dos tarros con ayuda de la lupa.

¿Qué ocurre? Las partículas de tierra parecen flotar en el agua. Debido a su peso, las partículas de tierra más grandes se aposentan en el fondo del tarro primero, seguidas por las partículas de tamaño mediano y, por último, por las más pequeñas. Las partículas de sal del otro tarro han desaparecido: se han disuelto.

¿Por qué? La tierra no se disuelve, o se mezcla y desaparece, en el agua porque ambas sustancias están compuestas de moléculas de tipos distintos. Estas moléculas diferentes no pueden combinarse químicamente. La tierra y el agua son lo que los químicos denominan una suspensión, porque las partículas de la tierra quedan suspendidas (flotan) en el agua antes de depositarse en el fondo del tarro. En cambio, el agua y la sal sí se combinan. La sal se disuelve, o parece desaparecer, en el agua. Sus partículas (cristales) no descienden hasta el fondo del tarro. Se trata de un ejemplo de una solución. Los químicos denominan «soluto» a las moléculas sólidas que se convierten en parte de una solución, como la sal, mientras que las moléculas líquidas, como el agua, se llaman «solvente».

318

Acto 1: ¡todo mezclado!

NECESITARÁS
¼ taza de harina
¼ taza de sal
Un vaso
Una cuchara
Agua caliente del grifo

Los químicos suelen hablar de soluciones y suspensiones, y también de emulsiones y mezclas. En una solución, una sustancia se disuelve por completo en otra (como ocurre con la sal en el agua). En una suspensión, una sustancia se mezcla con la otra, sin disolverse (como ocurre con la tierra y el agua).

En una emulsión, un líquido «flota» dentro de otro, pero sin disolverse. La mayonesa es un ejemplo perfecto de una emulsión. En cambio, una mezcla está compuesta por varias sustancias que no se disuelven las unas en las otras ni permanecen juntas. ¿Crees que la sal y la harina pueden mezclarse? Pon en práctica este experimento y averiguarás la respuesta a esta intrigante pregunta.

¿Qué hacer? Mezcla la sal y la harina en un vaso (sin añadir el agua todavía). ¿Se mezclan bien? Añade agua caliente del grifo hasta llenar el vaso. Remuévelo todo bien y aguarda 30 minutos. Luego sumerge el dedo en el líquido y prueba el agua.

¿Qué ocurre? El agua de la superficie tiene un sabor salado, mientras que la del fondo del vaso ha adquirido un tono blanquecino.

¿Por qué? La sal y la harina han formado una mezcla perfecta. Estas sustancias son tan diferentes que no pueden disolverse ni mezclarse químicamente de ningún modo. Además, ambas reaccionan de forma distinta al agua. Mientras que la harina flota en ella y luego se hunde al fondo del vaso, la sal se disuelve en el agua y forma una solución salina encima de la harina.

Guarda esta mezcla para el experimento siguiente, «Acto 2: sustancias restauradas».

319

Acto 2: sustancias restauradas

NECESITARÁS

Un tarro de boca ancha
Un filtro de café
La mezcla de sal y harina del experimento 318
Una goma elástica
Agua caliente del grifo
Un plato hondo

Dado que la sal y la harina se han portado tan bien en el experimento anterior, «Acto 1: todo mezclado», vamos a devolverlas a su estado natural. ¡Abracadabra, pata de cabra!

¿Qué hacer? Tapa con el filtro de café el tarro y ajústalo enrollándole alrededor la goma elástica para que no se mueva. Deja que el filtro se ablande ligeramente por el centro para que sostenga el agua más fácilmente. Vierte despacio el agua salada con la mezcla de harina del experimento anterior sobre el filtro. Muy lentamente, añade un poco de agua caliente para ayudar a la solución salina a separarse de la harina. ¡Ten paciencia! Tardarás un rato en restaurar o recuperar una cantidad considerable de solución salina. Guarda tanta como puedas, y luego retira el filtro del tarro. Vierte la solución salina sobre el plato hondo. Déjala reposar en un lugar cálido durante 24 horas.

¿Qué ocurre? La harina no se cuela a través del filtro, mientras que la solución salina sí lo hace. Cuando el agua se evapora del plato hondo, deja tras de sí cristales de sal.

¿Por qué? Las moléculas de los cristales de sal sólidos (llamados solutos por los químicos) que se han disuelto en el agua (el solvente) se han colado fácilmente a través del filtro, mientras que los granos de harina, al ser mucho más grandes y no disolverse, han permanecido en la parte superior de éste.

Dado que el agua se evapora, pero la sal no, las moléculas de la sal que han quedado en el plato una vez el agua ha desaparecido se han recompuesto en forma de cristales.

Hay gotas y gotas

320

NECESITARÁS

2 recipientes planos
2 cucharadas de aceite
2 cucharadas de agua
Cartulina blanca
Tijeras
Servilletas de papel o papel de cocina
Colorante alimenticio
Un cuentagotas

El agua y el aceite actúan de manera distinta, tal como te demostrará este experimento.

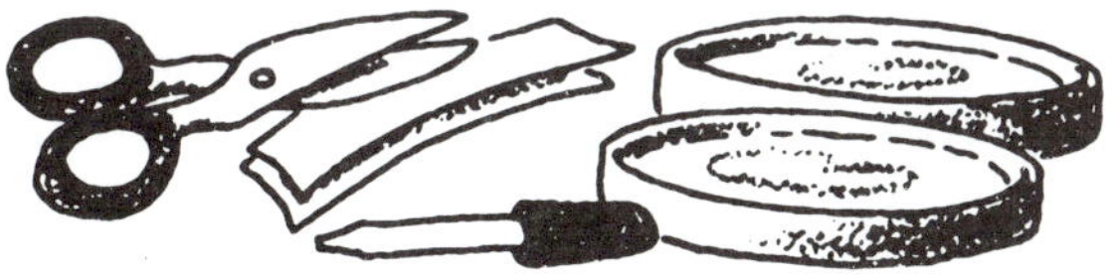

¿Qué hacer? Vierte el aceite en uno de los recipientes y el agua en el otro. Corta dos tiras pequeñas de cartulina. Sumerge una tira en el aceite y la otra en el agua. Luego coloca ambas tiras sobre papel de cocina o servilletas de papel. Vierte una gota de colorante alimenticio sobre cada una.

¿Qué ocurre? La gota de colorante que cae sobre la cartulina empapada en aceite se queda en la superficie, mientras que la que cae sobre la cartulina empapada en agua se extiende por toda la superficie.

¿Por qué? El colorante alimenticio, que tiene base de agua, permanece como una gota sobre el papel empapado de aceite porque sus moléculas de agua no se combinan con las del aceite. Se dice que dos sustancias son «inmiscibles» cuando no pueden combinarse para formar una tercera sustancia.
El colorante vertido sobre la cartulina empapada de agua es «miscible» con dicho papel. Se disuelve o expande en el papel. Sus moléculas se combinan igual que lo hacen las moléculas de una solución.

321

La cromatografía: una acuarela

NECESITARÁS

2 colorantes alimenticios, uno rojo y otro azul
Un cuentagotas
Un recipiente pequeño
2 servilletas blancas o papel de cocina
Papel de periódico
1 taza de agua

Los químicos necesitan conocer un modo de separar las sustancias como los tintes y las mezclas químicas. En este experimento vamos a mezclar dos colorantes alimenticios distintos e intentaremos recuperarlos por separado. Se trata de una versión simple de lo que en química se llama «cromatografía».

¿Qué hacer? Mezcla dos o tres gotas de colorante rojo y dos o tres de colorante azul en el mismo recipiente. Junta las dos servilletas y colócalas sobre el papel de periódico. Vierte la mezcla coloreada en el centro de las servilletas. Con el cuentagotas, echa un chorrito de agua sobre el colorante para intentar separar los colores.

¿Qué ocurre? La mezcla de colores se separa en zonas púrpura (rojo y azul) y áreas de tono azul claro.

¿Por qué? El agua se comporta como un solvente y disuelve la solución de los dos colorantes alimenticios. Dado que los colores se disuelven a distintas velocidades, se separan en zonas coloreadas circulares a medida que el solvente penetra en el material esponjoso y absorbente de las servilletas.

322 Maratón de gusanos planos

Organiza una emocionante carrera con gusanos planos y observa atentamente cuál de ellos se proclama vencedor. ¡Todo es cuestión de moléculas!

NECESITARÁS

Tiras de papel de cocina de aproximadamente 1 cm de grosor (tantas tiras como concursantes compitan)
Un cuentagotas (si compites con un amigo, necesitaréis un cuentagotas cada uno)
Agua

¿Qué hacer? Pliega las tiras como un acordeón. Alinéalas sobre la encimera de la cocina. Carga el cuentagotas de agua. Deja caer unas gotas de agua en los extremos y el centro de cada uno de los «gusanos», de manera que las tiras de papel se alarguen o estiren y crucen la línea de meta imaginaria.

¿Qué ocurre? Los gusanos de papel parecen agitarse, dar sacudidas y girarse.

¿Por qué? Los miles de poros diminutos del papel se llenan de agua. Esta acción capilar expande o agranda esas zonas del papel. Y al expandirse, el papel se mueve… ¡o lo hacen tus gusanos!

323 Cómo fabricar un hidrómetro

Un hidrómetro es un instrumento que mide la densidad, o el peso, del agua en comparación con otras soluciones. Puedes fabricar el tuyo propio con unos materiales muy sencillos, pero deberás armarte de paciencia, porque tendrás que hacer varias pruebas antes de conseguir que tu hidrómetro flote correctamente.

NECESITARÁS

Una pajilla de beber
Tijeras
Un trozo pequeño de arcilla de modelar
Sal
Un vaso lleno de agua en sus tres cuartas partes

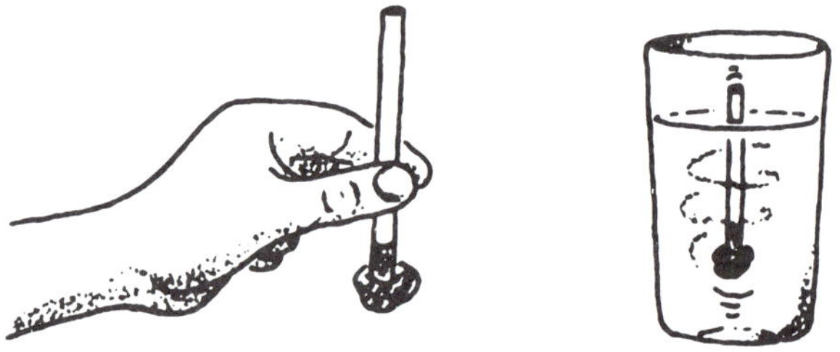

¿Qué hacer? Corta la pajilla por la mitad. Tapa un extremo de una de las mitades con una bolita de arcilla. Vierte una pizca de sal en la parte superior de la pajilla para equilibrarla. La sal debe llenar aproximadamente 1 cm del fondo de la pajilla. Pon la pajilla a contraluz para comprobar que has introducido en su interior la cantidad de sal adecuada.

A continuación, con mucha delicadeza, sumerge el hidrómetro en el agua. Debe flotar derecho, en vertical, sin tocar el fondo del vaso. Si la pajilla no flota correctamente, sostenla de pie en el agua y vierte un poco más de sal en su interior o bien llena el vaso con un poco más de agua, hasta que se mantenga en equilibrio.

324 El hidrómetro en uso

NECESITARÁS

El hidrómetro que has fabricado en el experimento 323
Un vaso con agua hasta la mitad
2 gomas elásticas
2 cucharadas de sal

Este experimento con el hidrómetro está pensado para convertirte en un auténtico químico. En los experimentos de este libro, pero sobre todo en éste, necesitarás controlar todas las variables. Esto implica que todos los materiales y las medidas deben ser exactos. Además, deberás armarte de paciencia. Es posible que tardes cierto tiempo en ajustar tu hidrómetro y tomar medidas precisas. Pero lo acabarás consiguiendo.

¿Qué hacer? Pon una goma elástica alrededor de la parte inferior del vaso y la otra cerca del borde. Introduce con cuidado el hidrómetro en el agua. Tal y como ocurría en el experimento anterior, es necesario que flote de pie, sin tocar el fondo del vaso. Empuja el hidrómetro hacia uno de los lados del vaso, con cuidado de que no entre agua por la boquilla abierta de la pajilla. Ajusta la goma inferior desplazándola hasta el punto en el que se encuentra la bola de arcilla del hidrómetro. Este nivel te servirá de indicador para ver cuánto desciende tu hidrómetro en el agua. Ajusta la goma superior hasta alinearla con el nivel del agua dentro del vaso. A continuación, sin moverte, observa los marcadores (las gomas elásticas) mientras añades con cuidado la primera cucharada de sal al agua, y luego la segunda. Asegúrate de que el hidrómetro permanezca por encima del nivel del agua en todo momento. Vigila que no entre agua ni sal por la boquilla abierta de la parte superior de la pajilla.

¿Qué ocurre? En el agua salada, el hidrómetro flota más arriba y sobrepasa el nivel que marca la goma inferior. El nivel del agua salada también asciende por encima de la goma superior.

¿Por qué? El agua salada es más densa, o más pesada, que el agua del grifo, de modo que el peso del hidrómetro desplaza, o traslada a otro lugar, menos moléculas de agua. Por este motivo, la pajilla se hunde menos en el agua salada y ésta supera el límite de la goma superior.

Efervesc...

325

A este título le faltan algunas letras, pero es que, dependiendo de si se mezclan con agua fría o caliente, las pastillas efervescentes de vitamina C pueden tardar muy poco en disolverse, casi que no nos ha dado tiempo a escribir la palabra entera. Hablamos de solubilidad.

NECESITARÁS

2 comprimidos de vitamina C
Un vaso de agua fría
Un vaso de agua caliente

¿Qué hacer? Vierte un comprimido de vitamina C en el vaso de agua fría y otro en el vaso de agua caliente.

¿Qué ocurre? El comprimido se disuelve más rápidamente en el agua caliente que en la fría.

¿Por qué? Las moléculas sólidas de la vitamina C (soluto), al sumergirse en el agua caliente (solvente), se disuelven más rápidamente o, lo que es lo mismo, son más solubles; la energía calorífica del agua hace que las moléculas del comprimido de vitamina C vibren y se separen las unas de las otras. Sin esta energía calórica no puede tener lugar una transformación tan repentina.

326

La punta del iceberg

NECESITARÁS

Un vaso
Agua caliente
6 u 8 cubitos de hielo

Si todos los icebergs de los océanos se derritieran, ¿aumentaría el nivel del mar? Este sencillo experimento te ayudará resolver esta duda. Además, se basa en un compuesto muy importante que los químicos estudian: ¡el agua!

¿Qué hacer? Mete en el vaso todos los cubitos de hielo posibles. Luego llena el vaso hasta el borde con agua templada. Espera.

¿Qué ocurre? Cuando los cubitos se derriten, el agua no se desborda.

¿Por qué? Los cubitos simplemente han desplazado el agua del vaso, pero la cantidad de hielo derretido es exactamente igual a la masa de los cubitos de hielo que hay bajo el agua. Como los cubitos de hielo del vaso, la parte principal de un iceberg se encuentra bajo el agua. Si todos los icebergs se derritieran, tal como ha ocurrido con los cubitos de hielo de nuestro experimento, el nivel del mar seguiría siendo el mismo.

327 El aire existe de verdad

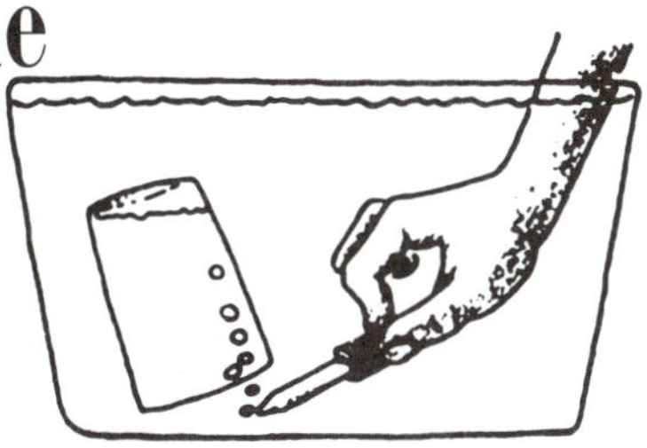

NECESITARÁS

Un plástico rígido o una tapa de plástico
Un vaso de agua (de plástico transparente)
Una palangana o un cubo lleno de agua
Un cuentagotas

¿Cómo puedes saber si el aire existe de verdad? Él es invisible, por tanto no puedes verlo. ¿Puedes demostrar entonces que existe? Este experimento te dará la respuesta. ¡Remángate y... manos a la obra!

¿Qué hacer? Llena el vaso con agua y tápalo con el plástico. Sostén éste en su sitio apretándolo con la palma de la mano y, con sumo cuidado, pon el vaso boca a bajo y sumérgelo en el agua de la palangana, hasta que quede completamente cubierto de agua. No retires el plástico hasta que el vaso esté totalmente sumergido y en contacto con el fondo de la palangana.

Observa el nivel de agua en el vaso. Inclina el vaso hacia un lado y coloca con mucha cautela el cuentagotas vacío debajo de él. Aprieta el cuentagotas, sácalo del agua y vacíalo en el fregadero. Repite esta operación con el cuentagotas varias veces. Sabrás que estás haciendo el experimento correctamente cuando, tras apretar el cuentagotas, veas que entran unas burbujas de aire en el vaso.

¿Qué ocurre? Las burbujas de aire suben dentro del vaso y el nivel de agua de éste desciende.

¿Por qué? Cuando has apretado el cuentagotas, has liberado el aire que contenía en su interior. Las burbujas que has visto junto a las paredes del vaso son el aire que has hecho salir del cuentagotas. Al «bombear» aire en el vaso con el cuentagotas una y otra vez, has comprobado que el nivel del agua del interior del vaso descendía. Y puesto que el aire tenía que ir a algún sitio, ha desplazado parte del agua, obligándola a salir del vaso. Ahora ya sabes que el aire existe de verdad y ocupa espacio.

328 El tapón saltarín

NECESITARÁS

Una botella de plástico grande con tapón

Si el aire se calienta, ¿conseguirá hacer saltar el tapón de una botella?

¿Qué hacer? Moja el tapón de la botella y tápala. Coloca las manos alrededor de la botella, sosteniéndola pero sin estrujarla.

¿Qué ocurre? El tapón acaba por saltar de la botella.

¿Por qué? Al rodear la botella con las manos, calientas el aire que contiene y las moléculas del aire caliente se expanden e intentan escapar. Al principio, el tapón mojado actúa como un sello e impide que el aire pueda salir, pero al final parte del aire consigue filtrarse y hace saltar el tapón. Si el tapón no llega a caer al suelo puedes continuar rodeando la botella con las manos y seguir haciendo que salte.

¡FUEGO!

El plátano mágico

329

NECESITARÁS
Medio plátano pelado
Un hervidor
Una botella larga y estrecha limpia (con una boca del mismo tamaño que el plátano)
Un embudo
Un trapo de cocina

¿Serías capaz de meter un plátano en una botella sin usar las manos? Asombra a tus amigos con este experimento científico que parece un truco de magia. Observa atentamente el plátano; es sorprendente lo que hace. Y todo se debe a las moléculas y al aire.

¡Ten mucho cuidado! Necesitarás emplear agua hirviendo. Es aconsejable realizar este truco en un fregadero.

¿Qué hacer? Coloca el embudo en la boca de la botella y llénala lentamente, casi hasta el borde, con agua hirviendo (es recomendable que solicites ayuda a un adulto). Retira el embudo. Envuelve la botella con el trapo y haz girar lentamente el agua en su interior. Vacíala. Rápidamente, coloca en el cuello de la botella el plátano, con el extremo puntiagudo hacia abajo, de modo que actúe como un tapón hermético. Observa todas las variables: el tamaño del cuello de la botella y el plátano, la cantidad de agua caliente y el tiempo que tarda el experimento. ¡Ten paciencia! Es posible que tengas que hacer el experimento varias veces antes de que te salga bien.

¿Qué ocurre? La botella aspira el plátano hacia su interior.

¿Por qué? El calor del agua hirviendo provoca que el aire de dentro de la botella se expanda y salga. Al situar el plátano en la boca de la botella y enfriarse el aire de dentro de ésta y volverse a encoger, la presión del aire en el interior del recipiente se ve reducida y la presión exterior, más fuerte, empuja el plátano hacia el interior de la botella. Esto te permite hacerte una idea de lo que ocurre cuando se vacía el aire de un espacio y nada ocupa su lugar (vacío parcial). Una diferencia mínima en la presión atmosférica puede hacer que los objetos se muevan.

¿Y ahora? Tal vez quieras reciclar la botella, pero resulta que hay un plátano en su interior. ¿Qué puedes hacer?

Espera unos días. Deja que las bacterias del plátano desempeñen su labor química. Las bacterias despiden enzimas que desintegran las proteínas y los almidones. El plátano acabará por sufrir una transformación química (fermentará) y se ablandará lo suficiente para sacarlo sin problemas.

330 Fuerza aérea

NECESITARÁS
Un embudo
Una botella pequeña de cuello estrecho
Un vaso de agua
Un trozo de arcilla

Las moléculas de aire no sólo ocupan espacio, sino que incluso pueden impedir llenar una botella con agua.

¿Qué hacer? Pon el embudo en la botella. Forma un pequeño churro de arcilla y pégalo alrededor del cuello de la botella. Presiona bien la arcilla para que selle por completo cualquier hueco que pueda quedar entre el cuello de la botella y el embudo. Así habrás cerrado la botella herméticamente. A continuación, vierte el agua en el embudo en pequeñas cantidades. Sigue vertiendo agua hasta vaciar el vaso.

¿Qué ocurre? Al principio, el agua entra en la botella sin dificultad, pero a medida que avanzas cada vez entra menos cantidad de agua. Finalmente, el embudo acabará lleno de agua, pero no caerá ni una gota más en la botella.

¿Por qué? Las moléculas de aire de la botella cerrada se comprimen y ocupan todo el espacio, lo cual impide que entre más agua.

331 ¡No se moja!

NECESITARÁS
Un vaso pequeño
Una servilleta o papel de cocina
Un bol de vidrio
Agua

Las moléculas de aire pueden llegar a impedir que un papel se moje aunque se encuentre en el interior de un vaso de agua.

¿Qué hacer? Haz una bola con el papel y ponla en el fondo del vaso. Asegúrate de que queda fija y de que no se moverá al colocar el vaso boca a bajo. Llena el bol con agua. Coloca el vaso boca abajo encima del bol y ve bajándolo hasta que llegue al fondo de éste. Saca el vaso del bol sin darle la vuelta y déjalo sobre la mesa. Aún boca abajo, sécalo por fuera y por el interior de los bordes. A continuación, saca el papel de su interior.

¿Qué ocurre? El papel sigue estando seco.

¿Por qué? Al sumergir el vaso en el agua, las moléculas de aire de su interior no se escapan, sino que se comprimen y actúan como una especie de escudo entre el agua y el papel. Parte del agua sí se cuela en el vaso, pero no en la cantidad suficiente como para mojar el papel. Las moléculas de aire ocupan espacio suficiente para protegerlo.

332 Agua blanda y dura

NECESITARÁS

Una cuchara
Agua caliente
3 tarros o vasos del mismo tamaño
1 cucharada de sulfato de magnesia (de venta en farmacias)
1 cucharada de sosa para lavar
3 cucharaditas de jabón líquido para lavavajillas

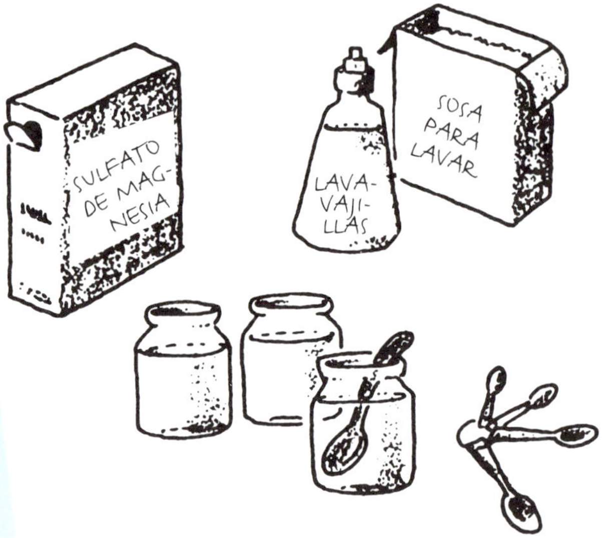

¿Sabías que el agua puede ser dura o blanda? ¿Y sabes qué efecto tienen una y otra en la espuma del jabón? En este experimento utilizarás dos compuestos químicos: sulfato de magnesia y sosa para lavar, o carbonato sódico.

¿Qué hacer? Llena los tres recipientes con agua tibia. Vierte el sulfato de magnesia en uno de ellos. Remueve bien la solución. Luego vierte la sosa para lavar en otro y remueve bien. Añade una cucharadita de lavavajillas líquido en cada vaso, incluido el que sólo contiene agua del grifo. Remueve bien todas las soluciones para formar espuma.

¿Qué ocurre? La sosa para lavar «ablanda» el agua y crea espuma. En cambio, el sulfato de magnesia la «endurece» y apenas crea burbujas.

¿Por qué? El agua del grifo contiene sales de calcio, que impiden que el lavavajillas forme espuma. Las aguas que contienen una cantidad importante de estas sales se denominan «duras». La sosa para lavar «ablanda» el agua, neutralizando las sales de calcio, y forma una sustancia sólida llamada precipitado que se deposita en el fondo de la solución cuando tiene lugar la reacción química (de ahí el anillo o los rastros de suciedad que quedan en el fondo de la bañera después de bañarte).

El sulfato de magnesia es un mineral que «endurece» el agua. Por eso no es posible formar espuma con él. ¿Has conseguido que salga espuma en el vaso que contiene agua del grifo? ¿Dirías que es un agua blanda, dura, semidura o semiblanda?

Vacía los tres vasos. ¿Qué observas en las paredes de los que contenían el sulfato de magnesia y la sosa para lavar?

Aquí está Superman, pero ¿dónde está Clark?

Cuando Clark Kent se transforma en Superman deja de ser la misma persona. Nadie puede ver a Clark mientras Superman surca los cielos.

En cierto sentido, con las reacciones o transformaciones químicas ocurre lo mismo que con Clark y Superman. Después de una reacción o una transformación química, las moléculas de una sustancia dejan de ser las mismas y la sustancia cambia por completo.

Ocurren transformaciones químicas todos los días y en todos sitios; incluso nuestros cuerpos resultan ser fábricas químicas. Los alimentos que comemos se combinan con oxígeno y experimentan una transformación química que libera calor y energía.

Otras transformaciones químicas habituales son la combustión de carbón, petróleo, gasolina y madera. Además, los químicos expertos producen transformaciones químicas para crear nuevos productos, como tejidos para ropa, plásticos, pinturas o alimentos.

En este capítulo vamos a extraer el oxígeno de un compuesto, a producir dióxido de carbono a partir de otras sustancias e incluso a combinar dos sustancias para crear un compuesto químico llamado precipitado.

Y éstos no son más que meros ejemplos de los numerosos y emocionantes experimentos que te aguardan en estas páginas, y gracias a los cuales conseguirás reorganizar átomos para elaborar nuevas sustancias.

333 Papel tornasolado a las bayas

NECESITARÁS
½ taza de bayas (moras, arándanos o fresas)
Unas tiras de cartulina blanca
Un cuenco pequeño
Un tenedor
Agua
Una cucharilla
Servilletas de papel

Aquí tienes tu oportunidad de crear tu propio papel tornasolado para comprobar los ácidos y los álcalis, llamados bases. ¡Se elabora con bayas y su fabricación es muy sencilla!

¿Qué hacer? Corta todos los cabitos de las bayas y coloca éstas en un cuenco. Machácalas con un tenedor hasta que adquieran el aspecto de una mermelada. Añade un poco de agua para aclarar esta especie de zumo. Sumerge las tiras de papel en él, de manera que queden bien cubiertas. Sostén las tiras de una en una con una mano y deslízalas entre los dedos índice y pulgar de la otra para retirar la pulpa. Pon a secar las tiras sobre papel de cocina. Una vez estén secas, retira las motas de pulpa o piel de baya que hayan podido quedar. Tu papel tornasolado a las bayas estará listo para su uso.

¿Qué significan los cambios de color?

El papel tornasolado púrpura elaborado sólo con moras adquiere un color rosa rojizo al entrar en contacto con un ácido, y un tono morado intenso al entrar en contacto con compuestos alcalinos o bases. La cartulina es el tipo de papel más adecuado para realizar este test, ya que es el que más cambia de color.

El papel tornasolado púrpura elaborado con arándanos se torna de color rojizo en presencia de ácidos, y azulado en contacto con bases.

El papel tornasolado rosa elaborado con fresas adquiere un tono rosa intenso en contacto con los ácidos, y rosa pálido azulado en contacto con las bases (aunque estos cambios no son tan apreciables como en los dos casos anteriores).

¿Estás perdido? ¡No te preocupes! Recuerda este sencillo truco: cuando el papel se vuelve más rojo es señal de que reacciona a los ácidos, mientras que cuando se vuelve más azul está reaccionando a las bases.

334 Tornasoles

¿Estás preparado para poner a prueba tu papel tornasolado a las bayas? Sumérgelo en distintas soluciones y descubrirás si se trata de sustancias ácidas o alcalinas (sustancias que se disuelven en el agua y debilitan los ácidos). Cuando comprobamos qué cantidad de ácido o álcali contiene una sustancia decimos que estamos analizando el pH de esa sustancia.

NECESITARÁS

- 2 tiras de papel tornasolado a las bayas de elaboración casera
- 2 recipientes pequeños (uno con tapa)
- 3 cucharadas de jabón líquido para lavavajillas
- ½ taza de agua
- ¼ de taza de vinagre
- Papel y lápiz
- Papel de cocina

¿Qué hacer? Antes de nada, lee el apartado «¿Qué significan los cambios de color?». A continuación, vierte el agua y el jabón para lavavajillas en el recipiente con tapadera, ciérralo y agítalo bien. Vierte el vinagre en el otro recipiente. Sumerge una tira de papel tornasolado en cada solución. Formula una hipótesis, es decir, intenta adivinar si el cambio de color indicará que las sustancias son ácidas o alcalinas. Anota el nombre de la solución (vinagre y jabón) y apunta tus respectivas respuestas. Pon a secar las tiras de papel sobre papel de cocina (unos 5 minutos) y etiquétalas con el nombre de las soluciones en las que las has sumergido. Anota los cambios de color que observas. ¿Tu hipótesis era acertada?

¿Qué ocurre? El papel sumergido en el vinagre se vuelve más rojo, mientras que el que has introducido en el agua jabonosa se vuelve más azulado.

¿Por qué? El vinagre es ácido acético, mientras que el agua jabonosa es un compuesto alcalino o base. Los papeles tornasolados a las bayas son excelentes para determinar qué sustancias son ácidos o álcalis.

Nota: Guarda los recipientes, el papel tornasolado, el lápiz y el papel para el siguiente experimento.

335 Más tornasoles

¿Estás preparado para seguir experimentando con tu papel tornasolado? Básicamente, vas a seguir los pasos de la actividad anterior, pero ahora sumergirás las tiras de papel en otras sustancias.

NECESITARÁS

- 2 tiras de papel tornasolado a las bayas de elaboración casera
- ½ taza de agua, con 2-3 chorros de limpiacristales con amoníaco (¡Atención! ¡Esta solución es peligrosa! ¡Deséchala al acabar!)
- ¼ de taza de zumo de limón

¿Qué hacer? Sumerge las tiras de papel y anota tus hipótesis y los resultados tal como has hecho en el experimento 334.

¿Qué ocurre? El papel tornasolado sumergido en el zumo de limón se volverá más rojo, mientras que el que has introducido en el limpiacristales con amoníaco se volverá más azulado.

¿Por qué? El zumo de limón es otro ácido, llamado ácido cítrico, mientras que el amoníaco es un compuesto alcalino. ¿Eres capaz de adivinar qué otras frutas contienen ácido cítrico? Anota tus hipótesis y realiza las comprobaciones pertinentes.

336

La potencia del pH

NECESITARÁS

Tiras de papel tornasolado a las bayas de elaboración casera
Recipientes pequeños (frascos, vasos, tazas…)
Muestras para analizar: tierra mezclada con agua, agua del grifo, agua de un río, de un lago o de un estanque, saliva, etc.

Vuelve a utilizar tu papel tornasolado a las bayas para analizar el agua del grifo, la tierra, el agua de una piscina o de un estanque, o incluso tu saliva.

¿Qué hacer? Sumerge las tiras de papel tornasolado en las muestras (lee el apartado «¿Qué hacer?» del experimento 334).

¿Qué ocurre? Las tiras cambian de color dependiendo de si las empapas en una solución ácida o alcalina.

¿Por qué? El papel tornasolado permite determinar con certeza si una sustancia contiene ácidos o álcalis (lee el apartado «¿Qué significan los cambios de color?» en la pág. 284).

337 ¿Tiene almidón?

NECESITARÁS

Una botella o un recipiente de plástico lleno de agua hasta sus tres cuartas partes
2 cucharaditas de maizena
Una cuchara (a ser posible de plástico)
Un cuentagotas
20 gotas de tintura de yodo

¿Cómo puedes descubrir si ciertas sustancias contienen almidón? El almidón, una sustancia presente en las plantas, nos aporta energía (¡los azúcares y las grasas también!). Los químicos sienten un interés especial por el almidón porque se trata de un compuesto formado por carbono, hidrógeno y oxígeno. Este experimento te permitirá averiguar si una sustancia contiene almidón.

¿Qué hacer? Vierte la maizena en la botella con ayuda de una cuchara. Añade las 20 gotas de tintura de yodo al agua. Agita bien la botella y deja que el contenido repose durante unos minutos.

¿Qué ocurre? El agua adquiere un color entre azul oscuro y violeta.

¿Por qué? El yodo es excelente para analizar si una sustancia contiene almidón. Se combina químicamente con éste y, al hacerlo, adquiere un color azul oscuro. Los químicos habitualmente utilizan el yodo con este fin.

Busca el yodo en la tabla periódica de los elementos. ¿Qué dice acerca del átomo del yodo?

Nota: El yodo es una sustancia química venenosa. Solicita ayuda a un adulto y desecha este experimento químico convenientemente una vez hayas concluido. Lava bien todos los utensilios que desees conservar.

La fuerza de las plantas

Las plantas no comen. Elaboran sus propios alimentos a partir de la energía solar mediante un proceso denominado fotosíntesis. Convierten el agua y el dióxido de carbono en glucosa, una especie de azúcar, y oxígeno. Luego ese azúcar se transforma en almidón. El azúcar y el almidón permiten la subsistencia de las plantas.

338

La gran evasión del oxígeno

NECESITARÁS

Una pequeña cantidad de óxido (ralla un objeto de hierro viejo)
1 cucharada de agua oxigenada
Una botella pequeña o un frasquito (para guardar el agua oxigenada)
Un bol grande lleno de agua caliente del grifo
Arcilla para modelar
Una lupa

Si puedes sumar un átomo, ¿crees que es posible restarlo o extraerlo de un compuesto? ¡Observa con atención! En este emocionante y escalofriante experimento, el oxígeno se escapará ante tu mirada atónita.

¿Qué hacer? Pega una bolita de arcilla para modelar en la parte inferior de la botella o frasco (la arcilla servirá de ancla para que la botella se mantenga de pie en el fondo del agua). Vierte el agua oxigenada dentro de la botella y luego añádele el óxido de hierro. Sumerge la botella en el bol de agua caliente y presiónala bien contra el fondo. Observa la botella atentamente a través de la lupa.

¿Qué ocurre? De la botella de agua oxigenada sale una gran cantidad de burbujitas.

¿Por qué? Una molécula de agua oxigenada (H_2O_2) contiene un átomo de oxígeno más que una molécula de agua (H_2O). Al verter el óxido de hierro en el agua oxigenada y sumergir la botella en el agua caliente se produce una transformación química. Las burbujas que ves salir de la solución de agua oxigenada son en realidad cúmulos de átomos de oxígeno «suplementarios» liberados por la solución.

339 El poder de la harina

NECESITARÁS
Una rebanada de pan de centeno
Papel
Un lápiz

Los químicos llaman a las proteínas compuestos químicos. Muchos cereales, sobre todo el trigo, contienen una proteína denominada gluten.
Veamos cómo podemos hacer que el gluten de una rebanada de pan actúe como una sustancia química.

¿Qué hacer? Con el lápiz, haz dos o tres tachones en el papel. Arranca un trozo de pan y frótalo sobre las manchas del lápiz.

¿Qué ocurre? El pan actúa como una goma de borrar y limpia el papel.

¿Por qué? La proteína del gluten presente en el pan de centeno es pegajosa. Al frotar el pan sobre el papel, arrastra consigo las manchas de lápiz gracias a esta cualidad adherente.

340 Un pan que limpia

Ahora ya sabes por qué los científicos utilizan el gluten de las sustancias para limpiar ciertas cosas. Pero ¿qué cosas? La proteína adherente del pan es capaz de eliminar los tachones de lápiz, pero ¿es capaz de eliminar otro tipo de manchas? Ensúciate las manos con tierra, aceite o confitura. Luego restriégalas contra un papel para mancharlo. Y por último, frota las manchas del papel con el pan de centeno para comprobar si realmente actúa como un limpiador.

341 «Decoloracción»

NECESITARÁS

Una taza de té negro (puedes usar té caliente o frío indistintamente)
1 limón cortado en cuartos

¿Qué le ocurre al té cuando le añadimos limón?

¿Qué hacer? Exprime unas gotas de limón sobre el té. Ve aumentando la cantidad de limón que viertes en la taza de té hasta haber exprimido los cuatro cuartos.

¿Qué ocurre? El limón hace que el color del té acabe por desaparecer.

¿Por qué? El ácido cítrico del limón es un agente blanqueador que reacciona químicamente con el tinte del té y lo aclara.

342 La acción del detergente

NECESITARÁS

2 tarros medianos (uno de ellos con tapa) llenos de agua
Cuerdas blancas
1 cucharada (15 ml) de detergente para ropa, líquido o en polvo

¿Cómo funcionan los detergentes para la ropa?

¿Qué hacer? Vierte el detergente en el tarro con tapa, ciérralo, agítalo y luego destápalo. El otro frasco contendrá sólo agua. A continuación, introduce tres o cuatro cuerdas blancas en cada tarro y observa qué les ocurre.

¿Qué ocurre? Las cuerdas que se hallan en el tarro que sólo contiene agua flotan en su superficie, mientras que las del tarro con detergente se hunden en el fondo.

¿Por qué? Las cuerdas que se hunden en el fondo del tarro con detergente se empapan de agua. La mezcla de agua y detergente es una emulsión, es decir, que un líquido flota en el otro. Esta emulsión hace que las cuerdas se empapen más rápidamente. La simple idea de usar detergente como «agente para mojar» ayuda a eliminar las manchas de suciedad de la ropa.

Guarda los materiales para el experimento siguiente: «Limpio como una patena».

343 Limpio como una patena

Desafiemos ahora de verdad la fuerza del «agente limpiador» del detergente con unas cuerdas realmente sucias.

NECESITARÁS

Los tarros con agua y la solución de agua y detergente del experimento anterior
Más cuerdas cortas
Sustancias para ensuciar las cuerdas: grasa, aceite, tierra, confitura y zumo
Una cuchara

¿Qué hacer? Mancha dos cuerdas con zumo, dos más con grasa, otras dos con tierra, dos con aceite, dos con ketchup, dos con mostaza... y así sucesivamente, con las sustancias que se te antojen. Introduce una cuerda de cada par en cada tarro. Remuévelos bien. Transcurridos 10 minutos, saca las cuerdas.

¿Qué ocurre? Las cuerdas remojadas en la solución con detergente están más limpias, mientras que las remojadas en agua siguen sucias.

¿Por qué? Otra vez, el efecto emulsionante del detergente en el agua ha empapado por completo las cuerdas y eliminado su suciedad de una manera fácil. Verás que la suciedad flota en la solución del agua y el detergente, que habrá cambiado ligeramente de color.

344 Limpiadores eficaces

Los químicos experimentan constantemente con sustancias químicas nuevas para intentar descubrir cuáles limpian mejor. Algunos alimentos cotidianos son excelentes limpiadores. ¿Sabes cuáles son?

NECESITARÁS

Un retal de algodón blanco
Margarina, aceite o mantequilla (para manchar la tela)
Servilletas de papel
¼ de limón
¼ de cebolla
Vinagre
½ taza de leche entera
Un rotulador

¿Qué hacer? Mancha la tela con margarina, aceite y mantequilla. Asegúrate de que la mancha que hagas con cada sustancia esté bastante separada de las otras. Extiende la tela sobre una superficie de cocina dura. Exprime el zumo de limón sobre un papel de cocina y, aguantando el retal bien tensado, frota el papel de cocina empapado en zumo contra una de las manchas. Frota con fuerza, intentando eliminar la mancha. Machaca la cebolla sobre otra servilleta de papel para exprimirle el jugo e intenta eliminar otra de las manchas de la misma manera. Repite la operación con las otras dos sustancias. Asegúrate de anotar qué sustancias has utilizado para limpiar las distintas manchas.

¿Qué ocurre? El limón, la cebolla y el vinagre eliminan ligeramente las manchas, pero no las limpian tan bien como la leche.

¿Por qué? La leche es la que mejor neutraliza o elimina las manchas. Se dice que «las sustancias parecidas se disuelven entre sí». La grasa de la leche disuelve las manchas provocadas por la mantequilla y la margarina. Las sustancias con un contenido en grasas similar se disuelven mutuamente.

345 Extinguir un fuego

NECESITARÁS
Un tarro grande de boca ancha con tapa
2 tazas de agua
3 cucharadas de bicarbonato sódico
½ taza de vinagre
Un clavo grande
Un martillo
Una cuchara
Un tarro pequeño

Fabrica tu propio extintor de incendios con materiales que puedes encontrar en casa.

¿Qué hacer? Primero busca una piedra grande, un tablón o banco viejo en la calle y apoya encima la tapa del tarro, boca arriba. Hazle un agujero en el centro con el clavo y el martillo. (Pide ayuda a un adulto si la necesitas.)

Vierte el agua en el tarro grande. Agrega el bicarbonato sódico y remuévelo bien. Llena el tarro pequeño de vinagre y depositálo, destapado, en el interior del tarro grande, prestando mucha atención a que el vinagre no se derrame. Cubre el tarro grande con la tapa que has agujereado. Aléjate un poco y vuelca el tarro sobre el fregadero.

¿Qué ocurre? Por el agujero de la tapa sale un líquido espumoso.

¿Por qué? El bicarbonato sódico sirve para apagar incendios si se utilizan en un extintor a base de ácido y de sosa. En tu versión casera, el vinagre (ácido acético) se mezcla con el bicarbonato y produce dióxido de carbono gaseoso (CO_2), el cual extingue las llamas.

346 El no va más: huevos saltarines

NECESITARÁS
2 huevos duros (con cáscara)
Un vaso de agua
Un vaso de vinagre

¿Es posible transformar un huevo químicamente si entra en contacto con distintos compuestos?

¿Qué hacer? Mete uno de los huevos en un vaso de agua y déjalo reposar durante 24 horas íntegras. Pon el otro huevo en el vinagre y déjalo reposar también durante un día

¿Qué ocurre? El huevo sumergido en agua sigue estando igual, mientras que el remojado en el vinagre tiene un tacto similar al de una pelota de goma y ha perdido la cáscara. Si lo dejas caer desde una distancia pequeña en el fregadero, rebotará. Ahora ya sabes a qué debe su título este experimento.

¿Por qué? En el vinagre, el huevo ha sufrido una transformación química. El ácido acético (vinagre) reacciona con el carbonato cálcico de la cáscara del huevo. Este cambio hace que la cáscara se ablande y desaparezca. El huevo sumergido en agua permanece intacto. Los químicos dirían que la cáscara de huevo se «descalcifica» en el vinagre.

347

¡Huesos de goma!

¿Crees que es posible ablandar unos huesos de pollo e incluso doblarlos? Prueba este experimento y lo averiguarás.

NECESITARÁS

Un tarro grande de boca ancha
1 ½ tazas de vinagre
Huesos de pollo limpios (mejor del muslo)

¿Qué hacer? Vierte el vinagre en el tarro y sumerge en su interior los huesos de pollo. Asegúrate de que queden bien cubiertos por el vinagre. Déjalos reposar durante dos días.

¿Qué ocurre? Los huesos de pollo dejan de ser duros y se vuelven blandos y flexibles.

¿Por qué? Los huesos están constituidos en gran parte por los minerales del calcio y el fósforo. Al sumergirlos en vinagre (ácido acético) se produce una transformación química y la materia mineral (endurecedora) de los huesos se disuelve.

348

Ablandador de agua

NECESITARÁS

½ taza de sosa para lavar
Un tarro mediano con tapa, limpio y lleno de agua
Un platillo
Una cuchara

¿Te apetece bañarte en una solución que ablande el agua y que, por tanto, te permitirá formar más espuma? Este experimento es fácil y divertido. Y además es pura química.

¿Qué hacer? Vierte una pequeña cantidad de sosa en el platillo. Con el dorso de una cuchara, machaca los cristales de sosa hasta convertirlos en polvo fino. Vierte la sosa en polvo en el tarro de agua, poco a poco, hasta que sea imposible disolver más. (En caso necesario, machaca más cristales de sosa y sigue añadiéndolos al tarro.) Tendrás una «solución saturada». Guarda la solución en el tarro y vierte una pequeña cantidad en la bañera cuando vayas a darte un baño.

¿Qué ocurre? La sosa para lavar se disuelve en el agua y crea un ablandador natural del agua.

¿Por qué? El carbonato sódico, es decir, la sosa para lavar, neutraliza o ablanda el agua eliminando las sales duras, como el calcio. Cuando esto ocurre, los químicos hablan de precipitación, pero, a diferencia de cuando son los hombres del tiempo quienes pronuncian esta palabra, precipitación no significa lluvias (aunque al llover se precipita agua blanda del cielo sobre la tierra). En este caso, la precipitación consiste en la división química de dos compuestos –las sales cálcicas y la sosa para lavar– en moléculas más sencillas que forman una sustancia sólida llamada precipitado (consulta también el experimento 359).

349 Un aceite de baño de lo más chic

Añade a la solución que has creado un poco de agua de colonia, perfume u otros ingredientes, como colorantes, para que tenga un aspecto y un olor agradables. Transfiere tu aceite de baño especial a botellas o frascos con formas divertidas y átales unos lazos de colores alrededor del cuello. Son un regalo fantástico y barato. Y todo gracias a la ciencia.

350 Monedas de plata deslumbrantes

NECESITARÁS

Un recipiente con agua
1 cucharadita de bicarbonato sódico
1 cucharadita de sal
Papel de aluminio
1 cazo de cristal o esmalte
Monedas
Un fotgón
Un paño suave

¿Por qué no elaborar tu propio limpiador para la plata? Te saldrá más económico y tal vez te resultará más eficaz.

¿Qué hacer? Disuelve la sal y el bicarbonato en el recipiente con agua y luego sumerge las monedas. Llena el cazo de vidrio o esmalte de agua. Rasga una hoja de papel de aluminio en trozos y añádelos al cazo. Lleva el agua del cazo a ebullición en el fogón de la cocina (pide a un adulto que te ayude), luego apaga el fuego y deja reposar el agua hasta que se enfríe. Saca las monedas de la solución de sal y bicarbonato sódico. Acláralas en la solución de agua con papel de aluminio y sécalas con un paño suave.

¿Qué ocurre? Serás el orgulloso propietario de unas monedas de plata resplandecientes.

¿Por qué? Entre la sal y el bicarbonato sódico (que ablanda las manchas) se producen reacciones químicas. El calor convierte el agua y el papel de alumino en una solución de electrólitos cargada con una leve corriente eléctrica que elimina las manchas de las monedas.

351

Oxidación: la carrera del óxido

Cuando una sustancia transmite oxígeno a otra se habla de «reducción», mientras que la sustancia receptora del oxígeno experimenta una «oxidación». ¿Te cuesta entenderlo? Imagina que estuvieras compuesto por ocho bolitas que representan el oxígeno y un amigo tuyo se llevara siete. Tu amigo se oxidaría, porque le habrías pasado parte de tu oxígeno. Y tú te reducirías, porque habrías perdido ese oxígeno. Intenta ahora generar esta tranformación química llamada oxidación para comprobar exactamente cómo funciona.

NECESITARÁS

Objetos de metal: clips para papel, clavos, tuercas, lana de acero, chinchetas, chapas...
Líquidos: agua, solución salina y vinagre

¿Qué hacer? Reparte unos cuantos objetos metálicos entre distintos tarros. Añade dos cucharadas de uno de los líquidos a cada tarro. Tapa algunos de ellos y deja otros descubiertos. Coloca algunos de los botes en un lugar frío y oscuro y otros, en lugares soleados y cálidos. Deja reposar los tarros durante dos o tres de semanas. Ve anotando todas las variables: la hora y la fecha en las que has comenzado el experimento, las sustancias que has utilizado en cada tarro y qué ocurre.

¿Qué ocurre? Sobre algunos de los objetos metálicos se forma una sustancia de un color marrón rojizo o marrón amarillento, aunque quizá no en todos.

¿Por qué? La humedad, un agente oxidante, hace que el oxígeno del aire se adhiera a ciertos metales, como el hierro y el acero, y los oxida. Esta transformación química, llamada oxidación, corroe o envejece los metales. Por eso es necesario pintar algunos puentes y escaleras de incendios, ya que de otro modo, el efecto del agua haría que se oxidaran y se debilitaran.

352

¿Por qué se oxidan las cosas?

Es posible que algunos de los objetos del experimento anterior se hayan oxidado y otros no. ¿Sabes por qué? Intenta imaginarlo. Quizá la oxidación tarda más o el objeto está protegido por una capa de material antioxidante. Repite de nuevo el experimento y luego modifica las variables para ver qué ocurre. Compara los resultados.

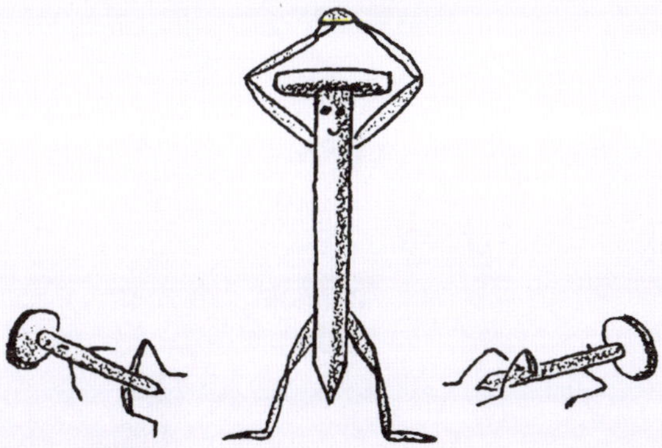

Cabeza de cobre

353

NECESITARÁS

Monedas de cobre sucias
Un recipiente llano
2 tazas
1 cucharadita de sal
1 cucharada de agua y 2 de vinagre
Un cuentagotas
Papel de cocina

Si tus monedas de cobre están muy sucias o deslustradas, puede resultarte difícil ver con claridad la cabeza de los personajes que allí aparecen. En unos minutos podrás transformar tus viejas monedas en objetos relucientes. Y todo gracias a la química.

¿Qué hacer? Mete las monedas en el recipiente. En una taza, elabora una solución con la sal y el agua. Vierte el vinagre en la otra taza. Con el cuentagotas, rocía unas gotitas de solución salina sobre cada moneda, y luego otras tantas de vinagre. Repite estos pasos y mantén las monedas en la solución durante 5 minutos. Limpia las monedas secándolas con un papel de cocina humedecido.

¿Qué ocurre? Las monedas quedan relucientes. La película oscura y apagada que las recubría desaparece.

¿Por qué? El vinagre (acido acético) se combina con la sal (cloruro sódico) y sufre una transformación química que lo convierte en una solución débil de ácido clorhídrico. El ácido clorhídrico limpia los metales como el cobre. Transcurrido un tiempo, las monedas volverán a oxidarse o volverán a ensuciarse y a perder brillo, debido otra vez a las moléculas de oxígeno y agua que entran en contacto con el aire.

354

Este coche es una esponja

Se dice que un coche es una esponja cuando gasta mucha gasolina. En este experimento, el gas consume mucha agua. Pruébalo.

NECESITARÁS

Un trozo de filtro de café de 10 cm x 10 cm
3 cucharaditas de bicarbonato sódico
Un bol lleno de agua
Una goma elástica
Un tarro largo y estrecho lleno de agua
Un rotulador permanente
Una lupa

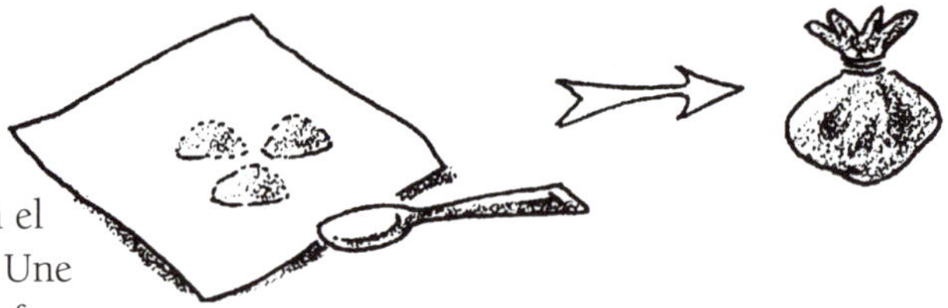

¿Qué hacer? Pon el bicarbonato sódico en el centro del filtro de café. Une las puntas del filtro para formar una especie de saquito y átalo con la goma elástica. Sumerge el saquito con el bicarbonato en el tarro largo de agua y cubre éste con la palma de la mano. Sin quitar la mano, coloca el tarro boca abajo dentro del bol lleno de agua. Retira la mano. Marca con el rotulador el punto al que llega el nivel del agua. Observa el tarro de vidrio con la lupa. Sé paciente: debes esperar al menos una hora para ver los resultados.

¿Por qué? Cuando el bicarbonato sódico del saquito se disuelve en el agua produce dióxido de carbono (CO_2). Este gas necesita espacio en el tarro, de modo que desplaza el agua o expulsa parte de ella fuera del recipiente. En consecuencia, el nivel del agua desciende.

¿Qué ocurre? Del saquito sumergido en el fondo del tarro empiezan a salir burbujas hacia la parte de arriba. Algunas burbujas se adhieren a las paredes del tarro. Al cabo de una hora, el nivel del agua desciende ligeramente, pero de manera apreciable, por debajo de la línea que habías marcado.

355

La mano de King Kong

NECESITARÁS

Un guante de látex
¼ taza de bicarbonato sódico
½ taza de vinagre
Un rotulador pemanente negro o marrón (opcional)

La mano de King Kong debía ser muy grande para poder albergar una mujer. Gracias a este experimento, podrás fabricar una mano parecida a aquella con materiales y utensilios simples. Sin los trazos del rotulador, la mano se convertirá en la teta de una vaca. ¡Un truco muy divertido! Lo mires por dónde lo mires, se trata de química pura, y además aprenderás algunas cosas importantes acerca de un gas vital que todos los químicos conocen muy bien.

¿Qué hacer? Solicita la ayuda de un amigo para llevar a cabo este experimento. Lo mejor es realizarlo en el fregadero o la bañera, o bien al aire libre, ya que puede resultar algo sucio.

Para conseguir una mano como la de King Kong, traza líneas verticales cortas con el rotulador en las dos caras del guante, para representar los pelos de la mano del gorila. Si prefieres hacer la ubre de una vaca, no pintes nada en el guante.

Pídele a tu amigo que sostenga el guante sobre el fregadero o la bañera mientras viertes en él el bicarbonato sódico, primero, y luego el vinagre. A continuación, muy rápidamente, cierra la abertura del guante con la mano, de modo que quede perfectamente sellado. Sostenlo con fuerza durante unos minutos.

¿Qué ocurre? El guante se infla como un globo y luego, transcurridos unos minutos, recupera su tamaño normal.

¿Por qué? Al mezclar el bicarbonato sódico y el vinagre has creado un gas muy popular llamado dióxido de carbono (CO_2). Por eso la solución ha empezado a burbujear y sacar espuma por la abertura antes de cerrarla. Una vez que el gas ha quedado atrapado dentro del guante, sin posibilidad de escapar, ha provocado su hinchazón. Finalmente, la reacción ha ido perdiendo fuerza a medida que el gas ha empezado a escapar, y el guante ha recuperado su tamaño normal.

¡A todo gas!

El bicarbonato sódico es un compuesto formado por hidrógeno, sodio, oxígeno y carbono. Cuando se le añade vinagre (agua y ácido acético), se produce una reacción química: los elementos del carbono y el oxígeno se unen y crean un compuesto gaseoso nuevo llamado dióxido de carbono.

Ejercicio exotérmico

356

¿Qué tipo de reacción química tiene lugar al mezclar levadura con agua oxigenada? Este emocionante experimento hará que te suba la temperatura.

NECESITARÁS

Un termómetro
Un cuenco pequeño
1 cucharada de levadura de fermentación rápida
¼ taza de agua oxigenada
Una cuchara
Lápiz y papel

¿Qué hacer? Anota la temperatura que marca el termómetro y luego sumérgelo en el cuenco. Vierte el agua oxigenada y luego la levadura. Remueve bien la solución. Mientras observas lo que ocurre, palpa con las manos la parte inferior del cuenco. Espera 1 o 2 minutos, saca el termómetro de la solución con ayuda de la cuchara y anota la nueva temperatura reflejada.

¿Qué ocurre? La solución hace que se forme espuma y burbujas, y la parte inferior y el fondo del cuenco se calientan mucho. Además, puede verse cómo sale vapor de la solución. El termómetro indica una temperatura más alta, lo cual es señal de que se ha generado calor.

¿Por qué? Cuando la levadura y el agua oxigenada se mezclan químicamente, ésta se transforma en moléculas de agua y oxígeno. Las burbujas las genera el oxígeno que escapa mientras tiene lugar esta transformación. Esta reacción también produce calor. Cuando un cambio químico genera calor, el proceso se denomina exotérmico.

Ola de frío endotérmica

357

NECESITARÁS
- Un termómetro
- 1 cucharada de sulfato de magnesia
- Agua templada del grifo
- Una cuchara
- Un tarro de tamaño mediano
- Lápiz y papel

Si una reacción química es capaz de producir calor (reacción exotérmica), ¿existe alguna otra reacción que produzca frío?

Precaución: el sulfato de magnesia puede ser una solución peligrosa. Manipúlala con precaución y deséchala convenientemente tras su uso.

¿Qué hacer? Llena el tarro con agua del grifo y sumerge el termómetro en él. Mete la mano en el agua para notar cómo está de fría y espera a que el termómetro registre su temperatura. Anótala. A continuación, vierte el sulfato de magnesia. Vuelve a introducir la mano. ¿Percibes algún cambio? Transcurrido un par de minutos, extrae el termómetro del agua y comprueba la temperatura.

¿Qué ocurre? El tarro está ligeramente más frío y la temperatura del agua, después de haberse producido la reacción química, desciende.

¿Por qué? En el experimento anterior, «Ejercicio exotérmico», la reacción química generaba calor. Pero otras veces el calor se consume como parte del proceso químico. Al añadir sulfato de magnesia al agua, el sulfato utiliza la energía calorífica natural del agua para separar los iones de sulfato y los de magnesio. (Los iones son átomos con carga positiva o negativa que se producen cuando se pierden o ganan electrones.)

La reacción química de este experimento se denomina endotérmica porque utiliza más energía calorífica de la que produce. Ello explica que el agua se enfríe, y es por eso que el sulfato de magnesia se utilice en el caso de un esguince de tobillo, por ejemplo, para eliminar el calor que genera la lesión.

358 Sencillamente marmolillloso

NECESITARÁS

*Tizas de colores
*Hojas de papel blanco
*2-6 vasos de plástico
Un martillo o una piedra (para machacar la tiza)
2 cucharadas de vinagre
Papel de cocina o servilletas de papel
Una bolsa de plástico
Una cuchara o un tenedor
Un bol grande o una palangana (de plástico o caucho a ser posible)
Papel de periódico
Agua
Aceite para cocinar

*Las cantidades dependen de cuántos papeles y de cuántos colores desees elaborar

Embala tus pequeños regalos con este papel marmóreo de fabricación casera. Una vez seco, obtendrás un papel similar a un pergamino, crujiente, arrugado y translúcido.

¿Qué hacer? Extiende unas hojas de papel de periódico sobre la encimera de la cocina. Llena el bol o la palangana hasta el borde con agua y añade dos cucharadas de vinagre. Coloca el bol en el centro del papel de periódico. Extiende algunas hojas más de periódico en las que poner a secar los papeles tratados. Extiende una capa doble de papel de cocina y coloca encima un pedacito de tiza de color. Machaca la tiza hasta convertirla en un polvo fino.

Levanta con cuidado el papel de cocina y vierte la tiza en polvo en un vaso de color. Repite la operación con cada tiza de color. Agrega una cucharada de aceite a cada vaso. Vierte el contenido de cada vaso en el bol de agua. El aceite teñido con tiza debería formar charcos circulares grandes en la superficie del agua. Con mucho cuidado, extiende los papeles de uno en uno sobre la superficie del agua y retíralos rápidamente.

Deja secar los papeles tintados sobre papel de periódico durante 24 horas. Cuando se hayan secado por completo, retira con mucho cuidado cualquier partícula de tiza que haya quedado en la superficie frotándolos con un papel de cocina.

¿Qué ocurre? El aceite teñido se pega al papel y crea círculos o dibujos veteados.

¿Por qué? Las moléculas con cargas positivas y negativas se atraen mutuamente. Las moléculas de la tiza (un tipo de carbonato cálcico), el vinagre (ácido acético) y el agua se combinan químicamente con la superficie del papel originando una unión química que hace que los colores se adhieran al papel en forma de círculos, volutas y espirales.

NECESITARÁS

Un tarro pequeño lleno de agua hasta la mitad
1 cucharadita de sulfato de magnesia
Un limpiacristales con amoníaco

Precipitado presto-perfecto

359

Nos apostamos lo que sea a que no eres capaz de repetir el título diez veces seguidas sin encasquillarte... Sin embargo, sí que podrás elaborar un precipitado en cuestión de segundos. Seguro que recuerdas que un precipitado es una sustancia que se forma cuando se produce una reacción o una transformación química. Esta sustancia es además insoluble, lo cual quiere decir que no puede disolverse ni mezclarse tal y como lo hace una sustancia normal en una solución.

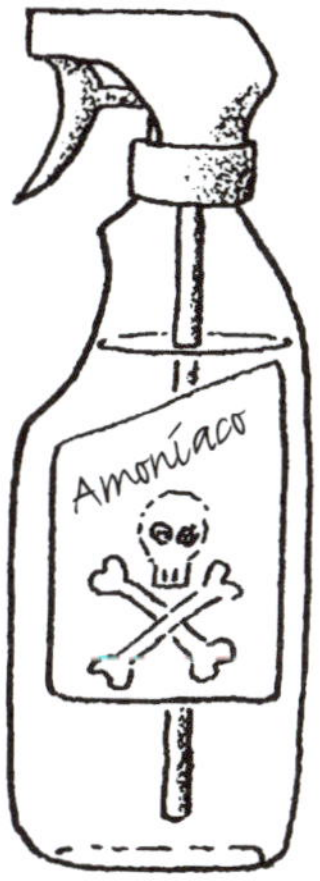

¿Qué hacer? Disuelve el sulfato de magnesia en el tarro y añade unos cuantos chorros de limpiacristales.

¿Qué ocurre? La solución adquiere un color blanco lechoso.

¿Por qué? Cuando el sulfato de magnesia se mezcla con el hidróxido amónico (la solución de amoníaco) forma un nuevo compuesto químico. El líquido blanco resultante de esta mezcla es un precipitado de hidróxido de magnesio.

360

Otro precipitado

Repite el experimento anterior, pero esta vez utiliza alumbre (de venta en farmacias o droguerías) en lugar de sulfato de magnesia. Vas a crear un nuevo precipitado llamado hidróxido de aluminio. Observa cómo cambia el color del hidróxido de magnesio en comparación con el hidróxido de aluminio.

Soluciones saladas para un éxito dulce

Sin azúcar ni sal, la vida sería muy triste. Peor aún, sin un equilibrio adecuado de los azúcares y las sales en nuestro cuerpo, no podríamos vivir. Veamos a continuación qué son estos compuestos químicos y cuál es su verdadera función.

Azúcar y sal

La sal (NaCl) es un compuesto mineral, lo cual significa que es una combinación de dos elementos y una sustancia cristalina. Cada cristal de sal está formado por millones de átomos enganchados unos a otros. La sal se compone de los elementos del sodio y el cloro (un compuesto). El sodio es un metal sólido y el cloro es un gas verdoso. Por sí solos, estos dos productos químicos son sumamente peligrosos; sin embargo, cuando se combinan en un compuesto, se convierten en sal de mesa corriente.

El azúcar es un hidrato de carbono o carbohidrato, es decir, un compuesto químico formado por carbono, hidrógeno y oxígeno. El azúcar de mesa habitual se denomina sacarosa. Pero existen otros azúcares, como la glucosa, la fructosa, la lactosa y la maltosa.

361

La carrera de los terrones de azúcar

NECESITARÁS

Terrones de azúcar
Un vaso transparente con agua fría del grifo
Un vaso transparente con agua del grifo muy caliente
Una cuchara
Lápiz y papel

¿Se disolverán más terrones de azúcar en agua caliente del grifo o en agua fría? Echemos una carrera para comprobarlo.

¿Qué hacer? Vierte un terrón de azúcar en el agua fría y remuévelo hasta que sus cristales desaparezcan por completo, es decir, hasta que se disuelvan. Sigue añadiendo terrones de azúcar al agua, de uno en uno (cuéntalos) hasta que el azúcar deje de disolverse. Sabrás cuándo llega este momento porque los granos de cristal empiezan a depositarse en el fondo del vaso.

A continuación, repite esta actividad utilizando agua muy caliente. Asegúrate de contar la cifra de terrones que consigues disolver en cada vaso. Anota ambas cifras. ¿En cuál de los dos vasos has podido disolver más terrones?

¿Qué ocurre? En el agua fría se disuelven menos terrones que en el agua caliente.

¿Por qué? Los primeros terrones se disuelven en ambos vasos sin dejar rastro. Pero, a medida que se van añadiendo terrones, las soluciones llegan a un punto en el que los cristales de azúcar ya no desaparecen y se aprecian claramente. Los científicos y químicos denominan esto como «soluciones saturadas». En el agua caliente se disuelve más azúcar que en la fría, porque cuando el agua se calienta sus moléculas se mueven más rápidamente y se alejan más. Como resultado, los espacios que quedan entre las moléculas del agua son más amplios y permiten la entrada de más moléculas de azúcar.

Lento y dulce

362

NECESITARÁS
2 terrones de azúcar Un recipiente pequeño desechable Un martillo o una piedra 2 vasos llenos de agua hasta la mitad

¿Qué tarda menos en disolverse, un terrón de azúcar entero o uno machacado?

¿Qué hacer? Machaca unos de los terrones de azúcar en el recipiente. Deja el otro terrón entero, tal como está. Introduce cada uno de ellos en un vaso de agua al mismo tiempo.

¿Qué ocurre? El terrón machacado se disuelve más rápidamente.

¿Por qué? Las moléculas de agua deben disolver todas las partes externas del terrón de azúcar sólido y este proceso les lleva más tiempo. Como las moléculas de agua entran en contacto con más superficies externas cuando el terrón está machacado, la velocidad de solubilidad (es decir, la velocidad a la que se disuelve una sustancia) es mayor.

Dulce de ti

NECESITARÁS
Una galleta sin sal

363

Nuestro cuerpo es una fábrica química de gran complejidad, tal como te demostrará este sencillo experimento.

¿Qué hacer? Masca la galleta sin sal lentamente durante unos minutos.

¿Qué ocurre? La galleta adquiere un sabor dulce.

¿Por qué? La saliva contiene unas sustancias llamadas enzimas. La enzima stialina descompone el almidón y otras moléculas de los hidratos de carbono y las transforma en un azúcar simple llamado maltosa. Al masticar la galleta, el almidón que ésta contiene se convierte en azúcar; de ahí su sabor dulce.

Hidratos de carbono

Los compuestos orgánicos llamados hidratos de carbono o carbohidratos están presentes en alimentos como el azúcar, el pan, las patatas y las galletas. Están formados por átomos de carbono, hidrógeno y oxígeno.

364 ¡Caries!

NECESITARÁS
Un diente
Un vaso de refresco de cola

¿Quieres averiguar a qué velocidad se disuelve un diente en un refresco de cola?

¡¡¡No te arranques ningún diente para este experimento, ni cojas uno de la dentadura de tu abuela!!! Lleva a cabo esta actividad tan sólo si tu madre guarda alguno de los dientes que se te han caído.

¿Qué hacer? Introduce el diente en la bebida de cola. Déjalo ahí durante una semana como mínimo.

¿Qué ocurre? El diente empieza a disolverse.

¿Por qué? Ahora ya sabes por qué tus padres y el dentista te aconsejan que no bebas demasiados refrescos azucarados con un elevado contenido en ácidos. Aunque tus dientes no estén en contacto permanente con este tipo de bebidas, su alto contenido en azúcar o ácido puede dañar tu dentadura con el paso del tiempo. En este experimento, el azúcar y el ácido consiguen que el diente acabe por disolverse, pese a estar protegido por una capa de esmalte dura.

365 Agua fría

NECESITARÁS
10 cubitos de hielo
2 tazas
1 cucharada de sal
2 termómetros
Un rotulador
Papel y lápiz

¿Qué es más frío, el hielo normal o el hielo con sal?

¿Qué hacer? Escribe en una taza las palabras «Con sal» y en la otra «Sin sal». Introduce un termómetro en cada una de ellas. Amontona los cubitos de hielo alrededor de cada termómetro (unos cinco cubitos por vaso). Vierte la sal sobre los cubitos de la taza que lleva la etiqueta «Con sal». Aguarda 30 minutos para comprobar los resultados. Lee la temperatura que indica cada termómetro y anótala.

¿Qué ocurre? La temperatura del vaso con hielo y sal es más baja (más fría).

¿Por qué? El agua se congela a 0°C. En el agua sin salar, la temperatura suele estar por encima del punto de congelación, mientras que en el agua salada se sitúa muy por debajo. La sal extrae el calor del hielo y lo enfría mucho más, haciendo descender con ello el punto de enfriamiento del termómetro.

Y ahora: Repite este experimento, pero esta vez sustituye los cubitos de hielo por hielo picado. ¿Consigue el hielo picado enfriar más el agua? Anota la lectura de la temperatura en ambos experimentos y compara las diferencias que haya entre ellos, en caso de que existan.

ÍNDICE

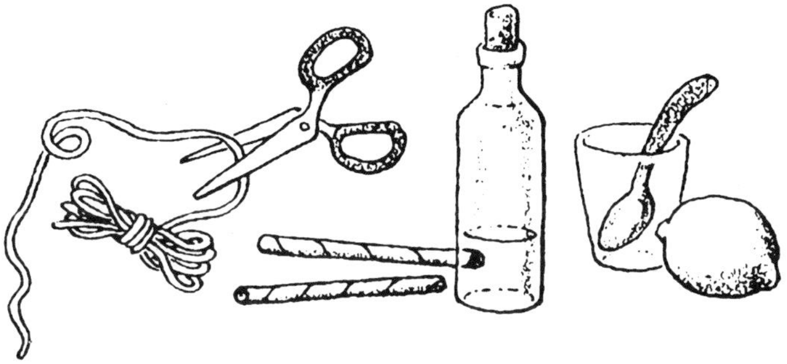

A

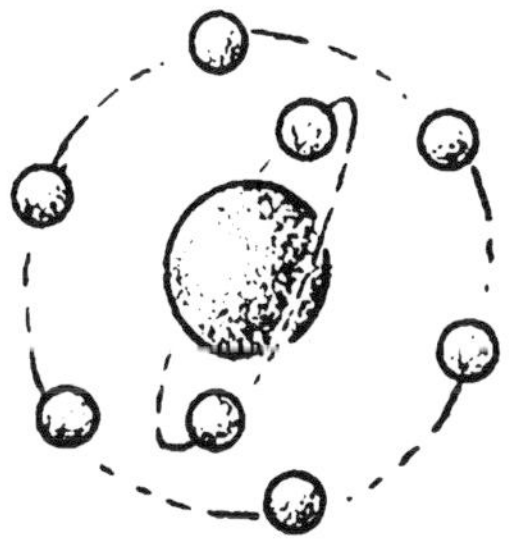

B

C

D

E

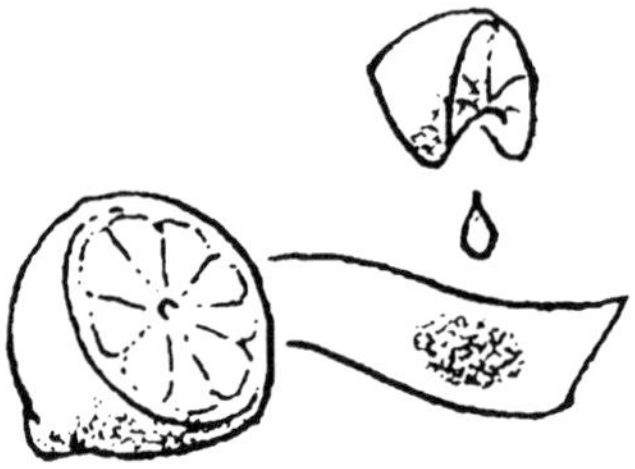

I

J

L

M

N

O

P

Q

R

S

T

U

V

W